江苏省高等学校重点教材

普通高等教育智能制造系列教材

智能制造导论

——技术及应用

主　编　王传洋　芮延年

副主编　徐海滨　郭　敬　吴勤芳　盛　丹

参　编　杨林龙　林　涛　马宏波

主　审　赵裕兴　浦红生

科学出版社

北　京

内 容 简 介

本书为江苏省高等学校重点教材（编号：2021-2-078）。

本书阐述了智能制造的原理、方法与应用。根据智能制造过程中涉及的内容，先后分别介绍了智能设计、传感器技术、计算机视觉检测技术、典型智能制造装备、控制电动机技术、智能控制、大数据驱动智能制造、智能工厂、智能制造应用实例等内容。

本书融合数字化资源，通过书中二维码关联相关智能制造视频，展示智能制造过程，帮助读者理解和拓展相关知识内容。

本书可作为智能制造、机械工程及自动化、电气工程与自动化等相关专业的教材，也可作为智能制造开发设计人员、制造人员、生产管理人员等的学习和参考用书。

图书在版编目（CIP）数据

智能制造导论：技术及应用/王传洋，芮延年主编. 一北京：科学出版社，2022.8

江苏省高等学校重点教材·普通高等教育智能制造系列教材

ISBN 978-7-03-072903-3

Ⅰ.①智… Ⅱ.①王… ②芮… Ⅲ.①智能制造系统-高等学校-教材
Ⅳ.①TH166

中国版本图书馆 CIP 数据核字 (2022) 第 148737 号

责任编辑：邓　静 / 责任校对：张小霞
责任印制：张　伟 / 封面设计：迷底书装

科学出版社 出版
北京东黄城根北街 16 号
邮政编码：100717
http://www.sciencep.com

北京虎彩文化传播有限公司 印刷
科学出版社发行　各地新华书店经销
＊

2022 年 8 月第 一 版　　开本：787×1092　1/16
2023 年 7 月第三次印刷　　印张：18 1/2
字数：470 000

定价：69.00 元
（如有印装质量问题，我社负责调换）

前　言

智能制造是一个大概念，是先进制造技术与新一代信息技术的深度融合。为了适应国家发展需要，2015 年 5 月 19 日国务院正式印发《中国制造 2025》。

本书作为智能制造的导论教材，其内容符合"中国智造"国情，并兼顾学科的广度和深度，编写思想为"以机为主、电为机用、机电结合"。全书共 10 章，主要涉及的内容如下。

第 1 章，概述。主要介绍智能制造的基本概念、关键技术及发展趋势等内容。

第 2 章，智能设计。主要介绍智能 CAD 设计、基于 TRIZ 理论的创新设计、基于人工智能的工艺设计等内容。

第 3 章，传感器技术。主要介绍温度传感器、液位传感器、物位传感器、浓度传感器、流量传感器、位移传感器、速度传感器、加速度传感器、力传感器、压力传感器、扭矩传感器和智能传感器等传感器技术。

第 4 章，计算机视觉检测技术。主要介绍计算机视觉检测系统、机器视觉系统相机的选型设计、图像采集卡的选型设计、图像数据的传输、光源的种类、图像处理技术等内容。

第 5 章，典型智能制造装备。主要介绍高档数控机床，精密、超精密和智能机床产品，工业机器人及选用，快速成型技术与装备等内容。

第 6 章，控制电动机技术。主要介绍伺服电动机、步进电动机、力矩电动机、直线电动机、变频器等技术。

第 7 章，智能控制。主要介绍模糊控制、神经网络控制、遗传算法控制、仿人智能控制等技术。

第 8 章，大数据驱动智能制造。主要介绍智能制造过程数据采集、数据传输、数据存储、产品工艺规划、车间生产智能调度和产品质量智能控制等技术。

第 9 章，智能工厂。主要介绍智能工厂总体规划、智能工厂的电源配置、智能工厂无线网络配置、智能工厂物流系统规划、智能工厂工业机器人配置等技术。

第 10 章，智能制造应用实例。主要通过 6 个智能制造产品开发设计实例，介绍智能制造应用。

本书第 1 章、第 2 章、第 6 章、第 7 章、第 9 章和第 10 章实例 1、2 由王传洋、芮延年合作编写；第 4 章和第 10 章实例 5 由苏州德龙激光股份有限公司徐海滨编写；第 3 章和第 10 章实例 6 由江苏北人智能制造科技股份有限公司郭敬、林涛、马宏波编写；第 5 章和第 10 章实例 4 由苏州明志科技股份有限公司吴勤芳、杨林龙编写；第 8 章、第 10 章实例 3 由广西理工职业技术学院盛丹编写；全书由芮延年统稿；苏州德龙激光股份有限公司赵裕兴和江苏苏学智能科技有限公司浦红生负责主审。在此要特别感谢博众精工科技股份有限公司给予的大力支持。在本书编写过程中参阅了国内外同行的教材、参考书、手册和期刊文献，在此谨致谢意。

由于作者水平有限，疏漏及不足之处在所难免，敬请读者批评指正。

作　者

2021 年秋于苏州锦书清华里彩虹居

目　　录

第1章　绪论 ………………………… 1
1.1　智能制造的产生 ……………… 1
1.2　智能制造的体系 ……………… 2
1.2.1　智能制造的体系发展概况 …… 2
1.2.2　智能制造系统架构 ………… 2
1.2.3　智能制造标准体系结构 …… 4
1.2.4　智能制造系统的基本构成 … 6
1.3　智能制造的关键环节和技术 … 9
1.3.1　智能制造四大关键环节 …… 9
1.3.2　智能制造十大关键技术 … 18
习题与思考一 …………………… 24

第2章　智能设计 ………………… 25
2.1　概述 …………………………… 25
2.2　智能 CAD 设计方法 ………… 26
2.2.1　面向对象求解法 ………… 26
2.2.2　基于 CAD 的广义类比推理智能
设计方法 ………………… 29
2.3　基于 TRIZ 理论的智能创新
设计 …………………………… 36
2.4　基于遗传算法的进化设计 … 39
2.4.1　遗传算法基本概念 ……… 39
2.4.2　遗传算法的基本原理 …… 41
2.4.3　遗传算法的求解步骤 …… 42
2.4.4　基于遗传算法的产品形态进化
设计方法 ………………… 44
习题与思考二 …………………… 46

第3章　传感器技术 ……………… 47
3.1　概述 …………………………… 47
3.1.1　传感器的作用和地位 …… 47
3.1.2　传感器技术的发展现状 … 48
3.2　温度传感器 …………………… 49
3.2.1　温度传感器分类 ………… 49
3.2.2　金属热电阻 ……………… 50
3.2.3　半导体热敏电阻 ………… 52
3.3　液位、物位、浓度、流量
传感器 ………………………… 54
3.3.1　液位及物位传感器 ……… 54

3.3.2　密度传感器、浓度传感器、粗糙度
传感器 …………………… 56
3.3.3　流量传感器 ……………… 58
3.4　位移传感器 …………………… 62
3.4.1　电感式传感器 …………… 62
3.4.2　电容式位移传感器 ……… 65
3.4.3　光栅数字传感器 ………… 67
3.4.4　感应同步器 ……………… 68
3.4.5　角数字编码器 …………… 70
3.5　速度与加速度传感器 ………… 72
3.5.1　速度传感器 ……………… 72
3.5.2　加速度传感器 …………… 73
3.6　力、压力和扭矩传感器 …… 74
3.6.1　电阻应变传感器原理 …… 74
3.6.2　应变片测力传感器 ……… 79
3.6.3　压力传感器 ……………… 81
3.6.4　转矩(扭矩)传感器 ……… 82
3.7　智能传感器 …………………… 83
3.7.1　智能传感器的基本功能 … 83
3.7.2　智能传感器的特点与分类 … 85
3.7.3　智能传感器的发展趋势 … 87
3.7.4　智能传感器的构成 ……… 89
3.7.5　压阻压力传感器智能化 … 90
习题与思考三 …………………… 93

第4章　计算机视觉检测技术 …… 94
4.1　概述 …………………………… 94
4.2　计算机视觉检测系统 ………… 97
4.2.1　计算机视觉系统相机的选型
设计 ……………………… 98
4.2.2　图像采集卡的选型设计 … 103
4.2.3　图像数据的传输 ………… 105
4.2.4　光源的种类与选型设计 … 107
4.3　图像处理技术 ………………… 110
习题与思考四 …………………… 113

第5章　典型智能制造装备 ……… 114
5.1　概述 …………………………… 114
5.2　高档数控机床 ………………… 116

5.2.1 国内外数控发展现状 ………… 116
5.2.2 数控加工中心加工技术 ……… 120
5.2.3 高档数控机床关键技术 ……… 121
5.3 精密、超精密和智能机床
产品 …………………………… 128
5.4 工业机器人及选用 ………… 132
5.4.1 工业机器人的分类 ………… 133
5.4.2 工业机器人的基本构成 …… 135
5.4.3 工业机器人主要技术参数 … 137
5.4.4 工业机器人机械结构组成 … 138
5.4.5 工业机器人核心部件研制的
关键 ………………………… 143
5.5 快速成型技术与装备 ……… 145
5.5.1 快速成型分类及发展现状 … 145
5.5.2 快速成型过程 …………… 149
5.5.3 快速成型技术的应用 …… 152
习题与思考五 …………………… 154

第6章 控制电动机技术 …………… 155
6.1 概述 ………………………… 155
6.2 伺服电动机与控制技术 …… 156
6.2.1 伺服电动机 ……………… 156
6.2.2 直流伺服电动机及其控制 … 157
6.2.3 交流伺服电动机及其控制 … 160
6.3 步进电动机与控制技术 …… 167
6.3.1 步进电动机的工作原理、特点及
运动特性 ………………… 167
6.3.2 步进电动机的驱动控制 … 168
6.4 力矩电动机 ………………… 169
6.5 直线电动机 ………………… 171
6.5.1 直线感应电动机 ………… 172
6.5.2 直线直流电动机 ………… 174
6.6 变频器 ……………………… 175
6.6.1 变频器发展及分类 ……… 175
6.6.2 变频器工作原理 ………… 177
6.6.3 变频器选型计算 ………… 179
习题与思考六 …………………… 182

第7章 智能控制 …………………… 183
7.1 概述 ………………………… 183
7.1.1 智能控制的发展和特点 … 183
7.1.2 智能控制的功能 ………… 184
7.2 模糊控制 …………………… 186

7.2.1 模糊控制基础 …………… 186
7.2.2 模糊控制器设计 ………… 188
7.3 神经网络控制 ……………… 192
7.3.1 人工神经网络特点 ……… 192
7.3.2 神经元模型 ……………… 194
7.3.3 人工神经网络模型 ……… 196
7.3.4 神经网络学习算法 ……… 197
7.4 遗传算法控制 ……………… 200
7.4.1 基于遗传算法的参数辨识 … 200
7.4.2 遗传算法辨识系统参数 … 201
7.5 仿人智能控制 ……………… 202
习题与思考七 …………………… 204

第8章 大数据驱动智能制造 ……… 205
8.1 概述 ………………………… 205
8.1.1 大数据驱动智能制造的系统
框架 ……………………… 205
8.1.2 大数据关键技术概览 …… 207
8.2 大数据采集技术 …………… 208
8.2.1 无线射频识别技术 ……… 209
8.2.2 二维码技术 ……………… 210
8.3 大数据传输技术 …………… 211
8.3.1 工业现场总线通信技术 … 211
8.3.2 工业现场以太网通信技术 … 213
8.3.3 工业现场无线网络通信技术 … 214
8.3.4 5G技术 …………………… 215
8.4 大数据存储技术 …………… 216
8.5 基于制造大数据的产品工艺
智能规划 …………………… 217
8.6 车间生产智能调度 ………… 219
8.6.1 车间生产调度问题的描述 … 219
8.6.2 车间生产调度问题的求解
方法 ……………………… 220
8.7 产品质量智能控制 ………… 224
8.8 大数据驱动智能制造模数与
实现技术 …………………… 226
8.8.1 大数据驱动智能制造模式 … 226
8.8.2 大数据驱动智能制造方法 … 227
习题与思考八 …………………… 230

第9章 智能工厂 …………………… 231
9.1 概述 ………………………… 231
9.2 智能工厂技术基础 ………… 232

9.3　智能工厂总体规划 ·············236
　9.3.1　智能工厂模型的构建 ·········236
　9.3.2　面向智能制造的生产车间
　　　　布局 ···················239
9.4　智能工厂的电源配置 ···········242
9.5　智能工厂无线网络配置 ·········245
9.6　智能工厂物流系统规划 ·········248
9.7　智能工厂工业机器人配置 ·······252
　9.7.1　工业机器人的选型依据 ·······252
　9.7.2　上下料机器人选型应用 ·······254
　9.7.3　多关节工业机器人伺服电动机
　　　　计算 ···················255
　9.7.4　工业机器人的手腕形式 ·······256
　9.7.5　工业机器人手部结构 ·········258
习题与思考九 ···················263

第10章　智能制造应用实例 ············264
10.1　基于遗传算法的曝气机行星
　　　减速齿轮箱的优化设计 ········264

10.1.1　优化设计的方法 ············264
10.1.2　优化设计实例 ·············267
10.2　基于遗传算法与模糊理论的
　　　空调智能变频控制技术 ········268
　10.2.1　智能变频空调设计原理 ·····268
　10.2.2　智能变频空调控制系统硬件
　　　　　设计 ················270
　10.2.3　智能变频空调控制系统软件
　　　　　设计 ················271
10.3　珩磨加工工艺参数智能选择 ····272
　10.3.1　珩磨加工工艺参数建模 ·····272
　10.3.2　珩磨加工工艺参数智能选择
　　　　　实例 ················274
10.4　绿色砂芯制造生产线的研发 ···276
10.5　LCD/OLED 显示屏模组玻璃
　　　激光智能切角设备的研发 ·····280
10.6　新能源汽车电池托盘智能
　　　生产线设计 ···············284

参考文献 ·······················287

第1章 绪 论

1.1 智能制造的产生

　　智能制造是指具有信息自感知、自决策、自执行等功能的先进制造过程、系统与模式的总称，具体体现在制造过程的各个环节与新一代信息技术的深度融合，如与物联网、大数据、云计算、人工智能等技术的融合。智能制造大体具有四大特征：以智能工厂为载体，以关键制造环节的智能化为核心，以端到端数据流为基础和以网通互联为支撑。其主要内容包括智能产品、智能生产、智能工厂、智能物流等。目前，急需建立智能制造标准体系，大力推广数字化制造，开发核心工业软件。数字化制造、网络化制造、敏捷制造等制造方式的应用与实践对智能制造的发展具有重要的支撑作用。

　　智能制造源于人工智能的研究。一般认为智能是知识和智力的总和，前者是智能的基础，后者是指获取和运用知识求解的能力。人工智能就是用人工方法在计算机上实现的智能。近半个世纪特别是近 20 年来，随着产品性能的完善化及其结构的复杂化、精细化以及功能的多样化，产品所包含的设计信息和工艺信息量猛增，随之生产线和生产设备内部的信息流量增加，制造过程和管理工作的信息量也必然剧增，因此促使制造技术发展的热点与前沿转向提高制造系统对于爆炸性增长的制造信息处理的能力、效率及规模等方面。目前，先进的制造设备离开了信息的输入就无法运转，柔性制造系统(Flexible Manufacture System，FMS)一旦被切断信息来源就会立刻停止工作。专家认为，制造系统正在由原先的能量驱动型转变为信息驱动型，这就要求制造系统不但要具备柔性，而且要表现出智能，否则难以处理如此大量而复杂的信息工作量。另外，瞬息万变的市场需求和激烈竞争的复杂环境，也要求制造系统表现出更高的灵活性、敏捷性和智能性。因此，智能制造越来越受到高度的重视。

　　纵览全球，总体而言虽然智能制造尚处于初级阶段，但各国政府均将此列入国家发展计划，大力推动实施。

　　1992 年，美国执行新技术政策，大力支持信息技术、新制造工艺技术、智能制造技术等，美国政府希望借助此举改造传统工业并启动新产业。

　　1994 年，加拿大政府指出，未来知识密集型产业是驱动全球经济和加拿大经济发展的基础，并认为发展和应用智能系统至关重要，具体研究项目包括智能计算机、人机界面、智能传感器、机器人控制、新装置、动态环境下系统集成等。

　　欧盟的信息技术相关研究有 ESPRIT 项目，该项目大力资助有市场潜力的信息技术。1994 年该项目又启动了新的研发子项目，选择了 39 项核心技术，其中三项(信息技术、分子生物学和先进制造技术)均突出了智能制造的位置。

　　1989 年日本提出智能制造系统，1994 年启动了先进制造国际合作研究项目，包括公司集成和全球制造、制造知识体系、分布智能系统控制、快速产品实现的分布智能系统技术等。

我国 20 世纪 80 年代末将"智能模拟"列入国家科技发展规划的主要课题，已在专家系统、模式识别、机器人、汉语机器理解方面取得了一批成果。2015 年 5 月国务院正式印发了《中国制造 2025》国家行动纲领，其中五大工程之一就是智能制造工程。由此可见，智能制造正在世界范围内兴起，它是制造技术、自动化和集成技术向纵深发展的结果。

1.2　智能制造的体系

1.2.1　智能制造的体系发展概况

新一代信息技术与制造技术的深度融合，形成了新的生产方式、产业形态、商业模式和经济增长点，并由此引发了影响深远的产业变革，越来越多的国家意识到这一战略性的发展机遇，发达国家为了在新一轮制造业竞争中重塑并保持优势，纷纷实施"再工业化"战略；一些发展中国家在保持自身劳动力密集等优势的同时，也积极地拓展国际市场、承接资本转移、加快技术革新，力求参与全球产业再分工，其中三个国家层面的战略计划具有广泛的国际影响力：① 美国提出"再工业化"与"工业互联网"；② 德国提出"工业 4.0"；③ 我国提出信息化和工业化深度融合和"中国制造 2025"。多年来，国内外很多国家都十分重视信息技术与制造技术的深度融合工作，工业信息化发展进程如图 1-1 所示。

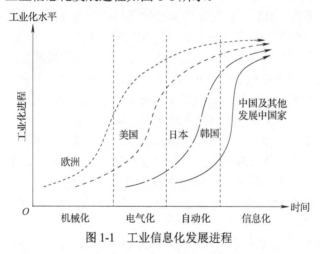

图 1-1　工业信息化发展进程

在工业信息化发展进程中，标准化是现代工业运行过程中的关键活动，只有制定好标准，企业才能更好地实施新的技术。标准不仅能够带来创新、保护创新，也能提高系统的可靠性、市场的相关性、设备的安全性，以及提供支持智能制造可持续发展的环境。

1.2.2　智能制造系统架构

工业和信息化部、财政部印发的《智能制造发展规划(2016—2020 年)》中指出，智能制造是基于新一代信息通信技术与先进制造技术深度融合，贯穿于设计、生产、管理、服务等制造活动的各个环节，具有自感知、自学习、自决策、自执行、自适应等功能的新型生产方式。

智能制造系统是一种由智能机器和人类专家共同组成的人机一体化智能系统,它在制造过程中能以一种高度柔性与集成度高的方式,借助计算机模拟人类专家的智能活动进行分析、推理、判断、构思和决策等,从而取代或者延伸制造环境中人的部分脑力劳动;同时,收集、存储、完善、共享、集成和发展人类专家的智能。智能制造系统的特征包括:具有自组织、自律、自学习和自维护的能力;是整个制造环境的智能集成。

智能制造系统架构通过生命周期、系统层级和智能功能三个维度构建完成,主要解决智能制造标准体系结构和框架的建模问题。

1. 生命周期

生命周期是由设计、生产、物流、销售、服务等一系列相互联系的价值创造活动组成的链式集合。生命周期中各项活动相互关联、相互影响,不同行业的生命周期构成不尽相同。

2. 系统层级

系统层级共五层,分别为设备层、控制层、车间层、企业层和协同层。智能制造系统层级体现装备的智能化和互联网协议(Internet Protocol,IP)化,以及网络的扁平化趋势。

(1)设备层包括传感器、仪器仪表、条码、射频识别(Radio Frequency Identification,RFID)、机器、机械和装置等,是企业进行生产活动的物质技术基础;

(2)控制层包括可编程逻辑控制器(Programmable Logic Controller,PLC)、数据采集与监视控制(Supervisory Control and Data Acquisition,SCADA)系统、分布式控制系统(Distributed Control System,DCS)和现场总线控制系统(Fieldbus Control System,FCS)等;

(3)车间层实现面向工厂/车间的生产管理,包括制造执行系统(Manufacturing Execution System,MES)等;

(4)企业层实现面向企业的经营管理,包括企业资源计划(Enterprise Resource Planning,ERP)系统、产品生命周期管理(Product Life-Cycle Management,PLM)系统、供应链管理(Supply Chain Management,SCM)系统和客户关系管理(Customer Relationship Management,CRM)系统等;

(5)协同层由产业链上不同企业通过互联网共享信息实现协同研发、智能生产、精准物流和智能服务等。

3. 智能功能

智能功能包括资源要素、系统集成、互联互通、信息融合和新兴业态五层。

(1)资源要素包括设计施工图纸、产品工艺文件、原材料、制造设备、生产车间和工厂等物理实体,也包括电力、燃气等能源。此外,人员可视为资源的一个组成部分。

(2)系统集成是指通过二维码、射频识别、软件等信息技术集成原材料、零部件、能源、设备等各种制造资源,由小到大实现从智能装备到智能生产单元、智能生产线、数字化车间、智能工厂,乃至智能制造系统的集成。

(3)互联互通是指通过有线、无线等通信技术,实现机器之间、机器与控制系统之间、企业之间的互联互通。

(4)信息融合是指在系统集成和通信的基础上,利用云计算、大数据等新一代信息技术,在保障信息安全的前提下,实现信息协同共享。

(5)新兴业态包括个性化定制、远程运维和工业云等服务型制造模式。

1.2.3　智能制造标准体系结构

智能制造标准体系结构包括"A 基础共性标准""B 关键技术""C 行业应用"三部分，主要反映标准体系各部分的组成关系。智能制造标准体系结构如图 1-2 所示。

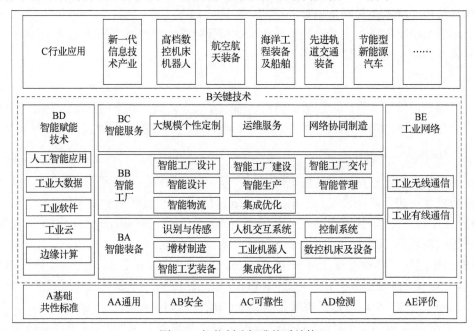

图 1-2　智能制造标准体系结构

具体而言，A 基础共性标准包括通用、安全、可靠性、检测和评价五大类，位于智能制造标准体系结构图的最底层，是 B 关键技术标准和 C 行业应用标准的支撑。

B 关键技术标准是智能制造系统架构、智能特征维度在生命周期维度和系统层级维度所组成制造平面的投影。其中，BA 智能装备对应智能特征维度的资源要素，BB 智能工厂对应智能特征维度的资源要素和系统集成，BC 智能服务对应智能特征维度的新兴业态，BE 工业网络对应智能特征维度的互联互通。

C 行业应用标准位于智能制造标准体系结构图的最顶层，面向行业具体需求，对 A 基础共性标准和 B 关键技术标准进行细化与落地，指导各行业推进智能制造。

由于智能制造涉及的流程众多，相关技术层出不穷，需要通过标准化工作来提供可参考的模型，以更好地解决实施过程中可能面临的问题。标准化是实现智能制造的重要工具，众多标准化组织均提出其智能制造标准化路线图，其中以下三个报告最具影响力。

(1)美国国家标准技术研究所(National Institute of Standards and Technology，NIST)发布的《智能制造系统现有标准体系》(*Current Standards Landscape for Smart Manufacturing Systems*)。

(2)德国标准化学会(DIN)、德国电气工程师协会(DKE)和德国电工委员会(VDE)发布的《德国工业 4.0 标准化路线图》。

(3)中华人民共和国工业和信息化部及国家标准化管理委员会发布的《国家智能制造标准体系建设指南》。

这些报告指出了智能制造的发展趋势，并对相关的标准进行归类，描述不同标准集合之间的关系，提出了智能制造的相关模型和标准化框架。

美国 NIST 基于 ARC 咨询团队的协同制造管理模型，以及企业与控制系统集成国际标准 ISO/IEC 62264（ISA 95）所定义的企业控制系统集成的层次模型，描述了智能制造的生态系统，如图 1-3 所示，将标准以 4 个维度进行归类。

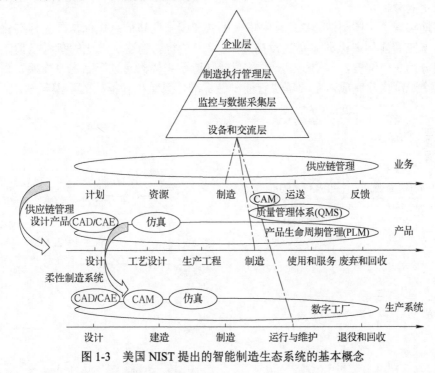

图 1-3 美国 NIST 提出的智能制造生态系统的基本概念

(1) 生产系统典型的生产系统生命周期分为设计、建造、制造、运行与维护、退役和回收 5 个阶段，按生产系统模型数据和实践、生产系统工程、生产系统维护和生命周期数据管理进行分类。

(2) 产品的生命周期管理包括设计、工艺设计、生产工程、制造、使用和服务、废弃和回收 6 个阶段，按该过程中的建模实践、产品模型和数据交换、制造模型数据、产品目录数据和产品生命周期数据管理进行分类。

(3) 制造业业务的供应链管理涉及供应商、生产活动和客户，智能制造生态系统模型将此业务周期分为计划、资源、制造、运送、反馈 5 个环节，此维度下标准按此 5 个环节分类。

(4) 制造金字塔维度下的标准为 ISA 95 模型中的企业层、制造执行管理层、监控与数据采集层、设备和交流层所涉及的标准。

NIST 将现有的智能制造相关标准按照这 4 个维度及其子项进行了分类与编排，对智能制造涉及的标准构建了全面的概览，并指出现有标准并未完全覆盖智能制造所有领域。

德国工业 4.0 参考体系结构的基本概念如图 1-4 所示，用以下 3 个维度来定义工业 4.0。

(1) 类别：将技术按照功能进行分层，包括资产、集成、通信、信息、功能和业务。

(2) 生命周期与价值链：描述典型工业要素从虚拟类别设计到实例生产及维护的全生命周期过程，在 IEC 6289 中也有定义。

（3）层次结构等级：这一维度旨在描述工业4.0中各系统的产品层次结构等级。它基于ISO/IEC62264与IEC61512企业与控制系统集成的层级描述，抽取出现场设备、控制设备、工作中心站、企业作为关注的系统等级，同时为了满足工业4.0对产品服务和企业协同的要求，补充了产品和互联世界。

基于图1-4，《德国工业4.0标准化路线图》中提供了有关标准现状的分析、标准要求的分析和标准应用的分析。

为更好地实现"中国制造2025"，中华人民共和国工业和信息化部与国家标准化管理委员会发布了《国家智能制造标准体系建设指南》，提出了智能制造标准化的参考模型，将智能制造标准体系分为3个维度，如图1-5所示。智能制造系统架构通过产品生命周期、系统层级和智能功能三个维度构建完成，主要解决智能制造标准体系结构和框架的建模问题。

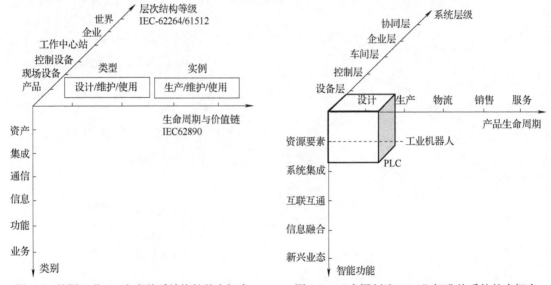

图1-4 德国工业4.0参考体系结构的基本概念   图1-5 "中国制造2025"标准体系的基本概念

产品生命周期是由设计、生产、物流、销售、服务等一系列相互联系的价值创造活动组成的链式集合。

系统层级包括设备层、控制层、车间层、企业层和协同层，共五层。智能制造的系统层级体现了装备的智能化和互联网协议化，以及网络的扁平化趋势。

智能功能包括资源要素、系统集成、互联互通、信息融合和新兴业态，共五层。

1.2.4　智能制造系统的基本构成

智能制造是一种可以让企业在研发、生产、管理、服务等方面变得更加"聪明"的方法，可以把制造智能化理解为企业在引入数控机床、机器人等生产设备并实现生产自动化的基础上，再搭建一套精密的"神经系统"。如图1-6所示，智能神经系统以ERP、MES等管理软件组成中枢神经，以传感器、嵌入式芯片、RFID标签、条码等组件为神经元，以PLC为链接控制神经元的突触，以现场总线、工业以太网、NB-IoT等通信技术为神经纤维。企业能够借助完善的"神经系统"感知环境、获取信息、传递指令，以此实现科学决策、智能设计、合理排产，提升设备使用率，监控设备状态，指导设备运行。

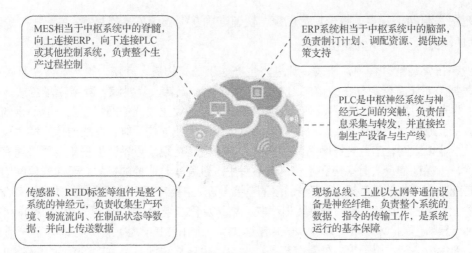

图 1-6　智能神经系统基本架构

1. 中枢神经 —— ERP+MES

ERP 系统是企业最顶端的资源管理系统，强调对企业管理的事前控制能力，它的核心功能是管理企业现有资源并对其合理调配和准确利用，为企业提供决策支持；MES 是面向车间层的管理信息系统，主要负责生产管理和调度执行，能够解决工厂生产过程的"黑匣子"问题，实现生产过程的可视化和可控化。ERP 与 MES 两大系统在制造业企业信息系统中处于绝对核心地位，但两大系统也都存在着比较明显的局限性。ERP 系统处于企业最顶端，但它并不能起到定位生产瓶颈、改进产品质量等作用；MES 主要侧重于生产执行，财务、销售等业务不在其监控范畴。企业要搭建一套健康的智能"神经系统"，ERP 与 MES 就如同"任督二脉"一般，必须要将两者打通，构成计划、控制、 反馈、调整的完整系统，通过接口进行计划、命令的传递和接收，使生产计划、控制指令、实时信息在整个 ERP 系统、MES、过程控制系统、自动化体系中透明、及时、顺畅地交互传递并逐步实现生产全过程数字化。

2. 制造业神经突触 —— PLC

PLC 即可编程逻辑控制器，主要由 CPU、存储器、输入/输出单元、外设 I/O 接口、通信接口及电源共同组成，根据实际控制对象的需要配备编程器、打印机等外部设备，具备逻辑控制、顺序控制、定时、计数等功能，能够完成对各类机械电子装置的控制任务。PLC 系统具有可靠性高、易于编程、组态灵活、安装方便、运行速度快等特点，是控制层的核心装置。在智能制造系统中，PLC 不仅是机械装备和生产线的控制器，还是制造信息的采集器和转发器，类似于神经系统中的"突触"，一方面收集、读取设备状态数据并反馈给上位机(SCADA 或 DCS)，另一方面接收并执行上位机发出的指令，直接控制现场层的生产设备。

3. 神经元 —— 传感器与 RFID 标签

神经元是神经系统的基本组成单位，在智能制造"神经系统"中，担任此角色的就是与物料、在制品、生产设备、现场环境等物理界面直接相连的传感器、RFID 标签、条码等组件。传感器能感受到被测量的信息，并能将感受到的信息变换成电信号或其他所需形式的信息输出，传感器使智能制造系统有了触觉、味觉、嗅觉等感官功能。RFID 标签具有读取快捷、批量识别、实时通信、重复使用、标签可动态更改等优秀品质，与智能制造的需求极为契合。通过射频识别技术，企业可以将物料、刀具、在制品、成品等一切附有 RFID 标签的物理实体纳入监测范围，帮助企业实现减少短货现象、快速准确获得物流信息等目标。

4. 神经纤维 —— 工业通信网络

企业在日常经营过程中，研发、计划、生产、工艺、物流、仓储、检测等各个环节都会产生大量数据，要让海量数据在智能制造神经系统内顺畅流转，就要综合利用现场总线、工业以太网、工业光纤网络、TSN（时间敏感网络）、NB-IoT等各类工业通信网络建立一套健全的神经纤维网络。工业通信网络总体上可以分为有线通信网络和无线通信网络。有线通信网络主要包括现场总线、工业以太网、工业光纤网络、TSN等，现阶段工业现场设备数据采集主要采用有线通信网络技术，以保证信息实时采集和上传，满足对生产过程实时监控的需求。无线通信网络技术正逐步向工业数据采集领域渗透，是有线网络的重要补充，主要包括短距离通信技术（RFID、ZigBee、WiFi等），用于车间或工厂内的传感数据读取、物品及资产管理、AGV等无线设备的网络连接；专用工业无线通信技术（WIAPA/FAWirelessHART、ISA100.11a等）；以及蜂窝无线通信技术（4G/5G、NB-IoT）等，用于工厂外智能产品、大型远距离移动设备、手持终端等的网络连接。

5. 强有力的躯干 —— 智能制造装备

企业打造智能制造系统的核心目的是实现智能生产，智能生产的落地基础即智能制造装备。智能制造装备是指具有感知、分析、推理、决策、控制功能的制造装备，它是先进制造技术、信息技术和智能技术的集成和深度融合。目前智能制造装备的两大核心即数控机床与工业机器人。数控机床是一种装有程序控制系统的自动化机床，该控制系统能够逻辑地处理具有控制编码或其他符号指令规定的程序，并将其译码，通过信息载体输入数控装置。数控机床的数控系统经运算处理由数控装置发出各种控制信号，控制机床的动作，按图纸要求的形状和尺寸，自动地将零件加工出来，能够较好地解决复杂、精密、小批量、多品种的零件加工问题。工业机器人是面向工业领域的多关节机械手或多自由度的机器装置，它可以接受人类指挥，也可以按照预先编排的程序运行。工业机器人在汽车制造、电子设备制造等领域广泛应用，有点焊/弧焊机器人、搬运/码垛机器人、装配机器人等多种类型，能够高效、精准、持续地完成焊接、涂装、组装、物流、包装、检测等工作。

一个机器、一个设备要能够自律，首先它一定要能够感知和理解环境信息与自身信息，并通过分析和判断来规划自身的行为与能力。具有自律能力的设备称为智能机器，它能在一定程度上表现出独立性、自主性、个性，相互之间能够协调要有自律的能力，能够感知环境的变化，能够跟随环境的变化自己做出决策来调整行动。要做到这一点，一定要有强有力的支持度和记忆支持的模型为基础，它才可能具有自律能力。

智能制造系统不单纯是一个人工智能系统，而是人机一体化的智能系统，它不仅有逻辑思维、形象思维，而且具有灵感。它能够独立地承担起分析、判断、决策的任务。人机一体化的智能系统，在智能机器的配合下能够更好地发挥出人的潜力，使人机之间表现出一种平等共事、互相理解、互相协作的关系。因此，在智能制造系统中，高素质、高智能的人将发挥更好的作用。机器智能和人的智能能真正地集成在一起，相互配合、相得益彰，永远是智能制造的发展方向。

近年来，我国浙江、江苏、广东等地区，由于劳动力紧张、招工困难、劳动力成本上升，许多工厂提出了机器换人。如果实施机器换人，政府给予一定的补贴。这样做之后发现，引进一些先进技术与装备后，劳动力问题解决了，随之而来的问题为对操作者的素质要求提高了，先进的机器设备需要会编程序的操作者、要能对机器人进行维修的操作者，所以在智能制造装备不断改进的同时，工作环境、工作条件对人的要求也都发生了变化。

实现虚拟现实技术也是实现高水平的人机一体化的关键技术之一。虚拟现实技术是以计算机为基础，融合信号处理、动画技术、智能推理、预测、仿真多媒体技术为一体，借助多种音像和传感器，虚拟展示现实生活中各种过程、部件，因此能够模拟制造过程和未来的产品。虚拟现实从感官和视觉上给人获得完全真实的感受，它的特点是可以按照人的意志、意念来变化，这种人机结合的新一代的智能界面是智能制造的显著特征。

智能化工厂、物流智能化也可以利用虚拟现实技术来完成。例如，设计一条生产线，这个生产线未来是什么样的，机器是如何动作的，均可以通过虚拟现实技术展示出来，让人们看到未来的生产线、机器装备等是如何动作的，物流是如何搬运的。

1.3 智能制造的关键环节和技术

1.3.1 智能制造四大关键环节

智能制造涉及产品全生命周期中各环节的制造活动，包括智能设计、智能加工、智能装配和智能服务四大关键环节，如图 1-7 所示。

1. 智能设计

智能设计是指应用现代信息技术，采用计算机模拟人类的思维活动，提高计算机的智能水平，从而使计算机能够更多、更好地承担设计过程中各种复杂任务，成为设计人员的重要辅助工具。

图 1-7 智能制造关键环节

1) 智能设计特点

(1) 以设计方法学为指导。智能设计的发展，从根本上取决于对设计本质的理解。设计方法学对设计本质、过程设计思维特征及其方法学深入研究是智能设计模拟人工设计的基本依据。

(2) 以人工智能技术为实现手段。借助现代人工智能，如人工神经网络、模糊理论、进化理论等算法，并结合智能制造应用技术，对产品进行智能设计。

(3) 以传统 CAD 技术为数值计算和图形处理工具，提供对设计对象的优化设计、有限元分析和图形显示输出上的支持。

(4) 面向集成智能化。它不但支持设计的全过程，而且考虑到与 CAM 的集成，提供统一的数据模型和数据交换接口。

(5) 提供强大的人机交互功能。它能使设计师对智能设计过程进行干预，即与人工智能融合成为可能。

2) 智能设计层次

综合国内外关于智能设计的研究现状和发展趋势，智能设计按设计能力可以分为三个层次：常规设计、联想设计和进化设计。

(1) 常规设计。常规设计是指以成熟技术结构为基础，运用常规方法进行的产品设计，它在工业生产中大量存在，并且是一种经常性的工作。常规设计往往是一种改良性的完善设计，而常规设计的着眼点则是人与产品之间在方式层面上发生的关系，以及产品自身为达到功能目的而产生的结构上的相互联系。这种联系在产品产生之时就已经被确定了，并被人们所接受。

(2)联想设计。研究可分为两类：一类是利用工程中已有的设计实例，进行比较，获取现有设计的指导信息，这需要收集大量良好的、可对比的设计实例，对大多数问题是困难的；另一类是利用人工神经网络数值处理能力，从试验数据、计算数据中获得关于设计的隐含知识，以指导设计。这类设计借助其他实例和设计数据，实现了对常规设计的一定突破，称为联想设计。

(3)进化设计。进化算法是进行进化设计的基础，从本质上讲，进化设计就是利用进化算法的思想对产品设计问题进行不断优化的一种设计方法。近年来，主要有四种进化算法在理论和应用方面发展迅速，即遗传算法(Genetic Algorithm，GA)、遗传编程(Genetic Programming，GP)、进化策略(Evolutionary Strategies，ES)、进化规划(Evolutionary Programming，EP)。GP最早是由美国的 Kom 教授于 1992 年提出来的，它是一种不局限于某一领域的全局进化搜索技术。它使用树形结构来表示进化个体，以便于个体的规模和形状能够动态变化，然后对其施加复制、交叉、变异等遗传算子，使系统自身进化出问题的最优解。

进化计算使得智能设计拓展到进化设计，其特点如下：

① 设计方案或设计策略编码为基因串，形成设计样本的基因种群；

② 设计方案评价函数决定种群中样本的优劣和进化方向；

③ 进化过程就是样本的繁殖、交叉和变异等过程。

进化设计对环境知识依赖很少，而且优良样本的交叉、变异往往是设计创新的源泉，在 1996 年举办的"设计中的人工智能"(Artificial Intelligence in Design'96)国际会议上，Rosenman 提出了设计中的进化模型，使进化算法作为实现非常规设计的有力工具。

3) 智能设计分类

(1)原理方案智能设计。原理方案的智能设计方法，就是利用现代人工智能搜索技术，如人工神经网络、进化算法、蚁群算法等方法，通过对原理方案数据库进行智能搜索，快速找到解决问题的方案，如采用 TRIZ 理论的 40 条创新设计原理和 39 条矛盾解，结合人工智能算法，对问题进行智能创新设计；也可以利用构建的基于设计目录的方案设计智能系统，将原理方案设计的核心问题归结为面向通用分功能的原理求解。面向通用分功能的设计目录能全面地描述分功能的要求和原理解，并且隐含了从物理效应向原理解的映射。因此，基于设计目录的方案设计智能系统，能够较好地实现原理方案的智能设计。

(2)协同求解。协同求解，也可以理解为协同计算、协同设计。本节主要讲的是将智能设计、智能算法等与设计问题协同起来，进行智能设计分类问题求解，称为协同求解。协同求解的方法很多，涉及机电产品智能设计协同求解的方法主要有人工智能和知识工程(ICAD)。协同求解克服了某一环节单一专家系统求解问题的能力不足问题，产生了协同式专家系统的概念。多个专家系统协同合作，可实现更优解。

协同求解过程主要涉及知识获取、表达和专家系统技术。知识获取、表达和专家系统技术是 ICAD 的基础，面向人工智能和知识工程的主要发展方向，可概括为以下方面。

① 机器学习模式的研究，旨在解决知识获取、求精和结构化等问题。

② 推理技术的深化，主要集中在非归纳、非单调和基于神经网络的推理等方面。

③ 综合的知识表达模式，即如何构造深层知识和浅层知识统一的多知识表结构。

④ 基于分布和并行思想求解结构体系的研究。

⑤ 黑板结构模型的构建。黑板结构模型侧重于对问题整体描述以及知识或经验的继承。

这种问题求解模型是把设计求解过程看作先产生一些部分解，再由部分解组合出满意解的过程。其核心由知识源、全局数据库和控制结构三部分组成。

(3)基于实例的推理(Case-Based Reasoning，CBR)。CBR 是一种新的推理和自学习方法，其核心精神是用过去成功的实例和经验来解决新问题。研究表明，设计人员通常依据以前的设计经验来完成当前的设计任务，并不是每次都从头开始。CBR 的一般步骤为：提出问题，找出相似实例，修改实例使之完全满足要求，将最终满意的方案作为新实例存储在实例库中。CBR 中最重要的支持是实例库，关键是实例的高效提取。

4) 智能设计关键技术

智能设计系统的关键技术包括设计过程的再认识、设计知识表示、多专家系统协同技术、再设计与自学习机制、多种推理机制的综合应用、智能化人机接口等。

(1)设计过程的再认识。智能设计系统的发展取决于对设计过程本身的理解。尽管人们在设计方法、设计程序和设计规律等方面进行了大量探索，但从计算机化的角度看，设计方法学还远不能适应设计技术发展的需求，仍然需要探索适合于计算机处理的设计理论和设计模式。

(2)设计知识表示。设计过程是一个非常复杂的过程，它涉及多种不同类型知识的应用，因此单一知识表示方式不足以有效表达各种设计知识，如何建立有效的知识表示模型和有效的知识表示方式，始终是设计类专家系统成功的关键。

(3)多专家系统协同技术。较复杂的设计过程一般可分解为若干个环节，每个环节对应一个专家系统，多个专家系统协同合作、信息共享，并利用模糊评价和人工神经网络等方法以有效解决设计过程多学科、多目标决策与优化难题。

(4)再设计与自学习机制。当设计结果不能满足要求时，系统应该能够返回到相应的层次进行再设计，以完成局部和全局的重新设计任务。同时，可以采用归纳推理和类比推理等方法获得新的知识，总结经验，不断扩充知识库，并通过再学习达到自我完善。

(5)多种推理机制的综合应用。智能设计系统中，除了演绎推理，还应该包括归纳推理、基于实例的类比推理、各种基于不完全知识的模糊逻辑推理方式等。上述推理方式的综合应用，可以博采众长，更好地实现设计系统的智能化。

(6)智能化人机接口。良好的人机接口对智能设计系统是十分必要的，对于复杂的设计任务以及设计过程中的某些决策活动，在设计专家的参与下，可以得到更好的设计效果，从而充分发挥人与计算机各自的长处。

2. 智能加工

1) 智能加工内涵

智能加工技术借助先进的检测、加工设备及仿真手段，实现对加工过程的建模、仿真、预测，以及对加工系统的监测与控制；同时集成现有加工知识，使得加工系统能根据实时工况自动优选加工参数、调整自身状态，获得最优的加工性能与最佳的加工质效。

智能加工的技术内涵包括以下方面。

(1)加工过程仿真与优化：针对不同零件的加工工艺、切削参数、进给速度等加工过程中影响零件加工质量的各种参数，通过基于加工过程模型的仿真，进行参数的预测和优化选取，生成优化的加工过程控制指令。

(2)过程监控与误差补偿：利用各种传感器、远程监控与故障诊断技术，对加工过程中的振动、切削温度、刀具磨损、加工变形以及设备的运行状态与健康状况进行监测；根据预先建立的系统控制模型，实时调整加工参数，并对加工过程中产生的误差进行实时补偿。以上流程的描述如图 1-8 所示。

(3)通信等其他辅助智能：将实时信息传递给远程监控与故障诊断系统，以及车间管理 MES。

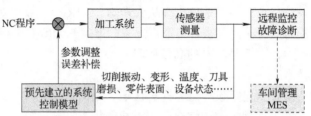

图 1-8　过程监控与误差补偿实现流程

2)智能加工的发展

智能加工技术已是现代高端制造装备的主要技术特征与国家战略重要发展方向。美国、德国、英国及法国等发达国家近年来不断投入大量资金进行研究，典型的研究计划有 SMPI 计划、PMI 计划和 NEXT 计划。

(1)SMPI 计划。SMPI 计划是美国政府支持的智能加工系统研究计划。该计划于 2005 年提出，美国国防部累计拨款超过 1000 万美元资助该项研究。参与方包括：美国国家航空航天局(National Aeronautics and Space Administration，NASA)、武器装备研究发展与工程中心(Armaments Research Development and Engineering Center，ARDEC)等政府部门；美国通用电气公司、波音公司、TechSolve 等公司；美国马里兰大学、德国亚琛工业大学等科研机构。SMPI 的研究内容包括基于设备的局部活动以及基于工艺的全局活动，如图 1-9 所示。

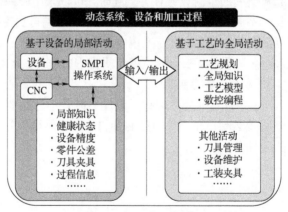

图 1-9　SMPI 的研究内容

(2)PMI 计划。PMI 计划由学术性团体——国际生产工程学会(CIRP)发起，CIRP 于 2003 年成立了联合研究小组进行该领域的研究，参加的机构包括 CIRP 的相关成员以及德、法等国的大学。

PMI 的研究内容主要包括：加工过程模型的建立与研究、设备在线监控研究以及连接工艺与设备交互作用的研究。其中，加工过程模型建立方面的研究包括切削、磨削、成型过程的研究；设备在线监控研究包括智能主轴系统、刀具磨损预测等的研究；连接工艺与设备交互作用的研究包括交互作用的描述、仿真与优化，以及机床系统结构行为的研究。

(3)NEXT 计划。NEXT 计划是欧洲联盟委员会第六框架研发计划支持的下一代生产系统研究计划，由欧洲机床工业合作委员会(CECIMO)管理。参加单位包括：西门子公司、达诺巴特集团等机床生产企业；博世、菲亚特等终端用户企业；德国亚琛工业大学机床与生产工程研究所(WZL)、汉诺威大学生产工程研究所(IFW)、布达佩斯科技经济大学(BUTE)等研究机构。

NEXT 计划中的第二部分涉及制造技术前沿的研究，主要包括加工仿真与新技术开发、新型机床研发、轻型结构及机床组件研究和并联机床研发等内容。加工仿真方面包括表面加工质量检测与切削参数优化、铣削/车削加工过程建模与仿真、超精密加工技术等方面的研究。新型机床研究包括高速机床研发、开放式数控系统以及光纤传感器应用等方面的研究。机床组件方面包括轻型材料机床组件、旋转轴准确度测定及空气静力轴承等的研究。

3) 智能加工关键技术

(1)加工过程仿真与优化。加工过程仿真与优化涉及数控系统伺服特性的分析、机床结构及其特性分析、动态切削过程的分析，以及在此基础上进行的切削参数优化和加工质量预测等。

① 机床系统建模与优化设计。通过机床系统建模与优化设计，可提高机床的运行精度、降低定位与运行误差，同时可进行误差的预测与补偿。主轴系统的建模分析可根据主轴结构预测不同转速下刀具的动刚度，以及基于加工稳定性分析结果优化选取加工参数、提高加工质量和效率。在刀具方面，通过刀具结构的分析与优化设计，在加工过程中可以获得更大的稳定切深；通过刀具负载的优化，获得变化的优化进给，进而可以获得更高的加工效率与经济效益。

② 切削过程仿真。切削过程仿真借助各种先进的仿真手段，对加工过程中的切屑形成机理、力热分布、表面形貌以及刀具磨损进行仿真和研究。通过仿真选择优化的切削参数，提高表面加工质量。

③ 加工过程优化。借助预先建立的仿真模型与优化方法，或者已有的经验知识，对复杂加工工况及加工过程中的切削参数、机床运动进行优化。例如，在整体叶片的加工中，通过建立的分析模型预测不同工况下的切削状态及稳定性，优选合适的刀具姿态、切深、行距，保证加工过程的稳定，以获得高的叶片表面加工质量。

④ 加工质量预测。加工质量预测采用可视化方法对切削加工过程中形成的表面纹理及加工质量进行预测，为切削参数的优化选取提供支持，从而进一步提高工件表面的加工质量。

从目前的研究发展来看，仿真正在朝着基于时变和物理模型的方向发展，通过仿真可以得到理论意义上的最优结果。但是，由于目前模型本身的不完善、加工过程的复杂性和加工形式的多样性，现有的仿真手段仍然难以满足实际工程的需要。同时，由于加工过程中出现的材料、机床、系统状态等方面的突发性情况，必须对加工过程进行实时监控，并进行误差补偿和现场控制。

(2)过程监控与误差补偿。加工过程监控借助先进设备对加工工况、工件、刀具与设备状态进行实时监测与控制，并将监测数据反馈给控制系统进行数据的分析与误差补偿。在加工过程中，可借助各种传感器、声音和视频系统对加工过程中的力、振动、噪声、温度、工件表面质量等进行实时监测，根据监测信号和预先建立的多个模型判定加工状态、刀具磨损情况、机床工作状态与加工质量，进而进行切削参数的自动优化与误差补偿。同时，可将设备的健康状态信息，通过通信系统传送至车间管理层(维护部门、采购部门等)，并根据健康状态进行及时维护，保证加工质量，缩短停工时间。

(3)智能加工机床。智能加工机床借助微型传感器将机床在加工过程中产生的应变、振动、热变形等检测出来，传递给预先建立的模型。根据该模型进行数据的分析与误差补偿，从而提高加工精度、表面质量和加工效率。此外，智能机床也可进行人机对话，实现系统故障的远程诊断。典型的智能加工机床有 Mikron、Mazak、Oknma 等公司生产的产品。

3. 智能装配

随着数字化技术应用的不断深入，自动化装配技术正在向智能装配技术方向发展，特别是飞机制造、汽车制造和电子产品制造等已经有了很大的进步，在大部件自动对接、壁板类组件自动制孔、自动化铆接等单点技术上已取得突破，初步实现了工程化应用。在装配数据及数控程序的协同驱动下，完成机器和零部件的自动化装配过程的柔性装配模式，装配已进入数字化、自动化、柔性化和智能化装配时代。

1) 智能装配的主要研究内容

智能装配是一种将装配过程中的工艺、人、零部件、机器设备以及供应链信息通过物联网实时集成互联的技术，把新一代数据信息处理技术（如云计算、大数据分析、人工智能等）融合进产品装配过程中，实时虚拟仿真和自主检测装配状态，通过自主智能决策和自动化执行装配操作，能够显著提高生产敏捷性、装配柔性以及降低装配成本与产品研制周期等。

智能装配远远超出传统的自动化和机械化的范围，将人与机器在工程操作中的协同作用潜力发挥到最大，集成现代高技术以及多学科交叉知识，在装配模型与监测数据驱动下，实现最大装配效率的同时提高装配质量以及装配性能一致性。此外，利用智能装配所拥有的自学习能力，可避免装配过程中的工艺缺陷问题。智能装配并不是一种完全彻底脱离工程人员的装配模式，它是将机器与人完美地进行融合，通过全方位先进的检测和诊断技术获取整个装配系统实时服役状态以及装配性能，并通过自主分析和人机互动做出装配执行决策。整个智能装配过程是一个实时闭环反馈过程。如图 1-10 所示，智能装配的研究主要包括智能装配系统（Intelligent Assembly System，IAS）和智能装配技术（Intelligent Assembly Technology，IAT）。

图 1-10　智能装配的主要研究内容

2) 智能化装配技术特征

如图 1-11 所示，DIIAC（Data＆Integration＆Intelligence＆Automation＆Collaboration）是智能装配的基本特征。

（1）数字化——数据（Data）驱动。在智能装配过程中，数据急速增长且变得越来越复杂，数据处理频次呈几何级增长。同时，各种模型分析以及智能决策都由数据支撑。整个智能装配过程中，智能装配控制中心通过物联网与各个装配单元"交流""互动"，而支撑交流互动的基础是数据。智能装配中的数据种类众多，包括检测数据、监测数据、工艺数据、噪声数据、指令数据等。因此，智能装配又可以称为基于数据的装配。

（2）网络化——互联集成（Integration）智能装配的出现，是由于新一代信息技术使得物联网变为现实，各个装配单元（如传感器检测单元、自动化执行机构、供应链管理系统、智能控制中心等)在物联网环境下能够实现互联互通,装配状态数据通过网络实时传输和更新。同时,将人作为一个辅助因素通过网络通信集成到智能装配环境中,所有装配资源在智能装配控制中心的统一协调指挥下完成装配作业。

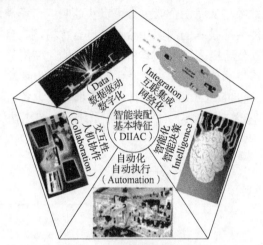

图 1-11 智能装配的主要特征

(3)智能化——智能(Intelligence)决策通过实时装配状态测量,利用云计算平台实现大数据分析,从而基于人工智能算法和装配知识库做出最优装配决策。然后通过物联网将执行指令传递给执行机构与其他相关设备,从而实现装配过程中的实时自主智能决策。

(4)自动化——自动(Automation)执行,自动化包括两个方面:自主感知和自动执行。智能装配将人从传统的手工装配中解放出来,利用自动化执行机构和智能传感器分别实现装配操作自动化执行以及装配状态实时自主感知。自主感知可以保证装配系统的采集数据与装配状态实时匹配。智能装配过程中的自动执行机构代替人完成装配过程中的重复性动作,不仅可以提高装配效率、缩短产品生产周期,而且可以保证装配过程中操作一致性,从而提高装配质量。

(5)交互性——人机协作(Collaboration),在智能装配过程中,利用实时反馈和数据可视化技术,将装配状态和工作进程利用工业互联网展示给人,同时人可以利用人机交互界面或者机器视觉将相关参数传递给装配单元,并且这种交互协作使工程人员不受空间和时间的约束,可以通过网络在各种场景下完成。

3)智能装配与数字化装配的区别

智能装配的核心在于信息与知识的完美融合。与数字化装配中以人为中心的装配模式不同,智能装配中以数据为中心,通过智能控制系统实现人机互动。数字化装配是利用计算机工具先验装配模型,无需实际产品支撑装配过程物理实现,利用虚拟仿真技术实现装配过程分析,最后通过数据可视化辅助工程人员做出有关装配的工程决策。因此,在数字化装配中,整个装配过程的核心是装配建模与仿真,所有的结果分析、工艺决策以及操作执行由工程人员完成。

而在智能装配过程中,所有的装配行为由模型和数据驱动。智能传感器实时监测装配状态,控制中心在获得被处理过的数据信息后,通过数据分析和基于装配知识的智能推理,自主做出装配工艺决策,然后利用物联网将指令传递给执行机构,从而完成装配操作。在智能装配过程中,装配状态信息数据是核心,技术人员只是通过人机交互辅助完成装配过程,由此可以看出数字化装配只是智能装配过程中的一部分。智能装配是一个完整的具有自感知、自决策、自执行的完整装配过程，而数字化装配只是人工装配过程中的辅助仿真分析工具。

4)智能装配系统

装配效率和装配质量是每个产品保持竞争力的核心指标。智能装配系统的使用也是在保证装配质量的同时提高装配效率，从而使企业生产可以快速响应市场需求。所以，智能装配系统的核心是基于物联网与智能装配技术的深度融合，具有自主检测、自主学习、自主决策、自主执行、自主优化能力，可以显著提高装配效率和质量的智能化装配集成系统。因此，智能装配系统包含执行单元、全面的传感检测单元以及基于装配知识的"专家判断决策"单元。智能装配系统如图 1-12 所示，所有的装配资源信息(材料、零部件、设备、环境、执行机构、人机交互等)以及它们的状态可以被实时收集，而智能装配系统可以自主决策的核心正是整个装配现场都在它的"实时掌握"中。

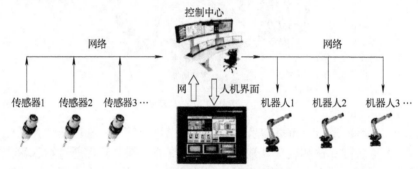

图 1-12　智能装配系统示意图

装配首先是要保证装配准确度，影响装配准确度的因素主要有装配产品对象、工装设备状态、物流配送以及环境信息。智能化装配，就是通过对各影响因素的实时状态进行感知并做出精准响应，保证装配准确度，从而提高装配质量和装配效率。智能化装配是数字化、自动化装配向更高阶段发展的必然产物，是数字化技术、自动化技术、传感器技术及网络技术等多学科交叉融合的高新技术，其技术特征主要有如下几点。

① 智能感知。基于计算机技术、传感器技术、RFID 技术和激光跟踪仪与 IGPS 技术结合的智能感知技术，通过配置各类传感器和无线网络，对现场人员、设备、工装、物料和量具等多类制造要素进行全面感知，实现装配过程中人与资源的深度互联，从而确保装配过程中多源信息的实时、精确和可靠获取。

② 实时分析。对装配过程中的制造数据、智能工装数据和生产环境数据等进行实时检测、传输和处理，然后将这些多源、分散的装配现场数据转化为可用于准确执行和智能决策的可视化数据。

③ 自主决策。智能制造不仅仅是利用现有的知识库指导制造行为，同时具有自学习功能，能够在制造过程中不断地充实制造知识库，更重要的是有搜集与理解制造环境信息和制造系统本身的信息，并自行分析判断和规划自身行为的能力。智能制造系统是一种由智能机器和人类专家共同组成的人机一体化系统，其"制造资源"具有不同程度的感知、分析与决策功能，能够拥有或扩展人类智能，使人与物共同组成决策主体，促使信息物理融合系统中实现更深层次的人机交互与融合。

④ 准确执行。通过传感器、RFID 等获取的装配过程实时数据，利用大数据和云计算手段

进行实时分析，再通过自主决策机制实现装配规划自主化，最终驱动智能化装配工艺装备完成准确执行。装配过程的准确执行是使装配过程处于最优效能状态的保障，是实现智能装配的重要体现。

5) 智能化装配关键技术

(1) 柔性装配工艺装备设计制造技术。柔性工艺装备的特点主要通过可自动调整的模块化结构单元来体现，柔性工艺装备的自动重构要依靠在线测量数据和控制技术来完成。与普通数控机械相比，柔性工艺装备的控制系统具有许多不同之处，表现在控制轴数多，传输数据量大；轴管理参数复杂，难度较大；物理地址复杂，逻辑映射关系复杂；电动机行走、布线困难。这些特性增加了系统的设计难度和施工难度，此外工装控制系统要具有开放性，模块化单元数量增减不会对控制系统造成影响。柔性工装设计制造涉及的关键点包括：模块化结构单元设计制造；先进的控制技术；装配仿真分析；工装驱动数据生成；传感检测；数字化测量和系统集成等。

(2) 装配过程建模与仿真优化技术。根据产品或零部件装配过程的实际需求，提出其制造过程建模与仿真优化技术的体系结构。装配过程建模与仿真优化技术作为先进的系统评价与优化工具，可以对整个制造系统进行深入分析评价与优化。首先，结合装配工艺路径规划、装配物料清单和实际的装配路线布局，对装配线进行 1:1 虚拟建模，通过仿真评估模块对仿真模型进行有效性评估，保证所建立的装配模型能满足后续的在线仿真和优化的需要。

(3) 面向产品或零部件协同设计装配的云服务技术。面向产品或零部件协同设计装配的云服务技术，结合现有信息化制造(信息化设计、生产、试验、仿真、管理和集成)技术与云计算、物联网、服务计算、智能科学和高效能计算等新兴信息技术，将各类制造资源和制造能力虚拟化、服务化，构成制造资源和制造能力的服务云池，并进行统一、集中的优化管理和经营，用户只要通过云端就能随时随地按需获取制造资源与能力服务，进而智慧地完成其制造全生命周期的各类活动。面向产品或零部件协同设计装配的云服务技术的重点在于支持产品或零部件装配资源的动态共享与协同。

(4) 智能装配制造执行技术。智能装配中的制造执行系统应是集智能设计、智能预测、智能调度、智能诊断和智能决策于一体的智能化应用管理体系。为此，需要研究 MES 对装配知识的管理技术；研究人工智能算法与 MES 的融合技术，使 MES 具备模拟专家智能活动的能力，并具有自组织能力，实现人机一体的装配过程优化；研究 MES 对生产行为的实时化、精细化管理技术；研究生产管控指标体系的实时重构技术，进而适应装配环境和装配流程的改变。

产品或零部件装配智能制造是将物联网、大数据、云计算、人工智能等技术引入产品或零部件装配的设计、生产、管理和服务中。建立产品或零部件智能装配体系，将有效提升装配系统的自感知、自诊断、自优化、自决策和自执行能力。智能装配技术的应用，对打造高度智能化、柔性化的智能装配车间，以及建立智能制造工厂具有重要的意义。

4. 智能服务

1) 智能服务的定义

智能服务实现的是一种按需和主动的智能，即通过捕捉用户原始信息和后台积累的数据，构建需求结构模型，进行数据挖掘和商业智能分析，除了可以分析用户的习惯、喜好等显性需求，还可以进一步挖掘与时空、身份、工作生活状态关联的隐性需求，主动给用户提供精准、高效的服务。这里需要的不仅仅是传递和反馈数据，更需要系统进行多维度、多层次的感知和主动、深入的辨识。

智能服务通常分为五个阶段：电子化阶段→网络化阶段→信息化阶段→智能服务初级阶段→智能服务高级阶段。

2) 智能服务分层结构

(1) 智能层。①需求解析功能集：负责持续积累服务相关的环境、属性、状态、行为数据，建立围绕用户的特征库，挖掘服务对象的显性需求和隐性需求，构建服务需求模型；②服务反应功能集：负责结合服务需求模型，发出服务指令。

(2) 传送层。负责交互层获取的用户信息的传输和路由，通过有线或无线等各种网络通道，将交互信息送达智能层的承载实体。

(3) 交互层。系统和服务对象之间的接口层，借助各种软硬件设施，实现服务提供者与服务对象之间的双向交互，向用户提供服务体验，达到服务目的。

3) 智能服务关键技术

智能服务是在集成现有多方面的信息技术及其应用基础上，以用户需求为中心，进行服务模式和商业模式的创新。因此，智能服务的实现需要涉及跨平台、多元化的技术支撑。

(1) 智能层。包括存储与检索技术、特征识别技术、行为分析技术、数据挖掘技术、商业智能技术、人工智能技术、SOA 相关技术等。

(2) 传送层。包括弹性网络技术、可信网络技术、深度业务感知技术、WiFi/WiMax/3G&4G 无线网络技术、IPv6 等。

(3) 交互层。包括视频采集技术、语音采集技术、环境感知技术、位置感知技术、时间同步技术、多媒体呈现技术、自动化控制技术等。

1.3.2　智能制造十大关键技术

智能制造是实现整个制造业价值链的智能化和创新，是信息化与工业化深度融合的进一步提升。智能制造融合了信息技术、先进制造技术、自动化技术和人工智能技术。智能制造包括：开发智能产品；应用智能装备；自底向上建立智能产线，构建智能车间，打造智能工厂；践行智能研发；形成智能物流和供应链体系；开展智能管理；推进智能服务；实现智能决策。

目前智能制造的"智能"还处于初级的层次，智能制造系统具有数据采集、数据处理、数据分析的能力，能够准确执行指令，实现闭环反馈；而智能制造的趋势是真正实现"Intelligent"，智能制造系统的自主学习、自主决策不断优化，真正实现人机高度融合，即人机一体化。

在智能制造的关键技术中，智能产品与智能服务可以帮助企业带来商业模式的创新；从智能装备、智能产线、智能车间到智能工厂，可以帮助企业实现生产模式的创新；智能研发、智能管理、智能物流与供应链则可以帮助企业实现运营模式的创新；而智能决策则可以帮助企业实现科学决策。智能制造的十大关键技术之间是息息相关的，制造企业应当渐进地、理性地推进智能制造十大关键技术的应用。

1. 智能产品(Smart Product)

智能产品如图 1-13 所示，通常包括机械、电气控制系统和嵌入式软件，具有记忆、感知、计算和传输功能。典型的智能产品包括智能手机、智能可穿戴设备、无人机、智能汽车、智能家电、智能售货机等，也包括很多智能硬件产品。智能装备也是一种智能产品。企业应该思考如何在产品上加入智能化的单元，以提升产品的附加值。

图 1-13 智能产品

2. 智能服务(Smart Service)

基于传感器和物联网(Internet of Things,IoT)可以感知产品的状态,从而进行预防性维修维护,及时帮助客户更换备品、备件,甚至可以通过了解产品运行的状态,给客户带来商业机会,还可以采集产品运营的大数据,辅助企业进行市场营销的决策。此外,企业通过开发面向客户服务的 APP,也是一种智能服务的手段,可以针对企业购买的产品提供有针对性的服务,从而锁定用户,开展服务营销。智能服务系统框架如图 1-14 所示。

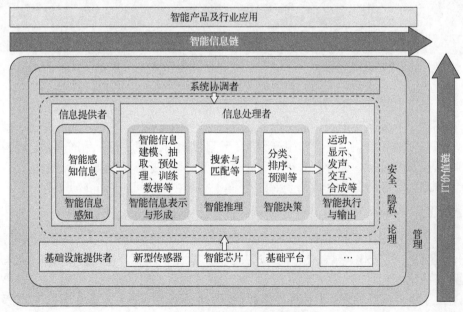

图 1-14 智能服务系统框架

3. 智能装备（Smart Equipment）

制造装备经历了机械装备到数控装备，目前正在逐步发展为智能装备。智能装备具有检测功能，可以实现在机、在线检测，从而补偿加工误差，提高加工精度，还可以对热变形进行在线补偿。以往一些精密装备对环境的要求很高，现在由于有了闭环的检测与补偿技术，可以降低对环境的要求。物联网+智能装备如图 1-15 所示。

4. 智能产线（Smart Production Line）

很多行业的企业高度依赖自动化生产线，如钢铁、化工、制药、食品饮料、烟草、芯片制造、电子组装、汽车整车和零部件制造等，实现智能加工、装配和检测，一些机械标准件生产也应用了智能生产线，如轴承、螺栓等标准件。但是，目前装备制造企业大多数还是以离散制造为主。很多企业的技术改造重点，就是建立智能生产线、装配线和检测线。美国波音公司的飞机总装厂已建立了 U 形的脉动式智能总装线。智能生产线可以分为刚性智能生产线和柔性智能生产线，柔性智能生产线一般要建立缓冲区。为了提高生产效率，工业机器人、吊挂系统在智能生产线上应用越来越广泛。图 1-16 为轴承智能装配生产线。

图 1-15　物联网+智能装备　　　　　图 1-16　轴承智能装配生产线

5. 智能车间（Smart Workshop）

一个车间通常有多条生产线，这些生产线或者生产相似零件或产品，或者有上下游的装配关系。要实现车间的智能化，需要对生产状况、设备状态、能源消耗、生产质量、物料消耗等信息进行实时采集和分析，进行高效排产和合理排班，显著提高设备利用率。无论什么类型的制造行业，制造执行系统必然会成为企业的选择。智能生产车间如图 1-17 所示。

6. 智能工厂（Smart Factory）

一个工厂通常由多个车间组成，大型企业有多个工厂。作为智能工厂，不仅生产过程应实现自动化、透明化、可视化、精益化，同时产品检测、质量检验和分析、生产物流应当与生产过程实现闭环集成。一个工厂的多个车间之间要实现信息共享、准时配送、协同作业。一些离散制造企业也建立了类似流程制造企业的生产指挥中心，对整个工厂进行指挥和调度，以便及时发现和解决突发问题，这也是智能工厂的重要标志。智能工厂必须依赖无缝集成的信息系统支撑，主要包括 PLM、ERP、CRM、SCM 和 MES 五大核心系统。大型企业的智能工厂需要应用 ERP 系统制订多个车间生产计划（Production Planning），并由 MES 根据各个车间的生产计划进行详细排产（Production Scheduling），MES 排产的力度是天、小时，甚至分钟。智能工厂如图 1-18 所示。

图 1-17 智能生产车间

图 1-18 智能工厂

7. 智能研发（Smart R&D）

离散制造企业在产品研发方面，已经应用了 CAD/CAM/CAE/CAPP/EDA 等工具软件和 PDM/PLM 系统，但是很多企业应用这些软件的水平不高。企业开发智能产品，需要机电相关多学科的协同配合；缩短产品研发周期，需要深入应用仿真技术，建立虚拟数字化样机，实现多学科仿真，通过仿真减少实物试验；需要贯彻标准化、系列化、模块化的思想，以支持大批量客户定制或产品个性化定制；需要将仿真技术与试验管理结合起来，以提高仿真结果的置信度。流程制造企业已开始应用 PLM 系统实现工艺管理和配方管理，以及应用实验室信息管理系统（Laboratory Information Management System，LIMS）。图 1-19 为六自由度运动状态智能仿真试验。

图 1-19 六自由度运动状态智能仿真试验

8. 智能管理（Smart Management）

制造企业核心的运营管理系统还包括人力资产管理（HCM）系统、客户关系管理系统、企业资产管理（Enterprise Asset Management，EAM）系统、能源管理系统（Energy Management System，EMS）、供应商关系管理（Supplier Relationship Management，SRM）系统、企业门户、业务流程管理(Business Process Management，BPM)系统等，国内企业也把办公自动化(Office Automation，OA)作为一个核心信息系统。为了统一管理企业的核心主数据，近年来主数据管理(Master Data Management，MDM)也在大型企业开始部署应用。实现智能管理和智能决策，最重要的条件是基础数据准确和主要信息系统无缝集成，如农产品质量追溯智能管理(图1-20)、焊接过程与质量智能管理（图1-21）。

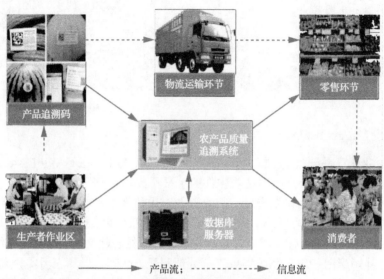

图 1-20　农产品质量追溯智能管理系统

图 1-21　焊接过程与质量智能管理（局部）

9. 智能物流与供应链(Smart Logistics and SCM)

制造企业内部的采购、生产、销售流程都伴随着物料的流动，因此越来越多的制造企业在重视生产自动化的同时，也越来越重视物流自动化，自动化立体仓库、自动引导小车(Automatic Guided Vehicle，AGV)、智能吊挂系统等得到了广泛的应用；而在制造企业和物流企业的物流中心，智能分拣系统、堆垛机器人、自动辊道系统的应用日趋普及。仓储管理系统(Warehouse Management System，WMS)和运输管理系统(Transport Management System，TMS)也受到制造企业和物流企业的普遍关注。智能物流与供应链框架，如图 1-22 所示。

图 1-22　智能物流与供应链框架

10. 智能决策(Smart Decision Making)

企业在运营过程中产生了大量的数据，一方面是来自各个业务部门和业务系统产生的核心业务数据，如相关的合同、回款、费用、库存、现金、产品、客户、投资、设备、产量、交货期等数据，这些数据一般是结构化的数据，可以进行多维度的分析和预测，这就是业务智能(Business Intelligence，BI)技术的范畴，也称为管理驾驶舱或决策支持系统。同时，企业可以应用这些数据提炼出企业的关键业绩指标，并与预设的目标进行对比，同时对关键业绩指标进行层层分解，以对干部和员工进行考核，这就是企业绩效管理(Enterprise Performance Management，EPM)的范畴。业务智能和企业绩效管理合起来称为智能决策(SDM)，如图 1-23 所示。从技术角度来看，内存计算是 SDM 的重要支撑。

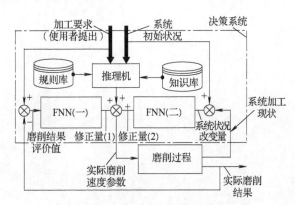

图 1-23　智能决策与控制系统

习题与思考一

1. 简述智能制造的四大特征以及你对智能制造的认识。
2. 智能制造的十大关键技术包括哪些?
3. 智能装配与数字化装配的主要区别是什么?
4. 智能服务通常分为哪几个阶段?
5. 简述智能设计怎样分类。协同求解主要涉及哪些内容?
6. 简述智能决策在智能制造中的主要作用,其关键技术是什么?

第2章 智能设计

2.1 概　　述

1. 智能设计的基本定义

智能设计又称智慧设计。智能设计是指采用人工神经网络、遗传算法、蚁群算法等现代人工智能算法，通过计算机模拟人类的思维活动过程的方式来提高设计方案和产品的设计智能化水平。

2. 智能设计的内涵和特点

1) 智能设计的内涵

智能设计通常可以理解为计算机化的人类设计智能，它是 CAD 的一个重要组成部分。其内涵主要包括两个方面。

(1) 智能化设计方法的更新。

(2) 智能化新技术的引入和产品智能化。具体在机电产品制造行业中智能设计可以延伸为传统设计方法的智能化处理和智能化机电产品的设计方法。

2) 智能设计的特点

(1) 以设计方法学为指导。智能设计的发展，从根本上取决于对设计本质的理解。设计方法学对设计本质、过程设计思维特征及其方法学的深入研究，是智能设计模拟人工设计的基本依据。

(2) 以人工智能技术为实现手段。借助专家系统技术在知识处理上的强大功能，结合人工神经网络和机器学习技术，较好地支持设计过程自动化。

(3) 以传统 CAD 技术为数值计算和图形处理工具，提供对设计对象的优化设计、有限元分析和图形显示输出上的支持。

(4) 面向集成智能化。智能设计不但支持设计的全过程，而且考虑到与 CAM 的集成，提供统一的数据模型和数据交换接口。

(5) 提供强大的人机交互功能，不仅使设计师对智能设计过程进行干预，而且使设计师与人工智能融合成为可能。

3. 产生与发展

智能设计的产生可以追溯到专家系统技术最初应用的时期，其初始形态都采用了单一知识领域的符号推理技术——"设计型专家系统"，这对于设计自动化技术从信息处理自动化走向知识处理自动化有着重要意义，但设计型专家系统仅仅是为解决设计中某些困难问题的局部需要而产生的，只是智能设计的初级阶段。

多年来，随着 CIMS 技术的迅速发展，人们对智能设计提出了新的挑战。在 CIMS 这样的环境下，产品设计作为企业生产的关键性环节，其重要性更加突出，为了从根本上强化企业对市场需求的快速反应能力和竞争能力，人们对设计自动化提出了更高的要求，在计算机提供知识处理自动化(这可由设计型专家系统完成)的基础上，实现决策自动化，即帮助人类设计专家在设计活动中进行决策。需要指出的是，这里所说的决策自动化绝不是排斥人类设计专家的自动化。恰恰相反，在大规模的集成环境下，人在系统中扮演的角色将更加重要。人类设计专家是系统中最有创造性的知识源和关键性的决策者，因此 CIMS 这样的复杂系统必定是人机结合的集成化智能系统。与此相适应，面向 CIMS 的智能设计走向了智能设计的高级阶段——人机智能化设计系统。虽然它需要采用专家系统技术，但只是将其作为自身的技术基础之一，与设计型专家系统之间存在着根本的区别。

从上述介绍可以看出，智能设计主要涉及 CAD、创新设计、进化设计等设计方法。由于篇幅所限，本章重点介绍进化智能设计中的智能 CAD、基于 TRIZ 理论的智能创新设计和基于遗传算法的进化设计等内容。

2.2　智能 CAD 设计方法

智能 CAD 系统的设计方法很多，如 CAD 模型自动识别的神经网络方法、基于几何约束的表示满足方法、面向对象求解法、模型特征设计法和广义类比推理法等。由于篇幅所限，下面仅介绍面向对象求解法等内容。

2.2.1　面向对象求解法

面向对象方法(Object-Oriented Method)是一种把面向对象的思想应用于软件开发过程中，指导开发活动的系统方法，简称 OO(Object-Oriented)方法，它是建立在"对象"概念基础上的方法学。对象是由数据和容许的操作组成的封装体，与客观实体有直接的对应关系，一个对象类定义了具有相似性质的一组对象。而其继承性是对具有层次关系的类的属性和操作进行共享的一种方式。面向对象就是基于对象概念，以对象为中心，以类和继承为构造机制，来认识、理解、刻画客观世界和设计、构建相应的软件系统。

面向对象求解法是通过对设计对象的抽象描述、类之间关系的复杂属性表达，在求解过程中建立实际联系。支持推理的知识分成两部分描述，即求解方法和约束满足。

现有的 CAD 系统多侧重于图形显示功能，但对真正的设计过程缺乏支持，具体表现在智能性不够、用户界面不友好、集成程度不够、信息交换困难等。在处理 CAD 系统的智能问题时，有基于专题系统和基于模型的两种不同的方法，并以面向对象的方法进行结构优化，建立适用于设计问题求解的推理机制。面向对象求解法主要涉及智能产品设计建模的体系结构、面向对象智能产品模型的表示方法和面向对象的推理机制三个方面。

1. 智能产品设计建模的体系结构

智能产品设计建模要满足：①产品模型是完整的，以满足产品设计过程中评估可预测性、可制造性、可检验性、可装配性、可维护性的要求；②应能检查所表达的产品信息的一致性，使计算机能够正确地解释产品的信息；③模型的表达和所描述的信息应能适应知识处理的要求。

智能产品设计建模的功能体系主要涉及概念模型、评价模型、装配模型、特征模型、几何模型等。

(1)概念模型。产品开发从市场调查开始,到产品功能分析和原理方案的确定构成了智能产品建模的概念模型。概念模型要为后续其他模型提供信息、引导,完成多个设计方案和方案再设计,并提供产品所有性能参数和外观参数。

(2)评价模型。在产品功能、质量、价格、交货期、售后服务、环境保护、营销等整个产品生命周期范围内进行评价,确保产品品质和实用性。

(3)装配模型。装配模型是在概念模型的基础上对方案进行具体化,继承概念模型的性能参数和外观参数,确定产品的装配关系和装配约束,分解和传递概念模型的功能与结构。

(4)特征模型。特征模型可以实现零件的设计,也称为零件模型。特征模型借助各种特征构造零件,同时继承装配模型的参数,是连接设计与制造的纽带。

(5)几何模型。几何模型是特征模型的基础,虽然不具备工程含义,但却是产品表示的最基础的手段,能给产品最直观的描述,也是制造加工最直接的对象。几何模型包括线框、表面和实体三种模型,具有严密的数学表达,是实现产品的计算机制造与设计的基础,也是智能产品建模的基础。

根据智能产品设计建模的基本定义、目标体系和功能体系,可以把智能产品建模抽象出三个层次,图 2-1 为智能产品设计建模的组织结构,主要包括以下三层:应用层、逻辑层和物理层。其中,应用层包括产品生命周期中的各种应用活动,如产品设计、产品分析、工艺规划、数控加工以及质量检测等,并对应于各种计算机辅助技术(CAD、CAE、CAPP、CAM、CAQ)。

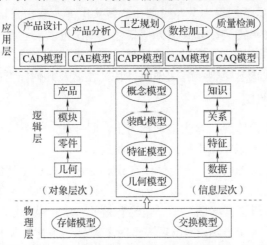

图 2-1 智能产品设计建模的组织结构

物理层主要包括存储模型和交换模型。逻辑层由各种模型按照层次关系构成,其中包括概念模型、装配模型、特征模型和几何模型,各个模型又由各种子模型组成,如图 2-2 所示。逻辑层是智能产品建模中最为重要的一层,是支持应用层的有力工具,又是衔接物理层的桥梁。应用层主要包括 CAD、CAE、CAPP、CAM、CAQ 模型等。各种模型的层次关系蕴含着产品建模的对象层次和信息层次。对象层次关系为产品、模块、零件、几何元素的关系;信息层次表现为知识、关系、特征、数据的关系。从几何模型到特征模型、装配模型和概念模型,其知识的深度在不断地增加,抽象程度也不断增加,信息的容量也越来越大,不仅充分体现了产品建模的发展趋势，也充分反映了产品生命周期的智能产品建模的特点。

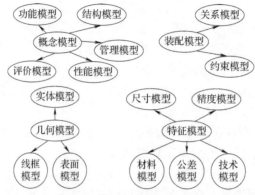

图 2-2　模型层次中的子模型

2. 面向对象智能产品模型的表示方法

根据智能产品建模的定义，智能产品建模的首要任务是对事物(产品)的计算机描述，揭示事物的内在联系和外部联系。事物的联系基本上可以分为三类模型，即关系模型、层次模型和网络模型。如图 2-1 所示，从智能产品建模的组织结构上看，以上三种模型都包含在内。其中，层次模型最为复杂，表现为 $1 \to n$ 关系，可以形象地表示为树形结构，这种关系更能体现、实现事物的真实状态，如产品的功能构成、装配关系等，这种模型能够充分反映事物的分类和层次概念，其处理方式也更加困难，一般利用人工智能的搜索、推理技术(如宽度搜索与深度搜索)。面向对象方法的实质是把现实世界模型化，现实世界一般指人认识的所有事物。

面向对象的特点是对事物进行分类与分层描述，不仅可以描述事物的静态特性，而且可以描述事物的动态特性。面向对象的编程技术具有抽象、封装、继承、多态等特点，适合智能产品设计建模的要求，实现概念模型、装配模型、特征模型及几何模型的计算机描述。

3. 面向对象的推理机制

一个智能系统的智能性体现在它的推理行为上，同样的，一个计算机辅助设计系统所能表现出的智能行为关键在于不同领域中采用合适的推理。

设计问题是一个很复杂的问题，主要体现在设计对象各部分之间的关联很多，有不少是相互制约的，而且不同领域的表现形式有较大的区别。因此，几乎不可能要求计算机用一种通用的算法解决设计问题。对于设计问题，一个较为有效的方法是从问题的分层结构出发，对每一个子问题提出当前可行的解决方案，当以后某个时刻发现这个方案和其他部分的设计发生矛盾冲突时，再重复进行方法的每一步操作，不管是子问题的求解矛盾的判定，还是发生冲突后的调整方法，都有很强的应用背景，不同领域的方法可能是完全不同的，它体现了不同领域的特殊设计知识和方法。整个系统的行为应该在很大程度上信赖于应用领域的知识，由具体知识指导实际的推理流程。基于面向对象推理核心为智能系统提供了基本框架结构和功能，以支持这些方法的有效使用。

面向对象智能设计问题的求解流程如图 2-3 所示。从求解的流程图可以看出，当一个问题求解器被启动时，系统完成了系列初始化，主要是产生一个新的实例工作区，并赋以唯一标识，然后根据 Action 定义的内容进行逐步求解，直到所有设计指标的值都得到确定，或是整个

Action 动作序列中没有新的操作要求。在求解器完成工作之后，将此次产生的实例存放于实例数据库，然后根据情况向调用它的求解器汇报，并唤醒求解器。

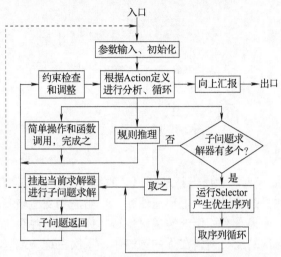

图 2-3　面向对象智能设计问题的求解流程

2.2.2　基于 CAD 的广义类比推理智能设计方法

设计是一个有所借鉴、有所创新、不断改进和不断完善的过程。大多数新的设计都需要在原有设计的基础上进行改进和创新。一般而言，智能设计系统中应包含大量的设计实例，以便为当前设计提供有价值的参考。如果不能有效获取领域专家的设计经验和技巧等知识，并将其融合到知识库中，会造成知识库中知识的贫乏和不完整，降低知识系统的问题求解能力。

事实上，以往成功的设计实例蕴含了领域专家求解问题的知识和经验，是专家智慧的结晶，因此可以为当前设计提供有价值的参考。在智能设计系统中引入基于实例的推理和设计，将基于实例的推理与基于启发性知识的推理有机地结合起来，为当前设计提供有价值的初始参考，使当前设计能在一个较高层次上进行，从而提高智能设计系统的设计效率。

要利用基于实例的推理和设计获得一个较满意的初始设计，需要解决好以下方面的问题。

(1) 设计实例的表达和组织。着重解决设计实例的逻辑表达结构及存取模式。

(2) 设计实例的动态检索、匹配和提取。重点研究设计实例的动态检索和匹配原理，实现基于实例的推理过程。

(3) 设计实例的修改与再组织。探讨如何评价推理获得的设计实例，如何将获得的实例转化为当前设计，实现设计实例的重用。

智能 CAD (Intelligent Computer Aided Design，ICAD) 是一种新型的高层次计算机辅助设计方法与技术。它将人工智能的理论、方法和技术与传统的 CAD 结合，使计算机具有支持人类专家的设计思维、推理决策及模拟人的思维方法与智能行为的能力，从而把设计自动化推向更高层次。ICAD 把工程数据库及其管理系统、知识库及其专家系统、拟人化用户接口和管理系统集于一体，形成的结构如图 2-4 所示。

专家系统存在知识获取方面的困难，规则式专家系统没有自学习能力，使得对系统的使用和管理比较困难，把近年来发展的模糊理论、遗传算法与人工神经网络相结合应用于智能 CAD 系统，可克服传统 CAD 系统不能处理模糊信息和不能进行自学习等缺点。其中，基于实例推理(Case based Reasoning，CBR)是 ICAD 中的一种新型有效的设计推理模式，其基本思想是：在求解一个新的设计问题时，利用以前类似设计问题的解决方案(即设计实例)，经必要的修改而得到新的设计结果。

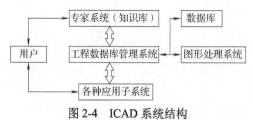

图 2-4　ICAD 系统结构

1. CBR 认知学模型

CBR 是人的一种认知行为，本质上是基于记忆的推理。"清晨，当你驾车上班时，你并不会专门设计行车路线，你只是按以前的上班路线驾车，当遇到交通堵塞时，你会想起过去在相似情况下是如何绕开的。如果没有相似的情况发生过，你会思考并决定采用一条新的路线。如果一切都很顺利，那么这次的经历便留在你的脑海中，下次在这一地区再遇到堵车，你会记起上次的情形，以及上次的路线。"这是对 CBR 的一段通俗解释。

正因为通过对情景的研究，解决了传统规则专家系统知识获取、知识表示、知识学习和解释方面的不足。CBR 中，实例库模拟人脑的记忆，并存储了一些过去的相关经历(实例)，这些实例按一定的方式组织，以便在需要的时候能及时取出。回忆过程对应了 CBR 中从实例库中检索出相关实例的过程。被检索出的候选实例可能与新的情形不完全一致，这时需要对该候选实例的某些特征进行修改，以适应新的情况。修正后的实例是否适合新的情况，还需要经过检验。如果发现还不符合实际情况，则需要进行修正，最后新的实例按一定的策略加入实例库中，CBR 流程图如图 2-5 所示。

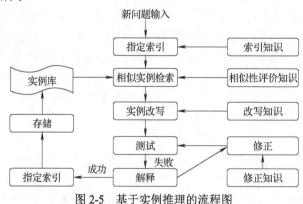

图 2-5　基于实例推理的流程图

从 CBR 的推理流程可以看出 CBR 具有以下特点。

(1)检索是 CBR 进行推理的核心。

(2)学习是 CBR 系统的一个基本功能，给系统将来求解问题创造了有利条件。

(3)直接采用从实例到实例的求解思想，可以避免其他知识表示方法因抽象化而产生困难或瓶颈，这是在求解复杂问题时求解思想的一大进步。

(4)系统易于建立与维护是 CBR 推广应用的优势。相对于产生式系统而言，CBR 中知识获取的瓶颈有所克服，知识畸变的环节基本不存在，系统建立不需要花费太多时间，且易于对系统的维护。

在实例的修正和评价中，就要用到 CBR 过程。但 CBR 通过对旧实例的证实和修正，可不断获得新的知识。因此，通过 CBR 技术的应用，就达到了动态知识学习的目的。

2. 基于实例推理的方法

1) 实例的表示与组织

实例的表示是 CBR 面临的首要问题。一个典型的实例一般包含两部分信息：一部分是问题的初始条件，反映该实例产生的环境特征属性，它们与结果的产生密切相关；另一部分是问题求解的结果，反映该实例求解目标和达到该目标的解决方案。

对于简单的实例，如经历及相应诊断构成的实例、字符特征矢量及分类结果构成的实例等，可表示为一组特征的集合。在机械传动系统的总体布置设计中，经过某种抽象，可将一个设计实例表示为以下一组特征的集合：

$$Case = \{SC, P, SL\}$$

式中，SC 为已知的概念结构式，由方案设计阶段得到；P 为传动系统的功率；SL 为总体布置设计得出的布置结构式。SC 和 P 属于已知的设计初始条件，且属于得出的设计结果。

对于复杂的实例，可采用模型分解的思想将其转化为若干子系统的设计问题，由此实例可分解成一棵设计实例树。实例的分解对实例推理是非常有利的，因为在许多设计中只须对设计中的某些部分做相应修改或对某些子实例进行替换即可，在这种情况下，依据分层的实例树可方便地提取实例，灵活组合成新的设计。在实现具体的 CBR 系统时，可根据问题特点采用语义网络、框架、面向对象或各种知识的混合表示法来表示实例。

在考虑单个实例(简单的或复杂的实例)表示时，必须同时考虑这些实例在实例库中如何组织的问题，即实例集的表示问题。一个好的实例库结构要便于实例的检索，检索必须依赖于某种索引机制，常见的索引方法有近邻法(Nearest Neighbor Approach)、归纳法(Inductive Approach)、知识导引法(Knowledge-Based Retrieval Approach)或这三种方法的混合。

(1) 近邻法。它是为每个实例的每个特征(即属性)指定一个权值，检索实例时可将输入的"问题描述"与实例库中实例的各个特征进行匹配，由计算出的最大加权系数值挑选最佳匹配实例。该方法的优点为简单实用，缺点是在大多数情况下，各特征权值对各待检索的实例都有所不同，因此很难确定一组通用的特征权值。

(2) 归纳法。它是一种类似于决策树的学习算法，从实例特征中抽取最能将该实例与其他实例区别开来的信息差异，将实例库组织成一棵决策树的形式。该方法能够自动分析实例，确定出实例的最佳特征，并将实例库分层组织，从而大大减少了检索时间。其缺点是实例库中必须有足够的实例，而且用于归纳组成类决策树的时间很长，还有就是这种索引随新实例的不断加入而频繁变化。

(3) 知识导引法。它是利用有关实例的知识来鉴别实例中哪些特征在实例检索中最重要，并根据这些特征来组织检索，即建立索引知识库。索引知识包括领域原理、特征之间的因果关系等。显然，如果相应的知识相当完备，那么知识导引法可保证实例库的组织结构相对稳定，使之不随新实例的增加而急剧变化。但要获得这些知识，并在 CBR 系统中恰当地使用这些知识都是很困难的，因此许多系统往往将这种方法与其他技术结合使用。

2) 实例的检索

(1) 匹配方法。检索就是要从实例库中找出与当前问题描述相似的实例，也就是对实例特征匹配的过程，一般有三种典型的匹配方法。①直接匹配。如果实例库中某实例的特征(即属性)与当前描述的特征完全相同，则取出该实例。②相似匹配。按某种规定的准则找出与当前描述特征最为接近的某一实例。③对称性匹配(或类比匹配)。根据当前所描述的特征间的因果关系进行类比，以求匹配。

(2)检索方法。匹配策略确定以后，具体的检索方法与组织实例库时所采用的索引机制有关，前述三种索引机制对应着不同的检索方法。

① 对于最近邻索引，实例的检索就相当于按某个实例特征进行搜索的一个检索过程。如果实例库是按某种图或某种树组织而成的，则采用相应的图或树的搜索方法；如果实例库由线性排列的实例组成，就只能采用线性查找。

② 对于归纳索引，若实例组成了决策树，则按决策树搜索；若实例组成了判别网络，则可采用由上而下求精的"探针"策略。

③ 对于知识导引索引，由于本身没有固定模式，所以搜索方法将随知识导引的方法而变化。最简单的方法是对实例的各种特征加权，对重要的属性优先检索，也可在索引机制中加入领域的因果模型等深层知识，以避免不相干实例的检索，进一步提高检索效率。

3) 实例的修改与保存

实例的修改常常依赖于具体的应用领域，其目标是通过最小的改变，将检索得到的实例改写成与问题描述完全匹配的新实例。实例的修改可分为以下两种情形。

(1)结构化修改(Structural Adaptation)。对检索所得实例只在原框架下做一些结构性调整，不做大的变动。结构化修改常见的有：①无须修改，即照搬照抄检索所得的实例；②参数修改，将实例的特征(属性)参数化，对比所得实例与问题原描述中参数的差异，以此修改问题的解。这里的参数是广义的，它可能是数值参数，如大小，也可能是某种概念或抽象的事实，如"雇员泄露了商业秘密"。

(2)派生式修改(Derivational Adaptation)。对检索所得的实例重新运行，生成新的解。例如，指定另一些步骤代替原实例中求解问题的某些步骤。

实例修改后产生的新实例不能不加任何限制地加入实例库中，那样会使实例库急速膨胀，大大降低推理效率。因此，新实例的保存要区分以下四种情况。

① 作为新实例加入实例库；
② 替换实例库中的旧实例；
③ 与实例库中的实例合并，形成一个新实例；
④ 如果实例库中已有，则新实例被舍弃。

4) 应用实例 1

应用 CBR 方法解决立式珩磨机方案设计问题。在企业中该产品的系列化、规范化、标准化工作做得较好，零部件的通用性较好，因此从设计性质上看此设计属于变型设计。

(1)立式珩磨机设计。

立式珩磨机设计实例包括立式珩磨机实例与零件实例。系统采用"实例=数据+机械结构+智能控制"的描述方法。

将实例的数据从图形中抽取出来，用数据库进行管理；实例的结构则为参数化几何模型，用 CAD 造型系统实现；实例控制用伺服电动机+可编程控制器实现。以立式智能珩磨机基本结构形式为实例结构，代表了立式智能珩磨机系列的设计。而实例数据则表现为数据库中的一条记录。

立式智能珩磨机的实例库按树形结构加以组织，如图 2-6 所示。具体的表示方法则采用基于框架的知识表示，形成体现上述实例树的由框架系统构成的知识库。在知识库中的每个实例均可在图形库与数据库中分别找到自己的结构与数据。

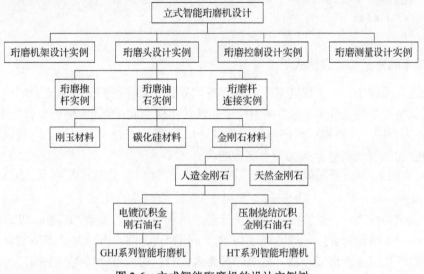

图 2-6 立式智能珩磨机的设计实例树

(2)结构实例的检索。

由于立式智能珩磨机的每个实例都用结构与数据加以描述,因此检索也分为结构实例的检索与数据实例的检索。

珩磨头结构实例的框架知识表示,具体如下:

```
Unitl: type_of_cushing              /* 缓冲类型*/
    slot_namel: without_cushing     /* 不带缓冲*/
        valueclass: REAL            /* 实数型*/
        value: 0                    /* 编号为0*/
        cases: H-05A, H-05C         /* A、C 型珩磨头*/
    end slot
    slot_name2: both_end_cushing    /* 两端缓冲*/
        valueclass; REAL
      value: l
      cases: H-05B, H-05D
    end slot
    slot_name3: cylinder_end_cushing /* 珩磨头端带缓冲*/
      valueclass: REAL
      value: 2
      cases: H-05B, H-05D
      end slot
      end unit
      Unit2: type_of_seal           /* 油石类型*/
      slot_namel: "O"_type seal      /* 金刚石油石*/
    valueclass: STRING              /* 字符串*/
      value: "O"
      cases: H-05A, H-05B
      end slot
    slot_name2: slide_seal          /* 油石涨紧*/
```

```
valueclass:"v"
cases: H-05C, H-05D
end slot
end unit
```

3. 实例库的建造与存取模式

在智能设计系统中，为了保证基于实例推理的有效性，往往需要组织人力的设计实例，这些设计实例以特定的格式保存在实例库中，构成设计实例空间。设计实例集合有以下两种形式。

(1)设计实例库：全体设计实例组成的集合，记为 C_B。显然，$c \in C_B$。随着设计活动的进行，设计问题的实例库将逐渐成为一个庞大的集合。

(2)可用实例集：部分满足或完全满足当前设计设计实例 C_B 组成的集合，记为 CS_B，$cs \in CS_B$。显然，$CS_B \subseteq C_B$。

在基于实例的推理中，需要根据当前设计要求对实例库进行检索和匹配，以获得满足某种条件的设计实例，供设计者进一步选取或修改。一般来说，同一设计对象模型的设计实例可能有许多，它们以数据库的形式存放，需要时再调入内存，构成设计实例子空间，为基于实例的推理提供支持。

值得注意的是，如果将获取的设计实例子空间全部调入内存，尤其是当满足要求的设计实例子空间较大时，有可能造成系统的开销过大和浪费。事实上，可按特征对设计对象的属性进行分组，而在设计实例与设计要求进行匹配时一般是按特征组进行的。

因此，可以根据匹配需要分阶段将设计实例的某个特征及其属性调入内存，以降低系统的消耗，提高匹配效率。这些分类组织的属性构成设计对象属性子空间，调入内存后构成特征属性空间。设计实例和特征属性空间在实例空间的映象可用图 2-7(a)、(b)表示。

(a)特征属性空间内存区映象　　　　　　　　　　(b)空间映象

图 2-7　设计实例和特征属性空间的映象特征

4. 设计实例的检索、匹配与提取原则

1)设计实例的相似原理

基于实例的推理过程实际上是对实例进行检索、匹配，然后提取其有用信息的过程。检索和匹配的依据主要是实例的相似性，其目的是快速、准确地找到与当前设计问题相似的实例。判断两个实例是否相似的依据基于以下相似原理。

原理 1：具有一组或多组相同属性组成的实例是相似实例。

由对象构造模型可知，对象最基本的构成是特征及其属性，特征和属性相同，对象的组成结构必然相似，因此其实例相似。

原理 2：具有相同模板的实例是相似实例。

实例由对象模板生成，对象模板相同，表明两个实例具有相同的对象原型，其对象实例必然相似。

原理 3：满足相似度 $s(c_1, c_2)(0 \leq s \leq 1)$ 要求的实例是相似实例。

相似度 $s(c_1, c_2)$ 是定量评判设计任务与实例相似程度的数值度量，其定义如下：

设当前设计任务的属性集合为 A'，具有相同对象模板的实例的属性集合为 A，A' 和 A 的元素分别为 $\{a_1', a_2', \cdots, a_n'\}$ 和 $\{a_1, a_2, \cdots, a_n\}$，则有

$$s(c_1, c_2) = 1 - \sum_{i=1}^{n} \omega_i \delta_i \qquad (2\text{-}1)$$

式中，ω_i 为与属性 a_i 对应的权值；δ_i 与属性的数据类型有关，其计算方法如下：

$$\delta_i = y \begin{cases} |\max(a_i', a_i) - \min(a_i', a_i)|, & a_i'、a_i \text{ 为数值型} \\ 0, a_i' \text{ 与 } a_i \text{ 的值相同}, & a_i'、a_i \text{ 为其他类型} \\ 1, a_i' \text{ 与 } a_i \text{ 的值不相同}, & a_i'、a_i \text{ 为其他类型} \end{cases} \qquad (2\text{-}2)$$

根据以上定义，显然有 $0 \leq \delta_i \leq 1$，为简化运算过程，如果取 $\omega_i = \dfrac{1}{n}$，那么相似度为

$$s(c_1, c_2) = 1 - \frac{1}{n} \sum_{i=1}^{n} \delta_i \qquad (2\text{-}3)$$

根据相似度 $s(c_1, c_2)$ 的大小可以判断当前设计任务与实例的相似程度，$s(c_1, c_2)=0$，表明二者完全不相似；$s(c_1, c_2)=1$，表明二者完全相似；$s(c_1, c_2)$ 越接近 1，表明二者的相似程度越高。

2) 设计实例的匹配原则

根据上述相似原理和设计实例的表达模型，结合面向对象的适应性设计型专家系统的特点，提出以下实例匹配原则。

(1) 原型匹配原则：如果某实例的对象模板与当前设计对象模板相同，则该实例为可满足设计要求的实例。

此原则应用简单、快捷，可迅速检索出与当前设计问题具有相同对象模板或原型的实例。

(2) 特征匹配原则：如果某实例的设计条件特征组与设计对象模板对应的设计条件特征组具有相同的属性构成，则该实例为可满足设计要求的实例。此原则用于判断当前设计任务与检索实例是否具有相似的设计任务概念。如果二者的设计任务相似，则可以判断二者相似。

(3) 相似度匹配原则：如果当前设计任务与检索实例的相似度 $s(c_1, c_2)$ 大于给定的值：$\varepsilon(0 \leq \varepsilon \leq 1)$，则检索实例为可用实例，否则，为不可用实例。

推理过程中，上述匹配原则各有所用，互相依托，能有效提高实例推理的效率。

5. 初始设计实例的生成算法

实例由对象模板生成，对象模板相同，表明两个实例具有相同的对象原型，其对象实例支持智能设计系统完成整个设计过程。初始实例的生成算法如下。

实例推理算法目前尚无统一的方法。CBR 主要创始人 Schank 提出用脚本(Script)来表示 base，脚本用于记录与某一特定情景相关联的特定信息，即用导致特定结果的一系列特征来描述实例。基于这一思想，目前知识系统中采用了产生式规则(Rules)、框架(Frame)、特征对(Feature Pair)、谓词、属性向量、数据库、语义网、面向对象的结构化表示等多种方法。

框架/对象描述方式是当前普遍流行的方法，但总体而言，实例的表示方法是按需要而定的。基于实例的步进模设计系统 CBRS 对实例描述采用属性、值对的方式，如 Part name:Sample Part envelope length（mm）:100;Part Volume（cu cm）:15.9;Average wall thickness（mm）:2;…。而在基于特征的直棱件 NC 代码生产系统 CBRPLAN 中，实例以特征为单位表示，例如：

```
(deffacts p3)
(Entity)
(Part-id   p3)
(Entity-name  e1)
(Entity-Type block)
(Dimension 40 40 20)
(Surface-finish  high)
(Tolerance   high)
(Handle 0 0 0)
(Surface-finish high)
(Tolerance high)
(Handle 0 0 0)
(Entity0(…,… )
(UN-TOP p3T1 e3 e2 L-R-FN)
(INSIDE p311 e2 e1 1NF MM To…
```

实例前半部分为零件特征描述，后半部分为特征间的集合关系描述。

实例描述的方法因实例描述对象及应用环境的不同而表现出多样性，具体方法选用应以是否能对问题进行完备表述、有利于检索、修改和实例库的维护为标准；多种方法的混合使用可以弥补采用单一方法的不足，是实例表示的趋势。

总之，在 CBR 中，实例的特征获取及描述是实例的表示关键所在。典型的实例描述内容由以下三部分组成。

(1)问题（Problem）：描述实例发生时的条件，以及事件发生时的背景和状态。

(2)求解（Solution）：对问题的求解过程和求解方法的描述。

(3)结果（Result）：问题目标或结论信息。

这三个信息不一定完全包含在一个实例中，实例中所包含的信息由所需要解决的问题及解决方法决定，但需考虑以下两点：①满足实例的功能要求；②能方便获取实例中的信息。

2.3　基于 TRIZ 理论的智能创新设计

TRIZ 理论和方法能够让人们系统地分析问题，打破思维定式，以全新的、整体的视角分析系统和所要解决的问题。TRIZ 理论的强大功能是使人们创造性地发现、解决问题，并提出系统分析问题的理论和方法。TRIZ 理论是专门研究创新设计和发明的理论，它建立了一系列的通用性工具和方法，能够尽快获得系统问题的解决方法。

TRIZ 理论也是技术问题解决的一种有效方法，不只是机械或过程分析，而且能够建立解决问题的完整模型、明确问题和解决问题的方向。TRIZ 理论的系统性和实用性在创新和发明领域有着重要的地位。

经过多年的发展，TRIZ 理论已经发展成为一套成熟的理论和方法体系。TRIZ 理论和方法主要包括以下方面。

(1)创新思维方法和问题分析方法。通过应用 TRIZ 理论和方法对问题或系统进行分析，能够快速找到系统所要解决的问题和矛盾。

(2)技术矛盾解决原理。不同的系统和发明有不同的解决方法，但却一定有相同的规律和方法，TRIZ 理论把这些方法和规律总结为 40 个创新原理，对于不同的发明创造，结合系统本身进行合适的匹配，确定解决方案。

(3)技术系统进化法则。利用 TRIZ 理论的 8 个进化规律，分析确认当前的系统和技术现状、过去和未来。

(4)创新问题标准解法。目标是完全解决矛盾，获得最终的理想解，而不是采取折中或妥协的做法，而且它基于技术的发展演化规律研究整个设计与开发过程。

(5)发明问题解决算法。发明问题求解的过程是对问题不断描述、不断模型化、公式化的过程，逐步深入分析问题、解决问题。

TRIZ 理论的主要思想就是：对于一个具体问题，无法直接找到对应解，可以先将此问题转换并表达为一个 TRIZ 的问题，再利用 TRIZ 体系中的理论和工具方法获得通用解，最后将该通用解转化为具体问题的解，并在实际问题中加以实现，获得问题的解决。

其中，解决发明技术矛盾(也称技术冲突)的 40 个创新原理是 TRIZ 理论的重要组成部分。利用该原理可以使发明具有可预见性，从而更好地指导发明创造活动。TRIZ 理论的 40 个创新原理如表 2-1 所示。

利用创新原理解决技术矛盾的流程如图 2-8 所示，确定产品或方法创新策略过程中的技术矛盾包括技术系统应改善的参数和被恶化的参数，将其分别用表 2-2 中 38 个通用工程参数予以表征；在矛盾矩阵表中找到纵向改善参数与横向恶化参数相交处的单元格内给出的创新原理编号；根据该编号查找原理具体内容；根据对应原理的具体内容，逐个运用到具体的技术问题中，探讨每个原理在所属具体问题上如何实现。

表 2-1　TRIZ 理论的 40 个创新原理

序号	名称	序号	名称	序号	名称	序号	名称
1	分割	11	预先应急措施	21	紧急行动	31	多孔材料
2	抽取	12	等势原则	22	变害为利	32	改变颜色
3	局部质量	13	逆向思维	23	反馈	33	同质性
4	非对称	14	曲面化	24	中介物	34	抛弃与再生
5	合并	15	动态化	25	自服务	35	物理/化学状态变化
6	普遍性	16	不足或超额行动	26	复制	36	相变
7	嵌套	17	一维变多维	27	一次性用品	37	热膨胀
8	配重	18	机械振动	28	机械系统的替代	38	加速氧化
9	预先反作用	19	周期性动作	29	气体与液压的结构	39	惰性环境
10	预先作用	20	有效作用的连续性	30	柔性外壳或薄膜	40	复合材料

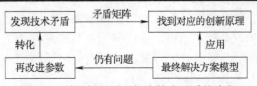

图 2-8　利用创新原理解决技术矛盾的流程

表 2-2 38 个通用工程参数

序号	名称	序号	名称
1	运动物体的重量	20	功率
2	静止物体的重量	21	能量的损失
3	运动物体的长度	22	物质的损失
4	静止物体的长度	23	信息的损失
5	运动物体的面积	24	时间的损失
6	静止物体的面积	25	物质或事物的数量
7	运动物体的体积	26	可靠性
8	静止物体的体积	27	测量精度
9	速度	28	制造精度
10	力	29	物体外部有害因素作用的敏感性
11	应力或压力	30	物体产生的有害因素
12	形状	31	可制造性
13	结构的稳定性	32	可操作性
14	强度	33	可维修性
15	运动物体作用时间	34	适应性及多用性
16	静止物体作用时间	35	装置的复杂性
17	温度	36	监控与测试的困难性
18	光照度	37	自动化程度
19	运动物体的能量	38	生产率

根据创新课题的需要，通过表 2-1 和表 2-2 对课题分析研究，在确定矛盾问题后可以通过对创新设计相关专利技术文献的检索、人工智能系统技术矛盾的表征等问题研究，来实现课题技术的创新。

1. 创新设计相关专利技术文献的检索

选取国家知识产权局网站的"专利检索"系统，对国内外相关专利进行检索，并作为分析的基础。通过对实施内容分析研究，建立关于基于 TRIZ+人工智能的产品创新的指导模型。

2. 人工智能系统技术矛盾的表征

TRIZ 理论指出，技术矛盾指的是在改善系统的某个性能参数时，另一个性能参数却变差的情况。在解决问题时，所要做的不只是要改善存在冲突的某一方的性能，而且要保证不能降低冲突另一方的性能。

矛盾矩阵就是专为技术冲突的解决而设置的，在借助 40 条创新原理和 39 个标准参数后，根据矛盾矩阵所给出的原理提示，来解决现实问题。

通过分析所检索的专利的背景技术以及发明所解决的问题分析，确定目前关于 TRIZ+人工智能产品创新设计中存在的问题主要有哪些。

根据 TRIZ 理论中技术矛盾的表达方式，将上述问题抽象为由 39 个通用工程参数表征的技术矛盾。首先，通过分析确定 TRIZ+人工智能技术系统需要改善的参数。

根据 TRIZ 理论，由于在提高或改善某一特性或参数的同时，必然会引起其他一个或者多个特性或参数的恶化。例如，某技术系统，通过分析，确定并筛选了该技术系统随之被恶化的参数表示在表 2-3 的横向部分(如自动化程度的改善会导致可恶化的参数为可靠性降低、可操作性降低、信息的损失以及监控与测试变难等)。

表 2-3 某技术系统的 TRIZ+人工智能技术创新设计过程中的矛盾矩阵

创新原理　恶化的参数 改善的参数	可靠性 (27)	可操作性 (33)	信息的损失 (24)	监控与测试的困难性 (37)
自动化程度(38)	11,27,32	1,12,34,3	35,33	34,27,25
时间的损失(25)	4,10,30	4,28,10,34	24,26,28,32	18,28,32,10
生产率(39)	1,35,10,38	1,28,7,19	13,15,23	15,18,27,2
适应性及多用性(35)	35,13,8,24	15,34,1,16	—	15,10,27,28
物质或事物的数量(26)	18,3,28,40	35,29,25,10	24,28,35	3,27,29,18

将上述已经确定的纵向改善的参数和横向恶化的参数，从 TRIZ 的矛盾矩阵表中抽取出二者相交的单元格内给出的相应的创新原理编号分别填入表 2-4 对应的相交的单元格的位置，构成人工智能技术系统创新过程中的矛盾矩阵表。

表 2-4 确定的创新原理编号的名称及具体含义

创新原理编号	创新原理名称	具体含义
11	预先应急措施原理	采用预先准备好的应急措施，对系统进行相应的补偿以提高其可靠性
27	一次性用品	利用便宜的物品代替昂贵的物品，同时降低对某些性能的要求，实现相同的功能
1	分割原理	将一个物体分成几个相互独立的部分；将物体分成可组合和可拆卸的部分；增加物体的分割程度
25	自服务原理	物体应当具备自我服务功能，以完成辅助和维修工作；利用废弃的资源、能量和物质
10	预先作用原理	预先对物体的整体或部分实施必要的改变；需先将物体安放妥当，使其能在最需要的时候和最方便的地点及时发挥预期的作用而不浪费
24	中介物原理	利用中介物实现所需的动作；将原物体与另一个易拆除的物体暂时结合在一起
7	嵌套原理	将一个物体嵌入另一个物体；一个物体通过另一个物体的空腔
23	反馈原理	采用反馈系统，提高性能；如果反馈已经存在，则改变其大小或作用
2	抽取原理	从物体中抽出产生负面影响的部分或属性；从物体中抽出有用的部分或属性

根据表 2-1 中推荐的创新原理编号找到对应的创新原理的具体内容，通过技术分析来筛选和过滤掉明显不适用人工智能领域的创新原理，如 32 号创新原理"改变颜色"、38 号创新原理"加速氧化原理"、40 号创新原理"复合材料原理"等，初步判定可以保留进行模型构建的创新原理编号，具体如表 2-3 所示，这些创新原理的具体含义如表 2-4 所示。

在确定了可以使用的创新原理编号及其含义后，对照表 2-3 中确定的技术矛盾，分别从给出的 5 个改善的参数出发，在对检索到的专利的内容进行技术分析的基础上，将推荐的创新原理逐个应用到实际问题上，探讨每个原理在实际问题上如何应用和实践。

2.4 基于遗传算法的进化设计

2.4.1 遗传算法基本概念

进化设计技术与方法是以进化算法（Evolution Algorithm，EA）为基础的。进化算法是与进化计算相关的算法的统称。进化算法主要包括遗传算法（GA）、遗传规划（GP）、进化策略（ES）、进化规划（EP）和模拟退火算法（Simulated Annealing Algorithm，SAA）等，而以遗传算法最具有代表性。本节重点介绍遗传算法。

生物的进化是一个奇妙的优化过程，它通过选择、淘汰、变异、基因遗传等规律产生适应环境变化的优良物种。遗传算法是根据生物进化思想而启发得出的一种全局优化算法。

遗传算法的概念最早是由 Bagley 在 1967 年提出的；而遗传算法的理论和方法的系统性研究始于 1975 年，这一开创性工作是由密歇根大学的 Holland 所施行的，当时其主要目的是说明自然和人工系统的自适应过程。

遗传算法在本质上是一种不依赖具体问题的直接搜索方法。遗传算法在模式识别、神经网络、图像处理、机器学习、工业优化控制、自适应控制、生物科学、社会科学等方面都得到了应用。在人工智能研究中，现在人们认为"遗传算法、自适应系统、细胞自动机、混沌理论与人工智能一样，都是对今后十年的计算技术方面有重大影响的关键技术"。

由于遗传算法是由进化论和遗传学机理而产生的直接搜索优化方法，故在这个算法中要用到各种进化和遗传学的概念。这些概念具体如下。

1. 串 (String)

串是个体 (Individual) 的形式，在算法中为二进制，并且对应于遗传学中的染色体 (Chromosome)。

2. 群体 (Population)

个体的集合称为群体，串是群体的元素、群体大小 (Population Size)。在群体中个体的数量称为群体的大小。

3. 基因 (Gene)

基因是串中的元素，基因用于表示个体的特征。例如，有一个串 $S=1011$，则其中的 1、0、1、1 这 4 个元素分别称为基因。它们的值称为等位基因 (Alleles)。

4. 基因位置 (Gene Position)

一个基因在串中的位置称为基因位置，有时也简称基因位。基因位置从串的左向右计算，例如，在串 $S=1101$ 中，0 的基因位置是 3。基因位置对应于遗传学中的地点 (Locus)。

5. 基因特征值 (Gene Feature)

在用串表示整数时，基因的特征值与二进制数的权一致；例如，在串 $S=1011$ 中，基因位置 3 中的 1，它的基因特征值为 2；基因位置 1 中的 1，它的基因特征值为 8。

6. 串结构空间

在串中，基因任意组合所构成的串的集合称为串结构空间。基因操作是在结构空间中进行的。串结构空间对应于遗传学中的基因型 (Genotype) 的集合。

7. 参数空间

参数空间是串空间在物理系统中的映射，它对应于遗传学中的表现型 (Phenotype) 的集合。

8. 非线性

非线性对应遗传学中的异位显性 (Epistasis)。

9. 适应度 (Fitness)

适应度表示某一个体对于环境的适应程度。

2.4.2　遗传算法的基本原理

作为演化算法之一，遗传算法模拟生物进化的过程，通过设计合理的编码方法将各类实际问题转换为染色体形式的表示方式，并利用复制、交叉、变异等遗传算子的操作，经过对逐代解的优胜劣汰，最终搜索到问题的全局最优的解决方案。

遗传算法步骤中的两个关键问题分别是编码方法和遗传算子的设计。通过编码可将所求解的问题映射成染色体编码结构，即每一个染色体对应问题的一个解决方案，据此可执行相应的复制算子、交叉算子、变异算子的操作。

1. 复制算子

在设计遗传算子时，通常复制算子用于从一个旧群体中选择生命力强的个体产生新群体，达到优良个体的有效繁殖。在复制算子的操作过程中，首先根据特定的适应值函数计算方法得到群体中所有个体的适应值，依一定概率选择需复制的个体，然后按指定的选择方法确定优良个体。

个体复制的分配方法包括按比例的适应度分配、基于排序的适应度分配等方法；而优良个体的选择方法则包括轮盘赌选择法、最佳个体保留法、排序选择法、锦标赛选择法等方法。

(1) 轮盘赌选择法。设群体规模为 n，个体 i 的适应值为 f_i (这里假设适应值均大于或等于 0)，则个体被选择的概率 P_{si} 为

$$P_{si} = \frac{f_i}{\sum\limits_{i=1}^{n} f_i} \tag{2-4}$$

轮盘赌选择法的思想是根据选择概率 P_{si} 把一个圆盘分成 n 份，若某个参照点落入第 i 份内，则选择个体 i 进入下一代群体。

(2) 最佳个体保留法。其思想是将群体中适应度最高的个体不进行交叉而直接复制到下一代。

(3) 排序选择法。其思想是在计算出每个个体的适应值后，根据适应值大小在群体中对个体排序，然后将事先设计的概率按顺序分配给个体，作为各个体的交叉概率。

(4) 锦标赛选择法。这种复制方法的思想是从群体中任意选择一定数目的个体作为锦标赛规模，其中适应度最高的个体保存到下一代，直到保存到下一代的个体达到预定的数目。

2. 交叉算子

交叉过程则是结合父代信息产生新个体的过程：交叉算子的操作过程主要是按照交叉概率从群体中随机选择两个个体进行交叉操作，以产生新的基因组合，从而限制某些遗传基因丢失。交叉操作包括单点交叉和多点交叉等。

3. 变异算子

变异算子则是以较小的概率改变某些个体的某个或某部分基因位，一般分为二进制变异和其他变异两类：二进制变异是将需变异的位取反；其他变异方法有换位、插入、删除、复制等方法。

(1) 插入变异。从染色体中随机选择一个基因，将其插入染色体中的一个随机的位置。

(2) 移位变异。随机选择一个子串，将其插入染色体中的一个随机的位置。

(3) 互换变异。随机选择两个基因位，然后交换这两个位置的基因。

由各遗传算子的操作过程可知，通过复制算子能够体现出自然界优胜劣汰的规律。

2.4.3 遗传算法的求解步骤

遗传算法求解问题的基本步骤如下。

通过定义不同的复制、交叉和变异操作，可以形成不同的遗传算法。最基本的遗传算法是 Holland 发展的标准遗传算法，它是通过设计变量的二进制编码和解码来实现的。遗传算法的操作流程图如图 2-9 所示，其具体操作涉及以下几个细节。

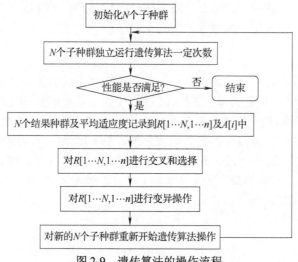

图 2-9 遗传算法的操作流程

1. 二进制编码

选定设计变量后，根据优化设计的要求定义各设计变量的搜索范围 $[x_{\min}, x_{\max}]$，然后由设定的最小搜索精度 $h_{\min}$ 来确定各设计变量对应的二进制字串的长度 l（其中 int 表示取整）：

$$l = \text{int}[\log_2\{(x_{\max} - x_{\min})/h_{\min} + 1\} + 1] \tag{2-5}$$

再由字串长度 l 确定该字串所对应设计变量的实际求解精度 h：

$$h = (x_{\max} - x_{\min})/(2^l - 1) \tag{2-6}$$

假设对任一设计变量 $x \in [x_{\min}, x_{\max}]$，设长度为 l 的二进制编码，则搜索区间 $[x_{\min}, x_{\max}]$ 被离散为 2^l 个等分点，该设计变量就从这些等分点中取值。由于各设计变量都与某一既定长度的二进制字串一一对应，该设计变量所对应的二进制字串必然是集合 $\{00\cdots00, 00\cdots01, 11\cdots10, 11\cdots11\}$ 中的一个元素。把所有设计变量的二进制字串依次首尾相接，就构成一个二进制字串表示的搜索空间中的可能解。这种二进制编码机制与基因构成生物染色体的方式十分相似。设计变量字串长度越长，变量区间被离散得越细，计算精度也就越高。

2. 群体初始化

在应用遗传算法进行优化设计之前，要对一定群体规模的个体进行初始化，这些经过初始化的个体将作为遗传进化祖先(下一代的父代)的初始群体。这些给定数量的个体是通过随机方法生成的，以保证搜索空间中的每个可能解在初始群体中都有相同的出现机会。

3. 选择和复制

复制过程是在选择的基础上进行的。标准遗传算法中采用的选择方式为赌盘选择机制。赌盘选择是根据个体适应值在群体所有个体适应值总和中所占的份额，按比例确定个体的选择概率。个体的适应值越大,它在群体适应值总和中所占的份额和被选择的机会也越大,在下一代中被复制的数目就越多,也正体现了"性能优良(适应值高)的个体具有强的竞争能力和更多的生存机会"这一自然选择、优胜劣汰的进化思想。

4. 交叉

交叉是实现不同个体之间遗传信息交换的一种手段。标准遗传算法中,交叉就是简单交换两交叉个体某些对应位置的二进制字串。例如,设被选择进行交叉的两个父代个体分别为[00111010]和[10101101],随机生成的交叉位置在第三点,通过交换父代个体交叉后对应的二进制字串产生子代个体。该过程如下:

$$[001|11010] \implies [001|01101]$$
$$[001|11010] \qquad\qquad [101|11010]$$

需要指出的是,由于群体中个体之间的交叉和选择,后代群体中有机会出现性能更良的个体,所以交叉操作是遗传算法中十分重要的基本遗传操作。

5. 变异

遗传算法中的变异是模拟自然界生物的基因突变而提出的遗传操作。标准遗传算法中,变异是把二进制字串中的某一位码值取反(即 0 变 1 或 1 变 0)。例如,假设执行变异操作的父代个体为[10101010],随机生成的变异位置在第三点,则通过对父代个体变异点对应的二进制字串取反,来产生变异的子代个体。该过程如下:

$$[1010|1010] \implies [100|01010]$$

变异操作是十分微妙的遗传操作,需要和交叉操作配合使用,其目的主要在于增强进化群体中个体的多样性,减小陷入局部优化的可能性。

6. 二进制解码

在评价个体性能的优劣之前,需要将二进制数表示的设计值转换为实数表示形式,从而使个体的设计变量值具有实际的物理意义,这个过程称为二进制解码。二进制解码的具体操作过程为:首先按照各设计变量的字串长度把首尾相接的总字串分解开来,形成各设计变量所对应的单独的二进制字串,然后对各设计变量解码,就得到各设计变量在物理空间中的实数值。对某一设计变量而言,由二进制字串解码后的实数值 x 为

$$x = x_{\min} + \frac{(x_{\max} - x_{\min})v_{\text{dec}}}{2^l - 1} \tag{2-7}$$

式中, v_{dec} 是该二进制字串所对应的十进制非负整数。例如,对于字串 0101,其十进制数为 5。

7. 适应值评估

在得到所有设计变量的实数值后,需要调用分析模块计算各进化个体的目标函数值,并将优化问题转换成与极大值问题相对应的适应值。在应用遗传算法的优化设计中,适应值的相对大小是评价个体性能优劣的唯一指标,也是进行遗传操作的依据。如果群体中某进化个体的适应值越大,则其性能就越好。

8. 停止准则

通过比较进化代中所有个体的适应值,选择其中适应值较大的个体作为下一代进化的父代,执行复制、交叉和变异操作,就会得到性能更优的下一代。那么,如何确定遗传算法的停止准则,即在什么情况下优化结果符合设计要求,可以终止进化过程。在标准遗传算法中,停

止准则通常用以下两种方式给出。

(1)给定优化设计的最大进化代数。此时，进化的完全性和彻底性得不到保证。

(2)给定相邻两进化代之间的在线性能或离线性能差别的最小限制。若相邻两进化代之间的在线或离线性能值差别小于该限制值，表明优化过程基本上达到要求。

在实际应用中，需要根据具体问题来确定采用何种停止准则，目的都是尽量使优化设计的质量和效率在可接受的范围内获得合理的平衡。

2.4.4 基于遗传算法的产品形态进化设计方法

1. 遗传算法原理的具体步骤

(1)选择产品类型。系统会根据选择的产品确定下一步需要选择的组件。

(2)选择产品组件。对于形态上容易分割为独立部件的产品，就是选择构成产品外部形态的部件；对于形态上不易分割为独立部件的产品，就是选择对其外部形态产生影响的内部部件。

(3)进行计算。根据之前确定的组件以及组件的定位方式进行运算，并生成产品模型。

2. 遗传算法的应用方式

1) 染色体编码方案

一条曲线的形态可由其控制点控制，所以可以通过改变曲线控制点的坐标来改变曲线的形态。在利用遗传算法进行产品形态设计时，编码个体必须能够包含构成产品外形轮廓曲线控制点的坐标，这样才能描述问题的可行解以及把可行解转换到遗传算法的搜索空间中。

染色体编码结构如图 2-10 所示。这种染色体的结构具有两层，上层代表产品染色体，它的每个基因位是一个控制点；下层代表控制点，它的每个基因位是一个坐标。通过这种结构，每个形态轮廓曲线的控制点就被编码进产品形态的个体编码中。

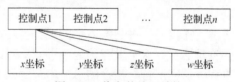

图 2-10 染色体编码结构

2) 遗传算子

在本节中，遗传算子个体编码采用双层结构，其中不同的控制点对应着不同的产品形态。据此设计的编码、变异运算、交叉运算的过程分别如图 2-11 和图 2-12 所示。

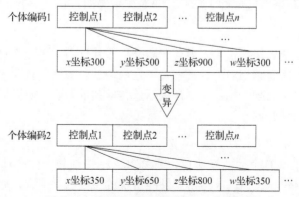

图 2-11 基于遗传算法的编码、变异运算

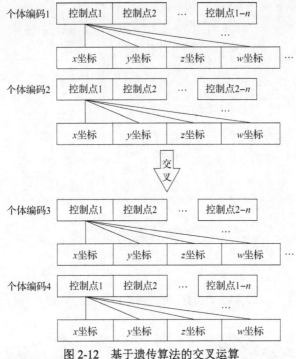

图 2-12　基于遗传算法的交叉运算

3) 个体的筛选

对于一个产品的形态是否有创新性很难用一个统一的公式来确定,因此本节采用遗传算法的方式对设计方案进行评价。在算法执行过程中,设计者给出的适应度值作为知识被存储到知识库中,如果再遇到类似的情况,系统将直接从知识库中取出适应度值重用。随着系统的不断运行,人机交互将会逐渐减少。

4) 具体计算步骤

(1) 选择进行进化计算的组件。对于形态上不易分割为独立部件的产品则略去此步骤。

(2) 设定遗传算法的参数,开始运算,生成初始种群。

(3) 通过与设计人员交互得到初始种群中个体适应度值。

(4) 根据当前种群的适应度值形成新的种群,在此过程中交叉和变异运算将会被运行。

(5) 重复步骤(3)和(4),直至运算到达终止条件或人为停止运算。

遗传算法的产品形态进行设计流程如图 2-13 所示。

基于遗传算法的产品形态进化设计方法是通过对产品形态的分析,提取自产品创新需要的基本信息特征。因此,这种形态创新方法能够充分利用现有的知识以及现有产品形态的信息特征,在较大程度上继承其自身的优点,运算后生成的形态设计方案通常实用性较高且具有一定的创新性。然而,对于一些形态上整体性较高、不易有效地划分出进行组合运算的独立部件的产品如洗衣机,传统形态组合创新方法就显得捉襟见肘了。基于遗传算法的形态进化方法是在计算机辅助形态设计领域的应用,遗传算法主要用来生成产品形态的整体轮廓或决定某一部件形态的关键曲线的形状。例如,通过遗传算法生成一系列汽车前大灯部件的特征曲线,并通过旋转等操作生成一系列汽车前大灯曲面模型,如图 2-14(a)所示;在分析产品人机形态成型原理的基础上,利用遗传算法完成了一个汽车前大灯曲面形态的进化设计,如图 2-14(b)所示。

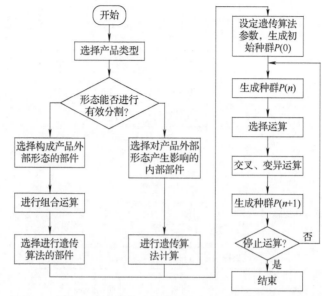

图 2-13 遗传算法的产品形态进化设计流程

图 2-14 汽车前大灯曲面形态的设计

从以上例子可以看出,遗传算法既可以对产品整体进行进化计算,也可以对产品的部件单独进行优化计算,而不像组合运算那样受产品本身结构的约束。因此,通过遗传算法进行形态进化设计更容易产生一些与现有方案差别较大的方案,更有利于激发出一些创新性较高的方案。不过遗传算法对算法有很大依赖,如果算法有缺陷,则很可能不能很好地生成需要的设计方案。

为了充分发挥遗传算法的长处,需要针对不同的产品,在分析其形态特征的基础上,确定遗传算法的应用方式。

习题与思考二

1. 简述智能设计的基本内容。
2. 智能设计的关键技术有哪些?
3. 简述智能设计特点及研究重点。
4. TRIZ 理论的基本思想是什么,能解决哪些问题?
5. 遗传算法的基本思想是什么,能解决哪些问题?

第 3 章 传感器技术

3.1 概   述

传感器是自动化检测技术和智能控制系统的重要部件。测试技术中通常把测试对象分为两大类：电参量与非电参量。电参量有电压、电流、电阻、功率、频率等，这些参量可以表征设备或系统的性能；非电参量有机械量(如位移、速度、加速度、力、扭矩、应变、振动等)、化学量(如浓度、成分、气体、pH、湿度等)、生物量(酶、组织、菌类)等。

3.1.1 传感器的作用和地位

目前，传感器技术已广泛用于工业、农业、商业、交通、环境监测、医疗诊断、军事科研、航空航天、自动化生产、现代办公设备、智能楼宇和家用电器等领域。传感器技术已经成为构建现代信息系统的重要组成部分，目前已经在越来越多的领域得到应用。到底什么是传感器呢？其实只要你细心观察就可以发现，在我们日常生活中使用着各种各样的传感器，例如，电冰箱、电饭煲中的温度传感器；空调中的温度和湿度传感器；煤气灶中的煤气泄漏传感器；电视机中的红外遥控传感器；照相机中的光传感器；汽车中的燃料和速度传感器等。

我们知道，眼睛有视觉，耳朵有听觉，鼻子有嗅觉，皮肤有触觉，舌头有味觉，人通过大脑分析外界信息。人在从事体力劳动和脑力劳动的过程中，通过感觉器官接收外界信号，这些信号传送给大脑，大脑对这些信号进行分析处理，传递给内脏、骨骼和手足。如果用机器完成这一过程，计算机相当于人的头脑，执行机构相当于人的手足等，传感器相当于人的感官，图 3-1 将机电一体化系统和人体结构进行对比。传感器又称"电五官"，对于各种各样的被测量，有着各种各样的传感器。

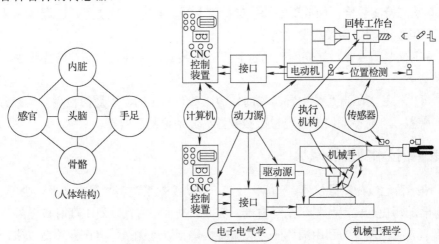

图 3-1 机电一体化系统和人体结构对比

智能制造过程传感技术所涉及的内容主要包括对制造的零件进行在线监测和测量等。监测是对制造系统中运动的物理状态发生变化的物体和零部件进行在线监测、在线检测。而在线检测的目的就是对所制造的产品进行在线监督和测量，以判定所运行的系统(包括加工的零件)是否满足要求，这就涉及检测技术和装置。根据对检测要求和目的不同，所采用的测量元件、检测方式以及后置处理等有很大的区别。一般在制造系统中关注的是制造系统的变形、位移、速度等物理量的测量，近年来随着制造技术的发展，对制造系统的力、温度、压力、流量、图像等物理量也开始进行在线检测，以谋求功能更强大的制造系统。制造过程自动化检测常见的传感器如图 3-2 所示。

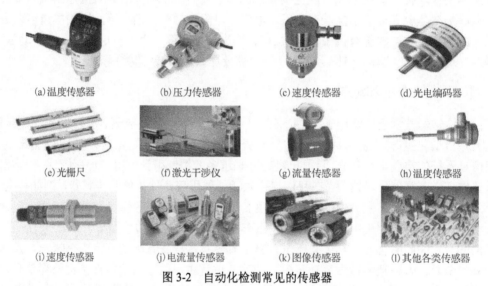

(a)温度传感器　　(b)压力传感器　　(c)速度传感器　　(d)光电编码器

(e)光栅尺　　(f)激光干涉仪　　(g)流量传感器　　(h)温度传感器

(i)速度传感器　　(j)电流量传感器　　(k)图像传感器　　(l)其他各类传感器

图 3-2　自动化检测常见的传感器

按自动化制造系统中检测对象的不同，可将检测装置分为以下几类。

(1)位置检测装置，包括脉冲编码器、旋转变压器、感应同步器、光栅等。

(2)工件状态检测装置，包括压力传感器、温度传感器、速度传感器、加速度传感器等。

(3)刀具状态检测装置，如放射性同位素检测装置、电阻检测装置、图像检测装置、主轴测温装置、切削力测量、声发射测量等。

(4)装备工况监测装置，如伺服电动机温度监测装置、装备过载保护监控装置、装备润滑系统监测装置等。

另外，可以按智能制造系统中各功能部件的运动和变化的物理量的检测方式来分类，可分为光学检测装置、电磁检测装置、电量检测装置、其他检测装置等。

3.1.2　传感器技术的发展现状

现在，传感器已成为测量仪器、智能化仪表、自动控制系统等装置中必不可少的感知元件。然而，传感器的历史远比近代科学来得古老。例如天平，自古代埃及王朝时代已经开始使用并一直沿用到现在；温度计，利用液体的热膨胀特性进行温度测量。自产业革命以来，传感器对提高机器性能起到极大作用，如瓦特发明"离心调速器"实现蒸汽机车的速度控制，其本质是一个把旋转速度变换为位移的传感器。

目前全世界约有 60 个国家从事传感器的研制、生产和开发，研发机构有 9000 余家。其中，以美、日、俄等国实力较强，它们建立了包括物理量、化学量、生物量三大门类的传感器产业，产品有 30000 多种，据统计 2020 年全世界传感器市场销售额已达 1500 多亿美元。

在国家"大力加强传感器的开发和在国民经济中的普遍应用"等一系列政策导向和资金的支持下，近年来我国的传感器技术及产业也取得了较快发展。目前约有 2500 家传感器研发机构与企业，产品约 9000 种。预计在"十四五"末期，敏感元器件与传感器年总产量达到 35 亿元，销售总额约 980 亿元。

但目前我国的传感器产业在科技经费投入、新产品开发周期、关键材料与组件等多方面的综合竞争能力低于美国、日本等发达国家，主要表现在传感器的精度、智能化水平等方面，同时传感器自身在智能化和网络方面也相对落后。

近年来，特别是我国提出"中国制造 2025"规划以来，智能传感器技术发展极为迅速，已成为当今传感器技术的一个主要发展方向。高性能、高可靠性的多功能复杂自动测控系统，以及基于电子标签即射频识别技术以"物"的识别为基础的物联网的兴起与发展，愈发凸显了具有感知、认知能力的智能传感器的重要性及其大力、快速发展传感器的迫切性。

目前所说的智能制造使用的智能传感器就是传感器+智能控制检测技术。市场上使用的大多是通用传感器，由于篇幅所限，本章重点介绍一些通用传感器，在此基础上再介绍一些智能传感器的基本原理，为智能制造、智能传感、智能控制奠定好基础。

3.2 温度传感器

3.2.1 温度传感器分类

在智能装备与生产线中，温度测量的范围极宽，从零下二百多摄氏度到零上几千摄氏度，各种材料制成的温度传感器只能在一定的温度范围内使用。常用温度传感器分类如表 3-1 所示。

温度传感器可以分为接触式和非接触式两大类。接触式温度传感器就是传感器直接与被测物体接触，这是测温的基本形式。接触式温度传感器测到的温度通常低于物体的实际温度，特别是被测物较小、热能量较弱时，不能正确地测得物体的真实温度。因此，采用接触式温度传感器测量物体真实温度的前提条件是被测物体的热容量必须远大于温度传感器的传递误差。非接触式温度传感器是测量被测物体辐射热的一种方式，它可以测量远距离物体的温度，其传递精度取决于温度传感器的结构形式和传热换算关系等。

从表 3-1 可以看出测量温度的传感器很多。本节仅介绍测温热电阻传感器（以下简称热电阻传感器）。热电阻传感器主要用于测量温度以及与温度有关的参量。按热电阻性质和灵敏度不同，电阻可分为金属热电阻和半导体热敏电阻两大类。

表 3-1 温度传感器分类

分类	器件	分类	器件
电阻式	铂电阻	热电式	热电偶
	铜电阻		水银温度计
	半导体陶瓷热敏电阻	热膨胀式	双金属温度计
P-N 结式	温敏二极管		液体压力传感器
	温敏晶体管		气体压力传感器
	温敏闸流晶体管	辐射式	全辐射高温计
	集成温度传感器		超声波传感器
辐射式	光学高温计	其他	红外线温度计
	比色高温计		光纤温度计
	光敏高温计		热敏电容

3.2.2 金属热电阻

金属热电阻简称热电阻,是利用金属的电阻值随温度升高而增大这一特性来测量温度的传感器。目前应用较为广泛的热电阻材料是铂和铜,它们的电阻温度系数在$(3\sim5)\times10^{-3}/℃$。铂热电阻的性能较好,适用温度范围为$-200\sim+960℃$;铜热电阻价廉且线性较好,但温度高时易氧化,故只适用于温度较低$(-50\sim+150℃)$的环境中,目前已逐渐被铂热电阻所取代。表 3-2 列出了热电阻的主要技术性能。

表 3-2 热电阻的主要技术性能

特性	材料	
	铂(WZP)	铜(WZC)
使用温度范围/℃	$-200\sim+960$	$-50\sim150$
电阻率/($\times10^{-4}\Omega\cdot m$)	$0.098\sim0.106$	0.017
$0\sim100℃$间电阻温度系数 α(平均值)/(1/℃)	0.00385	0.00428
化学稳定性	在载化性介质中较稳定,不能在还原性介质中使用,尤其在高温情况下	超过 100℃易氧化
特性	特性近线性、性能稳定、准确度高	线性较好、价格低廉、体积大
应用	适用于较高温度的测量,可作为标准测温装置	适用于测量低温、无水分、无腐蚀性介质的温度

1. 热电阻的工作原理及结构

温度升高,金属内部原子晶格的振动加剧,从而使金属内部的自由电子通过金属导体时的阻力增大,宏观上表现出电阻率变大,电阻值增大,称其为正温度系数,即电阻值与温度的变化趋势相同。

金属热电阻按其结构类型来分,有装配式、铠装式、薄膜式等。装配式热电阻由感温元件(金属电阻丝)、支架、引出线、保护套管及接线盒等基本部分组成。电阻丝必须是无应力的、退过火的纯金属。为避免电感分量,必须采用双线并绕,制成无感电阻。铂热电阻的内部结构如图 3-3 所示。装配式热电阻的外形及结构如图 3-4 所示,它采用紧固螺母或法兰盘固定在被测物上。铠装式热电阻的外形及结构如图 3-5 所示,它的引出线长度可达上百米。

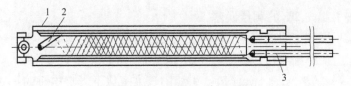

图 3-3　铂热电阻的内部结构

1-骨架；2-铂电阻丝；3-耐高温金属引脚

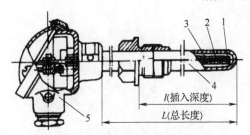

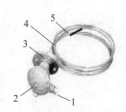

图 3-4　装配式热电阻的外形及结构

1-测量端；2-热电极；3-绝缘管；4-保护套管；5-接线盒

图 3-5　铠装式热电阻的外形及结构

1-引出线密封管；2-接线盒；3-法兰盘；4-柔性外套管；5-测温端部

目前还研制生产了薄膜式铂热电阻，如图 3-6 所示。它是利用真空镀膜法、激光喷溅法、显微照相法和平版印刷光刻技术法，使铂金属薄膜附着在耐高温的陶瓷基底上，用激光修整和微调 0℃时的电阻值，面积可以小到几平方毫米，可将其粘贴在被测高温物体上，测量局部温度，具有热容量小、反应快的特点。

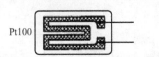

图 3-6　薄膜式铂热电阻

目前我国全面施行 "1990 国际温标"。按照 ITS—90 标准，国内统一设计的工业用铂热电阻在 0℃时的阻值 R_0 有 25Ω、100Ω 等，分度号分别用 Pt25、Pt100 等表示。薄膜式铂热电阻有 100Ω、1000Ω 等几种。铜热电阻在 0℃时的阻值 R_0 有 50Ω 和 100Ω 两种，分度号分别用 Cu50、Cu100 表示。

热电阻的阻值 R_t 与温度 t 的关系可表示为

$$R_t = R_0(1 + At + Bt^2 + Ct^3 + Dt^4) \qquad (3\text{-}1)$$

式中，R_t 为热电阻在 t 时的电阻值；R_0 为热电阻在 0℃时的电阻值；A、B、C、D 为温度系数。

热电阻的阻值 R_t 与 t 之间并不完全呈线性关系。在规定的测温范围内，每隔 1℃，测出铂热电阻和铜热电阻的电阻值，并列成表格，这种表格称为热电阻分度表。热电阻分度表是根据 ITS-90 标准所规定的实验方法得到的，不同国家、不同厂商的同型号产品均需符合国际电工委员会(International Electrotechnical Commission, IEC)颁布的分度表数值。在工程中，若不考虑线性度误差的影响，有时也利用表 3-2 所述的温度系数，来近似计算热电阻的阻值 R_t，即 $R_t = R_0(1 + \alpha t)$。

2. 热电阻的测量转换电路

热电阻的测量转换电路多采用三线制电桥测量电路，如图 3-7 所示。考虑到电桥接口箱距离电烘箱有一定距离，引线电阻的温度漂移将引起电桥的测量误差。例如，在图 3-7 中，若 R_1、

R_i 合计为 1 Ω，将引起约 2℃的测量误差。

为了消除和减小引线电阻的影响，可采用三线制单臂电桥，如图 3-7 所示。热电阻 R_1 用三根导线①、②、③引至测温电桥。其中，两根引线的内阻（r_1、r_3）分别串入测量电桥相邻两臂的 R_1、R_4 上，$(R_1 + r_1) / R_2 = (R_4 + r_3) / R_3$。引线的长度变化不影响电桥的平衡，所以可以避免因连接导线电阻受环境影响而引起的测量误差。$r_i (i = 1,2,3)$ 与激励源 E_i 串联，不影响电桥的平衡，可通过调节 RP$_2$ 来微调电桥满量程输出电压。

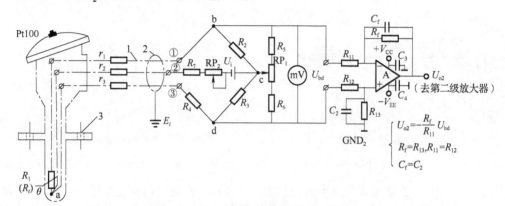

图 3-7　热电阻三线制单臂电桥测量转换电路

1-连接电缆；2-屏蔽层；3-法兰盘安装孔；RP$_1$-调零电位器；RP$_2$-调满度电位器

3.2.3　半导体热敏电阻

半导体热敏电阻是利用半导体电阻值随温度显著变化的特性制成的。在一定范围内通过测量热敏电阻阻值的变化，就可以确定被测介质的温度变化情况，其特点是灵敏度高、体积小、反应快。半导体热敏电阻基本可以分为两种类型：负温度系数热敏电阻和正温度系数热敏电阻。

1. 负温度系数热敏电阻

负温度系数热敏电阻(NTC)最常见的是由锰、钴、铁、镍、铜等多种金属氧化物混合烧结而成的。

根据不同的用途，NTC 又可以分为两类：第一类为负指数型，用于测量温度，它的电阻值与温度之间呈负的指数关系；第二类为负突变型，当其温度上升到某设定值时，其电阻值突然下降，多在各种电子电路中用于抑制浪涌电流，起保护作用。负指数型和负突变型的温度-电阻特性曲线分别见图 3-8 中的曲线 2 和曲线 1。

2. 正温度系数热敏电阻

典型的正温度系数热敏电阻(PTC)通常是在钛酸钡陶瓷中加入杂质以增大电阻温度系数。它的温电阻特性曲线呈非线性，如图 3-8 中的曲线 4 所示。PTC 在电子线路中多起限流、保护作用。当流过电流超过一定限度或 PTC 感受到的温度超过一定限度时，其电阻值会突然增大。

近年来还研制出了用本征锗或本征硅材料制成的线性 PTC 热敏电阻，其线性度和互换性较好，可用于测温，其温度-电阻特性曲线如图 3-8 中的曲线 3 所示。

热敏电阻按结构形式可分为体型、薄膜型和厚膜型三种；按工作方式可分为直热式、旁热式和延迟电路三种；按工作温区可分为常温区(-60～200℃)、高温区(>200℃)、低温区热敏电阻三种。热敏电阻可根据使用要求，封装加工成各种形状的探头，如珠状、片状、杆状、锥状和针状等，如图 3-9 所示。

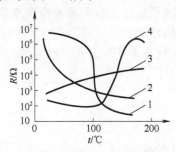

图 3-8　热敏电阻的特性曲线

1-负突变型 NTC；2-负指数型 NTC；3-线性 PTC；4-突变型 PTC

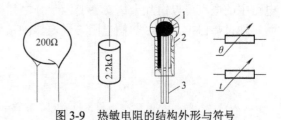

图 3-9　热敏电阻的结构外形与符号

1-热敏电阻；2-玻璃外壳；3-引出线

3. 热敏电阻的应用

热敏电阻具有尺寸小、响应速度快、灵敏度高等优点，因此它在许多领域得到广泛应用。根据热敏电阻产品型号不同，其适用范围也各不相同，具体有以下五方面。

(1) 热敏电阻用于测温。作为测量温度的热敏电阻的价格较低廉。没有外保护层的热敏电阻只能应用在干燥的地方；密封的热敏电阻不怕湿气的侵蚀，可以使用在较恶劣的环境下。由于热敏电阻的阻值较大，故其连接导线的电阻和接触电阻可以忽略。例如，在热敏电阻测量粮仓温度中，其引出线可长达近千米。热敏电阻温度表原理图如图 3-10 所示。

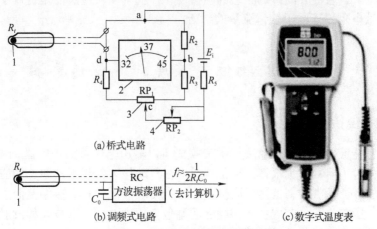

(a) 桥式电路

$f \approx \dfrac{1}{2R_tC_0}$

(b) 调频式电路

(c) 数字式温度表

图 3-10　热敏电阻温度表原理图

1-探头；2-刻度盘；3-调节电阻；4-反馈电阻

电路必须先进行调零再调满度，最后验证刻度盘中其他各点的误差是否在允许范围的过程称为标定。具体做法如下：用更高一级的数字式温度计监测水温，将绝缘的热敏电阻放入 32℃（表头的零位）的温水中，待热量平衡后，调节 RP$_1$，使指针指在 32℃上，加热水，使其上升到 45℃。待热量平衡后，调节 RP$_2$，使指针指在 45℃上；再加入冷水，逐渐降温，检查 32～45℃ 范围内刻度的准确性。如果不准确，可进行以下操作：①可重新刻度；②在带微处理器的情况下，可用软件修正。虽然目前热敏电阻温度计均已数字化，但上述的"调零""标定"的概念是作为检测技术人员必须掌握的最基本技术。

(2) 热敏电阻用于温度补偿。热敏电阻可在一定的温度范围内对某些元件进行温度补偿。例如，动圈式表头中的动圈由铜线绕制而成，温度升高，电阻增大，引起测量误差，可在动圈回路中串入由负温度系数热敏电阻组成的电阻网络，来抵消由温度变化所产生的误差。

(3)热敏电阻用于温度控制及过热保护。在电动机的定子绕组中嵌入正温度突变型PTC并与继电器串联。当电动机过载时定子严重发热；当PTC热敏电阻感受到的温度大于突变点时，电路中的电流可以由几十毫安突变为十分之几毫安，因此继电器失电复位，触发保护电路，从而实现过热保护。PTC热敏电阻与继电器的接线图如图3-11所示。

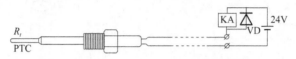

图3-11　PTC热敏电阻与继电器的接线图

(4)高分子PTC自恢复熔断器。高分子聚合物正温度热敏电阻是由聚合物与导电晶粒等所构成的。导电粒子在聚合物中构成链状导电通路，当正常工作电流通过(或元件处于正常环境温度)时，自恢复熔断器呈低阻状态；当电路中有异常过电流(或环境温度超过额定值)时，大电流(或环境温度升高)所产生的热量使聚合物迅速膨胀，切断导电粒子所构成的导电通路，自恢复熔断器呈高阻状态；当电路中过电流(超温状态)消失后，聚合物冷却，体积恢复正常，PTC热敏电阻中的导电粒子又重新构成导电通路，自恢复熔断器又呈初始的低阻状态。

(5)热敏电阻用于液面的测量。给铠装式NTC热敏电阻施加一定的加热电流，它的表面温度将高于周围的空气温度，此时它的阻值较小。当液面高于它的安装高度时，液体将带走它的热量，使之温度下降、阻值升高。判断它的阻值变化，就可以知道液面是否低于设定值。利用类似的原理，热敏电阻还可用于气体流量的判断。

3.3　液位、物位、浓度、流量传感器

3.3.1　液位及物位传感器

液位传感器是能够感受液面位置变化并变换成可以输出电信号的传感器。由于液面测量应用广泛，所以液位传感器种类也很多。液位传感器在自动化装备和生产线上的应用很广，主要为水箱、油箱内的液位提供控制信号。液位传感器有接触液面型和非接触液面型两类，接触液面型包括气泡式、压差式及电容式；非接触液面型包括超声波式、微波式和放射线式。后者有利用超声波、微波和放射线的非接触式等。

下面介绍液位及物位传感器的分类情况。

1. 液位传感器的安装方式

液位传感器根据传感器的安装方式分为投入式、插入式和法兰式等。这些传感器是采用压阻力敏元件制造的，并且已经形成系列化。它们分别如图3-12所示。

此类液位传感器的主要性能指标如下。

(1)量程范围：0~1mH、0~1000mH、全范围可选。

(2)精度：0.1%、0.3%、0.5%。

(3)温度漂移：5×10^{-5}/℃~3×10^{-4}/℃。

(4)稳定性：0.1%。

(5)寿命：1×10^{6}压力循环次。

(a)投入式   (b)插入式   (c)法兰式

图 3-12   常见的液位传感器

浮球式液位传感器是利用浮球内磁铁随液位变化，从而改变连杆内的电阻与磁簧开关所组成的分压电路，分压信号经过转换器变成 4～20mA 的电流或其他不同的标准信号，磁簧开关的间隙越小，精度越高。图 3-13 为浮球式液位传感器，其有螺纹连接和法兰连接两种形式。

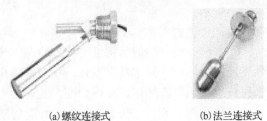

(a)螺纹连接式   (b)法兰连接式

图 3-13   浮球式液位传感器

浮球式(开关式)液位传感器的主要性能指标如下。

(1)工作温度：−20～120℃。

(2)量程：≤6m。

(3)介质密度：>0.55g/cm³。

2. 超声波物位传感器

超声波物位传感器是利用超声波检测技术将感受的物位变换为可用信号(如时间信号)的传感器。它可以用于气体、液体和固体中，具有频率高、波长短、分辨力较高等特点。超声波传感器的波长取决于传声介质的声速和声波频率，声呐的波长为 1～100mm；金属探伤等的波长为 0.5～15mm；气体中的波长为 5～35mm。利用空间位置检测时，超声波换能器装在容器上部，可检测液面和物面等，利用脉冲超声波由检测面反射回来所需时间来检测物位。常见的超声波物位传感器如图 3-14 所示。

超声波液位或物位传感器的主要性能指标如下。

(a)超声波物位传感器   (b)导波雷达物位传感器

图 3-14   常见的超声波物位传感器

(1)测量范围：液体 0.2～2m，0.2～5m，0.2～7m；固体 0.2～3m，0.2～5m，0.2～6m。

(2)精度：小于最大量程的 0.2%。

3.3.2　密度传感器、浓度传感器、粗糙度传感器

1. 在线密度传感器

对于不同的介质、不同的使用要求，需选用不同的密度传感器、浓度传感器和不同的安装形式。利用密度传感器、浓度传感器将溶液的密度信号连同溶液的温度信号一同送往单片机组成的二次仪表，进行数据处理和温度补偿，最后以数字形式显示出被测溶液的密度、浓度和温度值。这种智能密度传感器、浓度传感器对适合于酸、碱、盐溶液和精细化溶液的密度、浓度进行在线式测量，是实现智能自动在线检测的最佳选择。

1)工作原理

在线密度传感器一般利用振动直接检测液体的密度。它是在液体中设置振动体，或将液体装在振动体内部，利用振动体固有振动频率随液体密度变化而检测密度。该装置利用振动体等效质量随液体密度而变化的性质，由外部电磁驱动振动体，从而检测出这种振动并放大，构成用固有频率振荡的电路。这种传感器以频率输出，分辨力高。此外，还有利用差压法检测密度的电容式差压密度传感器以及其他类型的在线传感器，例如，智能传感器是对外界信息具有一定的检测、自诊断、数据处理以及自适应能力的传感器。密度传感器如图 3-15 所示。

(a)法兰式　　　　　　(b)插入式

图 3-15　密度传感器

密度传感器、浓度传感器的主要性能指标如下。

(1)精度：$\pm 0.0004\text{g/cm}^3$。

(2)范围：$0.5\sim5\text{g/cm}^3$。

(3)最大压强：170N/cm^2。

2)应用

密度传感器可对各种液体或液态混合物进行在线密度测量，故在石化行业可广泛应用于油水界面检测；在食品工业用于葡萄汁、番茄汁、果糖浆、植物油及软饮料加工等生产现场；可用于奶制品业、造纸业；可用于黑浆、绿浆、白浆、碱溶液的测试；可检测酿酒酒精度及测试化工类的尿素、清洁剂、乙二醇、酸碱及聚合物密度等产品。

2. 悬浮颗粒浓度传感器

1)工作原理

在泥液中的悬浮颗粒物的百分比含量与超声波在泥液中的衰减成正比。使用该技术直接测出悬浮颗粒物的浓度并给出数字显示，同时提供一个模拟输出信号。安装在沉淀池中的传感器，可检测传感器所在位置的悬浮颗粒浓度，然后给出模拟输出，可用来监视浓度为 0.2%～60%的悬浮物固体。悬浮颗粒浓度传感器如图 3-16 和图 3-17 所示。

图 3-16　粉尘浓度传感器

图 3-17　尾气浓度传感器

悬浮颗粒浓度传感器的主要性能指标如下。

(1) 频率：1MHz 或 3.7MHz。

(2) 最大压力：10bar (PN10) (1bar=0.1MPa)。

(3) 触点电源：115/230V，50/60Hz[24V(DC) 可选]。

2) 应用

悬浮颗粒浓度传感器是一种无阻碍管道式传感器，主要用于水中淤泥、工业淤泥、核工业废水、加工处理过程中的淤泥、金属喷漆悬浮物等的处理。这类传感器能对悬浮物的浓度和厚度进行控制与报警，进行沉淀池淤泥和悬浮物的全自动排放。

3. 表面粗糙度传感器

1) 工作原理

表面粗糙度传感器是用于检测表面粗糙程度的传感器。检测表面粗糙度的方法有触针式和光电式。触针式是使微米级曲率半径的金刚石针与待测表面接触，试样移动时，触针随表面的凹凸不平而上下移动，通过放大上下运动量来显示出表面的凹凸。为避免金刚石触针损伤表面，应减小接触压力。这种传感器可检测 10nm 的凹凸，且容易操作，故获得广泛应用。

光电式表面粗糙度检测方法有光切断式和干涉式。前者是狭缝光照射表面，根据其反射光的显微镜成像面的位置检测凹凸。表面粗糙度测量仪如图 3-18 所示。

2) 应用

表面粗糙度传感器主要用于光学镜片、电子元器件和机械加工零部件的粗糙度检测。

图 3-18　表面粗糙度测量仪

表面粗糙度传感器的主要技术指标如表 3-3 所示。

表 3-3　表面粗糙度传感器的主要技术指标

触针	90° 夹角截头四面体金刚石镶尖，红宝石球端导头 针尖半径：2μm；针尖静压力：≤0.016N
检测参数范围符合 GB 1031—1982 国家标准	Ra：0.025 ~ 6.3μm
取样长度/mm	0.08、0.25、0.8、2.5
虚假信号/μm	≤0.012
仪器示值误差/%	≤±7
示值变动性/%	≤3
稳定性/%	3

3.3.3　流量传感器

空气、水、油、血液等都属于流体，无论是人们日常生活、大规模工业化生产，还是国防工业等各方面都与流体密切相关。流量传感器的流量调节和控制是一项重要的物理参数。

流量是指流体在单位时间内流经管道某一截面的体积或质量数，前者称为体积流量，后者称为质量流量。这种单位时间内的流量称为瞬时流量，任意时间内的累积体积或累积质量的总和称为计流流量，也称总流量。

根据流量的定义，流体的体积流量 Q_m 可表示为

$$Q_m = \rho \overline{v} A \tag{3-2}$$

式中，ρ 为流体的质量密度；$\overline{v}$ 为管道截面上流体流速的平均值；A 为管道截面面积。

流体的体积流量可表示为

$$Q_m = A \cdot \overline{v} \tag{3-3}$$

流量的常用单位有 m^3/s、m^3/h、L/s、kg/s 等。

测量流量的传感器有速度式、容积式、质量流量式等多种形式。以测量对象而论，所涉及的有液体、气体以及双相、多相流体；有低黏度流体，也有高黏度流体；流量范围有微流量和大流量；由高温到极低温；有低压、中压、高压甚至超高压；而运动状态有层流、紊流、脉动流等。所以，流量测量工作极其复杂多样，用一种流量测量方法根本不可能完成所有流量的测量。为此，必须根据测量目的、被测量流体的种类和流动状态、测量场所等测量条件，研究相宜的测量方法。

1. 气体质量流量传感器

1) 工作原理

气体质量流量传感器是一种精确测量气体流量的传感器。目前所用各种形式的气体流量传感器，绝大部分是计量气体的体积流量。由于气体的体积随温度与压力的不同而变动，所以常发生较大的计量误差。

气体质量流量传感器的主要特点是不受温度与压力变动的影响，其显示读数直接指示气体的质量流量。气体质量流量传感器具有一系列优点，如可在常压、高压或负压的条件下工作，可在常温、100℃甚至更高的温度下正常运行，适用的量程范围宽，抗介质腐蚀的能力强，计量精度高等。

气体质量流量传感器的基本原理是在一个很小直径(4mm)的薄壁金属管(常用不锈钢、纯镍或蒙乃尔合金等耐蚀合金)的外壁上对称绕上 4 组电阻丝，相互连接组成惠斯通电桥，电流通过绕组导致升温，沿金属导管轴向形成一个对称分布的温度场。当气体流经导管时因气体吸热而使上游管壁温度下降，通过下游时气体放热，管壁温度上升，导致温度场的变异，即温空最高点位置向右偏移。电阻丝采用电阻温度系数较大的材料能灵敏地反映温度的变化而使电桥失去平衡。最后，将电桥的不平衡电压信号放大或者转换成电流信号。从理论上来说，输出信号的大小正比于气体的质量流量与气体比热容的乘积，可简单地表达为

$$E = k \frac{c_P \cdot M}{A} \tag{3-4}$$

式中，E 为输出信号；k 为比例常数；c_P 为气体比热容(定压)；M 为气体的质量流量；A 为流量计各绕组与周围环境间的总传热系数。

就理想气体而言，气体比热容是不随压力而变化的常值，所以输出信号仅与气体的质量流量成正比。一般真实气体的比热容受压力影响的变动幅度很小，故仍可用输出信号直接代表质量流量，与压力的大小无关。在实用中，因难于用气体的质量来标定，故常换算成标准状态下（760mmHg、0℃或760mmHg、20℃）气体体积（用"标升"或"标立方米"）来标定。

2) 应用

气体质量流量传感器作为环控系统中的重要测量控制装置，在实际应用的有卡门旋涡式、叶片式、热线式。卡门式无可动部件、反应灵敏、精度较高；热线式易受吸入气体脉动影响，且易断丝；燃料流量传感器用于判定燃油消耗量，主要有水车式、球循环式等。本节主要介绍热线式质量流量传感器、浮子式质量流量传感器、涡街式流量传感器、差压式流量传感器、超声流量传感器等。

2. 热线式质量流量传感器

1) 工作原理

热线式质量流量传感器的热敏元件是利用热平衡原理来测量流体速度的。用电流加热热线，它的温度高于周围介质温度。当周围介质流动时，就会有热量的传递。在稳定状态下，电流对热线的加热热量等于周围介质的散热量。

图 3-19　热线式质量流量传感器

热线式质量流量传感器的简单模型如图 3-19 所示。细长的金属丝垂直于气流方向安置，两端固定在相对粗大的支架上，金属丝由电流加热到高于被测介质的温度。

2) 应用

由一个热线式敏感元件（加上一个辅助补偿热线元件）安放在空气入口的旁路中监测发动机空气质量流量。这种类型的传感器能测量真实的质量，不能测量空气流量的回流波动。在有些情况下，容易产生空气流量的回流。这时应采用另一种空气质量流量传感器。空气质量流量传感器应用一个热源和用微机械加工法在低热质量膜片上制作上下两个热流检测元件。

热线式质量流量传感器的性能指标如下。

(1) 精度：±1 的读数加上±0.5%FS。

(2) 重复性：±0.15%FS。

(3) 介质温度：常温-20～100℃，高温-20～500℃。

(4) 介质压力：<3MPa。

3. 浮子式质量流量传感器

1) 工作原理

浮子式质量流量传感器是以浮子在垂直锥形管中随着流量变化而升降，改变它们之间的流通面积来进行测量的体积流量仪表，又称转子流量传感器，国外常称为变面积流量传感器。浮子式质量流量传感器的流量检测元件是由一根自下向上扩大的锥形管和一个沿着锥管轴上下移动的浮子所组成的。工作原理如图 3-20 所示，被测流体从下向上，浮子上下端产生差压形成上升的力，当浮子所受上升力大于流体中浮子重量时，浮子的上环隙面积随

图 3-20　浮子式质量流量传感器

之增大，环隙处流体流速立即下降，作用于浮子的上升力也随着减小，直到上升力等于浸在流体中浮子重量时，浮子便稳定在某一高度。浮子在锥管中的高度和通过的流量有对应关系。

2) 应用

浮子式质量流量传感器是仅次于差压式流量传感器的、应用范围很宽的一类流量传感器，特别是在小、微流量方面有举足轻重的作用。

浮子式质量流量传感器的主要性能指标如下。

(1) 测量范围：水 2.5～200000L/h；空气 0.07～5000m³/h(0.1013MPa，20℃)。

(2) 量程比：10∶1。

(3) 精度等级：1.5%。

(4) 最大工作压力：1.6MPa、2.5MPa、4.0MPa。

(5) 液体介质黏度：对于 $\phi15$ 的小于 5mPa·s，对于 $\phi25～\phi150$ 的小于 250mPa·s。

4. 涡街式流量传感器

1) 工作原理

涡街式流量传感器是根据"卡门涡街"(在流体中插入一个柱状旋涡发生体时，流体通过柱状物两侧就交替地产生有规则的旋涡，称为卡门涡街)原理研制的一种流体振荡式传感器。通过测量卡门旋涡分离频率便可算出瞬时流量。涡街式流量传感器如图 3-21 所示。

卡门涡街的释放频率与流体的流动速度及柱状物的宽度有关，可表示为

$$f = St \cdot v / d \tag{3-5}$$

式中，f 为卡门涡街的释放频率；St 为系数(称为斯特劳哈尔数)；v 为流速；d 为柱状物的宽度。

St 的值与旋涡发生体宽度 d 和雷诺数 Re 有关。当雷诺数 $Re<2\times10^4$ 时，St 为变数；当 Re 为 $2\times10^4～2\times10^6$ 时，St 值基本上保持不变，这段范围为涡街式流量传感器的基本测量范围。检出频率 f 就可求得流速 v，再由 v 求出体积流量。

图 3-21　涡街式流量传感器

2) 应用

涡街式流量传感器属于新一代的流量传感器，其发展迅速，目前已成为通用的一类流量传感器。LUGB 型涡街式流量传感器适用于测量过热蒸汽、饱和蒸汽、压缩空气和一般气体、水以及液体的质量流量和体积流量。

涡街式流量传感器的主要性能指标如下。

(1) 工作压力：1.0MPa。

(2) 精度：2.5%FS。

(3) 测量介质：液体、气体和蒸汽。

(4) 介质温度：-40～+150℃。

5. 差压式流量传感器

1) 工作原理

差压式流量传感器是利用流体流经节流装置产生压力差，将感受的流量转换成可输出信号的传感器。差压式流量传感器是利用马格纳斯效应原理研制的。它采用节流装置(孔板、喷嘴、

文丘里管等)进行流量测量，一般的计算公式为

$$q_m = k \frac{C\varepsilon}{\sqrt{1-\beta^4}} \cdot d^4 \cdot \sqrt{\Delta P \cdot \rho} \tag{3-6}$$

式中，q_m 为质量流量；k 为比例因子；C 为流量系数；ε 为膨胀系数；β 为孔径比(d/D)；d 为节流件的开孔直径；ΔP 为节流差压；ρ 为流体密度。

2) 应用

根据差压式流量传感器制作的多参数变送器可以进行动态测量，并进行温压补偿，参与动态补偿计算的参数有流体密度(ρ)、流量系数(C)、膨胀系数(ε)等。这种流量传感器如图 3-22

图 3-22　差压式流量传感器

所示。差压式流量传感器是应用最广泛的流量传感器，在各类流量仪表中的使用量占据首位。

差压式流量传感器的主要性能指标如下。

(1)测量误差：差压≤0.075%，包括滞后与死区等，绝压≤0.1%。

(2)质量流量：节流装置参数准确，质量流量误差≤0.4%。

(3)重复性：0.01%。

(4)测量范围：差压传感器 50Pa～10MPa；绝压传感器 600kPa～40MPa。

(5)介质温度：−50～+650℃。

(6)静压对差压测量的影响：对零点或对量程为 0.05%/10MPa。

6. 超声流量传感器

1) 工作原理

超声流量传感器是利用超声波检测技术，将感测的流量转换成可用信号的传感器。超声流量传感器一般分为两类。一类是利用超声波在液体中传播时间随流速变化的时间差法、相位差法和频率差法。声波在流体中发射时，若与流动方向相同，则传播速度加快；若与流动方向相反，则速度减慢。另一类是利用声速随流体流动而偏移的声速偏移法。超声波垂直于流动方向传播，由于流体流动影响而使声速发生偏移，根据偏移的程度确定流速。

超声流量传感器的工作原理如图 3-23 所示。脉冲超声波在上游侧和下游侧的两个超声换能器之间传播，由上游侧往下游侧的传播时间 t_1 与由下游侧往上游侧的传播时间 t_2 之差($t_2 - t_1$)与流速成比例，将测出的时间差变换成流速，该流速乘以管道的截面积则可得到流量。

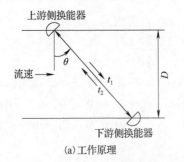

上游侧换能器

流速

θ

t_1

t_2

D

下游侧换能器

(a)工作原理

(b)实物图

图 3-23　超声流量传感器的工作原理与实物图

2）应用

超声流量传感器可用来测量化学、塑料、制浆造纸、电力、采矿和与食品工业有关的废水，还可用于未经处理的废水、活性污泥、煤浆、造纸浆料等物质。

Doppler 超声流量传感器的主要性能指标如下。

（1）线性度：0.5%FS。

（2）重复误差：0.1%。

（3）精度：2%FS。

3.4　位移传感器

位移测量是线位移测量和角位移测量的总称，在智能制造过程中常需要进行位移测量，而且速度、加速度、力、压力、扭矩等参数的测量都是以位移测量为基础的。

直线位移传感器主要有电感式传感器、互感式差动变压器电感传感器、电容式传感器、感应同步器和光栅数字传感器。

角位移传感器主要有电容传感器、旋转变压器和光电编码盘等。

3.4.1　电感式传感器

电感式传感器是基于电磁感应原理，将被测非电量转换为电感量变化的一种传感器。按其转换方式不同，可分为自感式(可变磁阻式与涡流式)和互感式(差动式)两大类型。

1. 自感式电感传感器

自感式可分为可变磁阻式和涡流式两类。

1)可变磁阻式电感传感器

典型的可变磁阻式电感传感器的结构如图 3-24 所示，主要由线圈、铁心和活动衔铁所组成。在铁心和活动衔铁之间保持一定的空气隙 δ，被测位移构件与活动衔铁相连，当被测构件产生位移时，活动衔铁随之移动，空气隙 δ 发生变化，将引起磁阻变化，从而使线圈的电感值发生变化。当线圈通以激磁电流时，其自感 L 与磁路的总磁阻 R_m 有关，即

$$L = \frac{W^2}{R_m} \tag{3-7}$$

式中，W 为线圈匝数；R_m 为总磁阻。

若空气隙 δ 较小，而且不考虑磁路的损失，则总磁阻为

$$R_m = \frac{l}{\mu A} + \frac{2\delta}{\mu_0 A_0} \tag{3-8}$$

式中，l 为铁心导磁长度(m)；μ 为铁心磁导率(H/m)；A 为铁心导磁截面积(m^2)，$A = ab$；δ 为空气隙(m)，$\delta = \delta_0 \pm \Delta\delta$；$\mu_0$ 为空气磁导率(H/m)，$\mu_0 = 2\pi \times 10^{-7}$；$A_0$ 为空气隙导磁截面积(m^2)。

由于铁心的磁阻与空气隙的磁阻相比是很小的，计算时铁心的磁阻可忽略不计，故

$$R_m \approx \frac{2\delta}{\mu_0 A_0} \tag{3-9}$$

将式(3-9)代入式(3-7)，得

$$L = \frac{W^2 \mu_0 A_0}{2\delta} \tag{3-10}$$

式(3-10)表明，自感 L 与空气隙 δ 的大小成反比，与空气隙导磁截面积 A_0 成正比。当固定 A_0 不变，改变 δ 时，L 与 δ 呈非线性关系，此时传感器的灵敏度为

$$S = \frac{\mathrm{d}L}{\mathrm{d}\delta} = -\frac{W^2 \mu_0 A_0}{2\delta^2} \tag{3-11}$$

由式(3-11)可知，传感器的灵敏度与空气隙 δ 的平方成反比，δ 越小，灵敏度越高。由于 S 不是常数，故会出现非线性误差，与变极距型电容式传感器类似。为了减小非线性误差，通常规定传感器应在较小间隙的变化范围内工作。在实际应用中，可取 $\Delta\delta / \delta_0 \leqslant 0.1$。这种传感器适用于较小位移的测量，一般为 $0.001 \sim 1$mm。

如图 3-24 所示，可变磁阻式电感传感器还可做成改变空气隙导磁截面积的形式，当固定 δ，改变空气隙导磁截面积 A_0 时，自感 L 与 A_0 呈线性关系。

图 3-25 为差动式磁阻传感器，它由两个相同的线圈、铁心和活动衔铁组成。当活动衔铁接近于中间位置(位移为零)时，两线圈的自感 L 相等，输出为零。当活动衔铁有位移 $\Delta\delta$ 时，两个线圈的间隙为 $\delta_0 + \Delta\delta$、$\delta_0 - \Delta\delta$，这表明一个线圈自感增加，另一个线圈自感减小，将两个线圈接入电桥的相邻臂时，其输出的灵敏度可提高 1 倍。

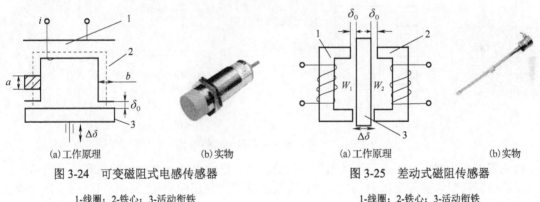

(a)工作原理　　　　　　(b)实物　　　　　　　　(a)工作原理　　　　　　(b)实物

图 3-24　可变磁阻式电感传感器　　　　　　图 3-25　差动式磁阻传感器

1-线圈；2-铁心；3-活动衔铁　　　　　　　　1-线圈；2-铁心；3-活动衔铁

2) 涡流式传感器

涡流式传感器可分为高频反射式和低频透射式两种。

(1) 高频反射式涡流传感器。

如图 3-26 所示，高频(>1MHz)激励电流 i_0 产生的高频磁场作用于金属板的表面，由于集肤效应，在金属板表面将形成涡电流。与此同时，该涡流产生的交变磁场又反作用于线圈，引起线圈自感 L 或阻抗 Z_L 的变化，其变化与距离 δ、金属板的电阻率 ρ、磁导率 μ、激励电流 i_0 及角频率 ω 等有关，若只改变距离 δ 而保持其他系数不变，则可将位移的变化转换为线圈自感的变化，通过测量电路转换为电压输出。高频反射式涡流传感器多用于位移测量。

(2) 低频透射式涡流传感器。

低频透射式涡流传感器的工作原理如图 3-27 所示，发射线圈 W_1 和接收线圈 W_2 分别置于被测金属板材料 G 的上、下方。由于低频磁场的集肤效应小、渗透深，当低频(音频范围)电压 u_1 加到线圈 W_1 的两端后，所产生磁力线的一部分透过金属板材料 G，使线圈 W_2 产生感应电动势 u_2。但

由于涡流消耗部分的磁场能量，感应电动势 u_2 减少，当金属板材料 G 越厚时，损耗的能量越大，输出电动势 u_2 越小。因此，u_2 的大小与 G 的厚度及材料的性质有关。试验表明，u_2 随材料厚度 h 的增加按负指数规律减少。因此，若金属板材料的性质一定，则利用 u_2 的变化即可测量其厚度。

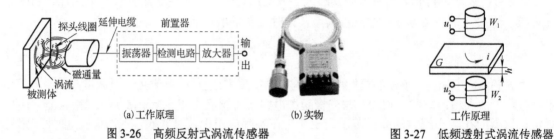

(a)工作原理   (b)实物   工作原理

图 3-26   高频反射式涡流传感器   图 3-27   低频透射式涡流传感器

2. 互感式差动变压器电感传感器

互感式差动变压器电感传感器是利用互感量 M 的变化来反映被测量的变化。这种传感器的实质是一个输出电压的变压器。当变压器初级线圈输入稳定交流电压后，次级线圈便产生感应电压输出，该电压随被测量的变化而变化。

差动变压器电感传感器是常用的互感型传感器，其结构形式有多种，以螺管形应用较为普遍，其工作原理及结构如图 3-28(a)、(b) 所示。

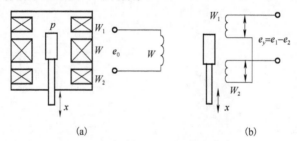

(a)   (b)

图 3-28   互感式差动变压器电感传感器

传感器主要由线圈、铁心和活动衔铁三部分组成。线圈包括一个初级线圈和两个反接的次级线圈，当初级线圈输入交流激励电压时，次级线圈将产生感应电动势 e_1 和 e_2。由于两个次级线圈极性反接，因此传感器的输出电压为两者之差，即 $e_y = e_1 - e_2$。活动衔铁能改变线圈之间的耦合程度。输出 e_y 的大小随活动衔铁的位置而变。当活动衔铁的位置居中时，即 $e_1 = e_2$，有 $e_y = 0$；当活动衔铁向上移动时，即 $e_1 > e_2$，有 $e_y > 0$；当活动衔铁向下移动时，即 $e_1 < e_2$，有 $e_y < 0$。活动衔铁的位置往复变化，其输出电压 e_y 也随之变化。

差动变压器电感传感器输出的电压是交流电压，如用交流电压表指示，则输出值只能反映铁心位移的大小，而不能反映移动的极性；交流电压输出存在一定的零点残余电压，这是由两个次级线圈的结构不对称、铁磁材质不均匀、线圈间分布电容等所形成的。所以，即使活动衔铁位于中间位置时，输出也不为零。鉴于这些原因，差动变压器的后接电路应采用既能反映铁心位移极性，又能补偿零点残余电压的差动直流输出电路。

差动变压器电感传感器具有精度高达 $0.1\,\mu m$ 量级、线圈变化范围大(可扩大到 $\pm 100mm$，视结构而定)、结构简单、稳定性好等优点，被广泛应用于直线位移及其他压力、振动等参量的测量。图 3-29 是电感测微仪所用的互感式差动位移传感器的结构图。

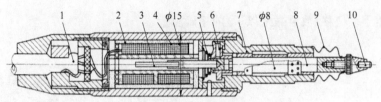

图 3-29 互感式差动位移传感器的结构图

1-引线；2-固定磁筒；3-衔铁；4-线圈；5-测力弹簧；
6-防转销；7-钢球导轨；8-测杆；9-密封套；10-测端

3.4.2 电容式位移传感器

电容式传感器是将被测物理量转换为电容量变化的装置。由物理学可知，由两个平行板组成电容器的电容量为

$$C = \frac{\varepsilon \varepsilon_0 A}{\delta} \tag{3-12}$$

式中，C 为输出电容(F)；ε 为极板间介质的相对介电系数，空气中 $\varepsilon = 1$；ε_0 为真空中介电常数，$\varepsilon_0 = 8.85 \times 10^{-12}$ (F/m)；δ 为极板间距离(也称极距)(m)；A 为两极板相互覆盖的面积(m^2)。

式(3-12)表明，当被测量使 δ、A 或 ε 发生变化时，都会引起电容 C 的变化。若仅改变其中某一个参数，则可以建立起该参数和电容量变化之间的对应关系，因此电容式传感器分为极距变化型、面积变化型和介质变化型三类，如图 3-30 所示。

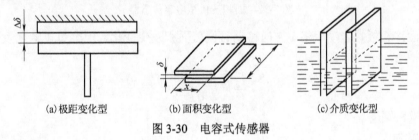

(a) 极距变化型   (b) 面积变化型   (c) 介质变化型

图 3-30 电容式传感器

1. 极距变化型

根据式(3-12)，如果两极板相互覆盖面积及极间介质不变，则电容量 C 与极距 δ 呈非线性关系(图 3-31)，当极距有一微小变化量 $\mathrm{d}\delta$ 时，引起电容的变化量 $\mathrm{d}C$ 为

$$\mathrm{d}C = -\varepsilon \varepsilon_0 \frac{A}{\delta^2} \mathrm{d}\delta$$

由此可得传感器的灵敏度为

$$S = \frac{\mathrm{d}C}{\mathrm{d}\delta} = -\varepsilon \varepsilon_0 A \frac{1}{\delta^2} \tag{3-13}$$

由式(3-13)可以看出，灵敏度 S 与极距平方成反比，极距越小，灵敏度越高，显然，这将引起非线性误差。为了减小这一误差，通常规定传感器只能在较小的极距变化范围内工作(即测量范围小)，以获得近似的线性关系，一般取极距变化范围为 $\Delta\delta / \delta_0 \approx 0.1$，$\delta_0$ 为初始间隙。

图 3-31 为极距变化型电容式位移传感器的结构示例。原则上讲，电容式传感器仅需一块极板和引线就够了，因此其结构简单，极板形式灵活多变，为实际应用带来方便。

极距变化型电容式位移传感器的优点是：可以用于非接触式动态测量，对被测系统影响小，

灵敏度高，适用于小位移(数百微米以下)的精确测量。

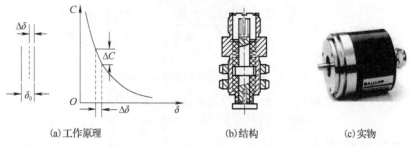

(a)工作原理　　　　　　　(b)结构　　　　　　　(c)实物

图 3-31　极距变化型电容式位移传感器

2. 面积变化型

面积变化型电容传感器可用于测量线位移及角位移。图 3-32 为测量线位移时两种面积变化型电容传感器的测量原理和输出特性及实物。

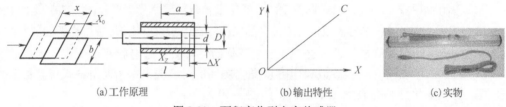

(a)工作原理　　　　　　　(b)输出特性　　　　　　　(c)实物

图 3-32　面积变化型电容传感器

对于平面形极板，当动板沿 x 方向移动时覆盖面积发生变化，电容量也随之发生变化。电容量为

$$C = \frac{\varepsilon\varepsilon_0 bx}{\delta} \tag{3-14}$$

式中，b 为极板宽度。

其灵敏度为

$$S = \frac{\mathrm{d}C}{\mathrm{d}x} = \frac{\varepsilon\varepsilon_0 b}{\delta} = 常数 \tag{3-15}$$

对圆柱形极板，其电容量为

$$C = \frac{2\pi\varepsilon\varepsilon_0 x}{\ln(D/d)} \tag{3-16}$$

式中，D 为圆筒孔径；d 为圆柱外径。

其灵敏度为

$$S = \frac{\mathrm{d}C}{\mathrm{d}x} = \frac{2\pi\varepsilon\varepsilon_0}{\ln(D/d)} \tag{3-17}$$

面积变化型电容传感器的优点是输出与输入呈线性关系，但灵敏度比极距变化型低，适用于较大的线位移和角位移测量。

3. 介质变化型

介质变化型电容传感器是在电容器两极板间插入不同介质导致电容变化，利用这种原理制作的传感器常被用来测量液体的液位（即电容式液位传感器）和材料的厚度等。

3.4.3　光栅数字传感器

光栅是一种新型的位移检测元件，也是一种把位移变成数字量的位移的数字转换装置。它主要用于高精度直线位移和角位移的数字检测系统，其测量精确度高(可达±1μm)。

光栅是在透明的玻璃上，均匀地刻出许多明暗相间的条纹，或在金属镜面上均匀地刻画出许多间隔相等的条纹，通常线条的间隙和宽度是相等的。以透光的玻璃为载体的光栅称为透射光栅，以不透射光的金属为载体的光栅称为反射光栅。根据光栅外形又可分为直线光栅和圆光栅。

光栅测量装置由标尺光栅和指示光栅等组成，两者的光刻密度相同，但体长相差很多，其结构如图 3-33 所示。光栅条纹密度一般为 25 条/mm、50 条/mm、100 条/mm、250 条/mm 等。

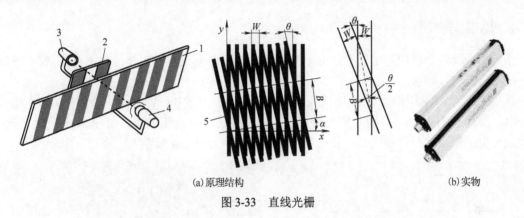

(a)原理结构　　　　　　　　　　　　　　(b)实物

图 3-33　直线光栅

1-标尺光栅；2-指示光栅；3-光源；4-光电器件；5-莫尔条纹

把指示光栅平行地放在标尺光栅上面，并且使它们的刻线相互倾斜一个很小的角度 θ，这时在指示光栅上就出现几条较粗的明暗条纹，称为莫尔条纹。它们沿着与光栅条纹几乎呈垂直的方向排列。

光栅莫尔条纹的特点是起放大作用，相对两根莫尔条纹之间的间距 B、两光栅线纹夹角 θ 和光栅栅距 W 的关系(当 θ 很小时)为

$$B = \frac{W}{2\sin(\theta/2)} \approx \frac{W}{\theta} \tag{3-18}$$

式中，θ 的单位为 rad；B、W 的单位为 mm。

若 W 为 0.01mm，把莫尔条纹的宽度调成 10mm，则放大倍数相当于 1000 倍，即利用光的干涉现象把光栅间距放大 1000 倍，因而大大减轻了电子线路的负担。

光栅分为透射光栅和反射光栅两种。透射光栅的线条刻制在透明的光学玻璃上，反射光栅的线条刻制在具有强反射能力的金属板上，一般用不锈钢。

光栅测量系统的基本构成如图 3-34 所示。光栅移动时产生的莫尔条纹明暗信号可用光电元件接收，图 3-34 中的 a、b、c、d 是四块光电池，产生的信号相位彼此差 90°，对这些信号进行适当的处理后，即可变成光栅位移量的测量脉冲。

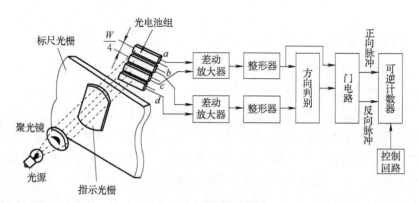

图 3-34　光栅测量系统

3.4.4　感应同步器

感应同步器是一种应用电磁感应原理制造的高精度检测元件，有直线和圆盘式两种，分别用于检测直线位移和转角。

直线感应同步器由定尺和滑尺两部分组成。定尺一般为 250mm，上面均匀分布节距为 2mm 的绕组；滑尺长 100mm，表面布有两个绕组，即正弦绕组和余弦绕组，如图 3-35 所示。当余弦绕组与定子绕组的相位相同时，正弦绕组与定子绕组错开 1/4 节距。

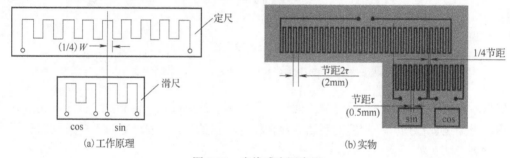

图 3-35　直线感应同步器

圆盘式感应同步器，如图 3-36 所示，其转子相当于直线感应同步器的滑尺，定子相当于定尺，而且定子绕组中的两个绕组也错开 1/4 节距。

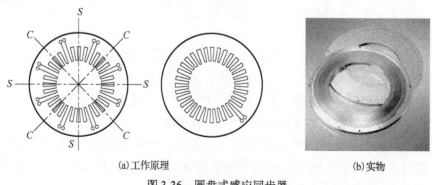

(a)工作原理　　　　　　　　　　(b)实物

图 3-36　圆盘式感应同步器

S-正弦绕组；C-余弦绕组

感应同步器根据其激磁绕组供电电压形式不同,分为鉴相测量方式和鉴幅测量方式。

1) 鉴相测量方式

所谓鉴相测量方式就是根据感应电势的相位来鉴别位移量。

如果将滑尺的正弦绕组和余弦绕组分别供给幅值、频率均相等,但相位相差 90° 的激磁电压,即 $V_A = V_m \sin \omega t$,$V_B = V_m \cos \omega t$ 时,定尺上的绕组由于电磁感应作用产生与激磁电压同频率的交变感应电势。

图 3-37 说明了感应电势幅值与定尺和滑尺相对位置的关系。如果只给余弦绕组 A 加交流激磁电压 V_A,则绕组 A 中有电流通过,因此在绕组 A 周围产生交变磁场。在图中 1 位置,定尺绕组和滑尺绕组 A 完全重合,此时磁通交链最多,因此感应电势幅值为最大。在图中 2 位置,定尺绕组交链的磁通相互抵消,因此感应电势幅值为零。滑尺继续滑动的情况见图中 3、4、5 位置。可以看出,滑尺在定尺上滑动一个节距,定尺绕组感应电势变化了一个周期,即

$$e_s = KV_s \cos \theta \tag{3-19}$$

式中,K 为滑尺和定尺的电磁耦合系数;θ 为滑尺和定尺相对位移的折算角。

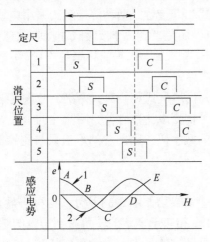

图 3-37　感应电势与两绕组相对位置的关系

1-由 S 激磁的感应电势曲线;2-由 C 激磁的感应电势曲线

若绕组的节距为 W,相对位移为 l,则

$$\theta = \frac{l}{W} \times 360° \tag{3-20}$$

同样,当仅对正弦绕组 C 施加交流激磁电压 V_C 时,定尺绕组的感应电势为

$$\varepsilon_C = -KV_C \sin \theta \tag{3-21}$$

对滑尺上两个绕组同时加激磁电压,则定尺绕组上所感应的总电势为

$$e = \varepsilon_a + \varepsilon_c = KV_a \cos \theta - KV_m \sin \theta = KV_m \sin \omega t \cos \theta - KV_m \cos \omega t \sin \theta \tag{3-22}$$

从式 (3-22) 可以看出,感应同步器把滑尺相对定尺的位移 l 的变化转成感应电势相角 θ 的变化。因此,只要测得相角 θ,就可以知道滑尺的相对位移 l:

$$l = \frac{\theta}{360°} W \tag{3-23}$$

2) 鉴幅测量方式

在滑尺的两个绕组上施加频率和相位均相同，但幅值不同的交流激磁电压 V_s 和 V_c：

$$V_s = V_m \sin\theta_1 \sin\omega t \tag{3-24}$$

$$V_c = V_m \cos\theta_1 \sin\omega t \tag{3-25}$$

式中，θ_1 为指令位移角。

设此时滑尺绕组与定尺绕组的相对位移角为 θ，则定尺绕组上的感应电势为

$$e = KV_s \cos\theta - KV_c \sin\theta = KV_m(\sin\theta_1 \cos\theta - \cos\theta_1 \sin\theta)\sin\omega t$$
$$= KV_m \sin(\theta_1 - \theta)\sin\omega t \tag{3-26}$$

式 (3-26) 把感应同步器的位移与感应电势幅值 $KV_m \sin(\theta_1 - \theta)$ 联系起来，当 $\theta = \theta_1$ 时，$e = 0$。这就是鉴幅测量方式的基本原理。

3.4.5 角数字编码器

编码器是把角位移或直线位移转换成电信号的一种装置。前者称码盘，后者称码尺。按照读出方式，编码器可分为接触式和非接触式两种。接触式采用电刷输出，以电刷接触导电区或绝缘区来表示代码的状态是"1"还是"0"；非接触式的接收敏感元件是光敏元件或磁敏元件，采用光敏元件时以透光区和不透光区表示代码的状态是"1"还是"0"，而磁敏元件是用磁化区和非磁化区表示"1"或"0"。

按照工作原理，编码器可分为增量式和绝对式两类。增量式编码器是将位移转换成周期性变化的电信号，再把这个电信号转变成计数脉冲，用脉冲的个数表示位移的大小。绝对式编码器的每一个位置对应一个确定的数字码，因此它的示值只与测量的起始位置和终止位置有关，而与测量的中间过程无关。

1) 增量式码盘

增量型回转编码的工作原理及实物如图 3-38 所示。这种码盘有两个通道 A 与 B（即两组透光和不透光部分），其相位差 90°，相对于一定的转角得到一定的脉冲，将脉冲信号送入计数器，则计数器的计数值就反映了码盘转过的角度。测量角位移时，单位脉冲对应的角度为

$$\Delta\theta = 360°/m \tag{3-27}$$

式中，m 为码盘的孔数。增加孔数 m 可以提高测量精度。

若 n 表示计数脉冲，则角位移的大小为

$$\alpha = n \cdot \Delta\theta = \frac{360°}{m}n \tag{3-28}$$

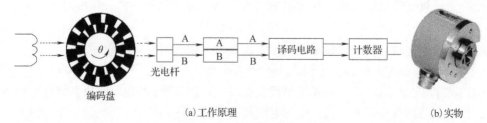

(a) 工作原理   (b) 实物

图 3-38   增量型回转编码

为了判别旋转方向，采用两套光电转换装置。一套用来计数，另一套用来辨向，回路输出

信号相差 1/4 周期，使两个光电元件的输出信号正相位上相差90°，作为细分和辨向的基础。为了提供角位移的基准点，在内码道内边再设置一个基准码道，它只有一个孔。其输出脉冲用来使计数器归零或作为每移动过360°时的计数值。增量式码盘制造简单，可按需要设置零位，但测量结果与中间过程有关，抗震、抗干扰能力差，测量速度受到限制。

2) 绝对式码盘

(1) 二进制码盘。

图 3-39 为一个接触式四位二进制码盘，涂黑部分为导电区，空白部分为绝缘区，所有导电部分连在一起，都取高电位。每一同心圆区域为一个码道，每一个码道上都有一个电刷，电刷经电阻接地，4 个电刷沿一固定的径向安装，电刷在导电区为"1"，在绝缘区为"0"，外圈为低位，内圈为高位。若采用 n 位码盘，则能分辨的角度为

$$\Delta\theta = \frac{360°}{2^n} \tag{3-29}$$

对二进制码盘来说，位数 n 越大，分辨力越高，测量越精确。当码盘与轴一起转动时，电刷上将出现相应的电位，对应一定的数码。码盘的精度取决于码盘本身的制造精度和安装精度。由图 3-39 可以看出，当码盘由 h (0111) 向 i (1000) 过渡时，此时 4 个码道的电刷需要同时变位。如果由于电刷位置安装不准或码盘制作不精确，任何一个码道的电刷超前或滞后，都会使读数产生很大误差，例如，本应为 i (1000)，由于最高位电刷滞后，则输出数据为 A (00000)，这种误差一般称为"非单值性误差"，应避免发生。但码盘的制作和安装又不可避免会有公差，为了消除非单值性误差，通常采用双电刷读数或循环码编码。

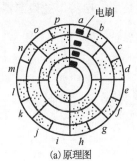
(a) 原理图

(b) 实物

图 3-39　接触式四位二进制码盘

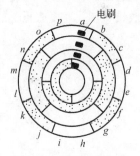

图 3-40　四位循环码盘

(2) 循环码盘。

采用双电刷码盘虽然可以消除非单值性误差，但它需要一个附加的外部逻辑电路，同时使电刷个数增加一倍。位数很多，会使结构复杂化，并且电刷与码盘的接触摩擦会影响它的使用寿命。为了克服上述缺点，一般采用循环码盘。

循环码的特点是从任何数转变到相邻数时只有一位发生变化，其编码方法与二进制不同。利用循环码的这一特点编制的码盘如图 3-40 所示。由图可以看出，当读数变化时只有一位数发生变化，例如，电刷在 h 和 i 的交界面上，当读 h 时，若仅高位超前，则读出的是 i，h 和 i 之间只相差一个单位值。这样即使码盘制作、安装不准，产生的误差也不会超过一个最低单位数，与二进制码盘相比其制造和安装就要简单得多了。

循环码是一种无权码，因而不能直接输入计算机进行运算，直接显示也不符合日常习惯，因此还必须把它转换成二进制码。循环码转换成二进制码的一般关系式为

$$C_n = R_n$$
$$C_i = R_i \oplus C_{i+1}$$

(3-30)

式中，⊕为不进位相加；C_n、R_n为二进制、循环码的最高位。

式(3-30)表明，由循环码变成二进制码C时最高位不变，此后从高位开始依次求出其余各位，即本位循环码R_i与已经求得的相邻高位二进制码C_{i+1}做不进位相加，结果就是本位二进制码C_i。

实际应用中，大多数采用循环码非接触式的光电码盘，这种码盘无磨损，寿命长，精度高，测量结果与中间过程无关，允许被测对象以很高的速度工作，抗震、抗干扰能力强。

3.5 速度与加速度传感器

3.5.1 速度传感器

1) 直流测速机

直流测速机是一种测速元件，实际上它就是一台微型的直流发电动机。根据定子磁极激磁方式的不同，直流测速机可分为电磁式和永磁式两种。例如，以电枢的结构不同来分，有无槽电枢、有槽电枢、空心杯电枢和圆盘电枢等。近年来，又出现了永磁式直线测速机。

测速机的结构有多种，但原理基本相同。如图 3-41(a)所示为永磁式测速机原理电路图。恒定磁通由定子产生，当转子在磁场中旋转时，电枢绕组中即产生交变的电势，经换向器和电刷转换成与转子速度成正比的直流电势。

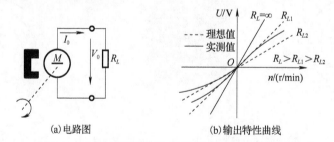

(a)电路图   (b)输出特性曲线

图 3-41   永磁式测速机原理电路图及其输出特性曲线

直流测速机的输出特性曲线，如图 3-41(b)所示。从图中可以看出，当负载电阻$R_L \to \infty$时，其输出电压V_0与转速n成正比。随着负载电阻R_L变小，其输出电压下降，而且输出电压与转速之间并不能严格保持线性关系。由此可见，对于要求精度比较高的直流测速机，除采取其他措施外，负载电阻R_L应尽量大。

直流测速机的特点是输出斜率大、线性好，但由于有电刷和换向器，构造和维护比较复杂，摩擦转矩较大。直流测速机在机电控制系统中，主要用作测速和校正元件。在使用中，为了提高检测灵敏度，尽可能把它直接连接到电动机轴上。

2) 光电式转速传感器

光电式转速传感器是由装在被测轴(或与被测轴相连接的输入轴)上的带缝隙圆盘、光源、透镜、光电器件和指示缝隙盘组成的，如图 3-42 所示。

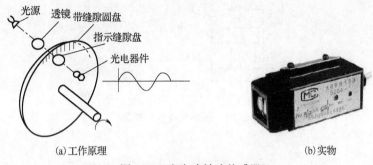

(a) 工作原理   (b) 实物

图 3-42   光电式转速传感器

光源发出的光通过带缝隙圆盘和指示缝隙盘照射到光电器件上。当带缝隙圆盘随被测轴转动时，由于圆盘上的缝隙间距与指示缝隙的间距相同，因此圆盘每转一周，光电器件输出与圆盘缝隙数相等的电脉冲，根据测量时间 t 内的脉冲数 N，则可测出转速为

$$n = \frac{60N}{Zt} \tag{3-31}$$

式中，Z 为圆盘上的缝隙数；n 为转速 (r/min)；t 为测量时间 (s)。

一般取 $Zt = 60 \times 10^m (m = 0,1,2,\cdots)$，利用两组缝隙间距 W 相同、位置相差 $(i/2 + 1/4)W$（i 为正整数) 的指示缝隙盘和两个光电器件，则可辨别出圆盘的旋转方向。

3.5.2   加速度传感器

作为加速度检测元件的加速度传感器有多种形式，它们的工作原理都是利用惯性质量受加速度所产生的惯性力而造成的各种物理效应，进一步转化成电量，间接度量被测加速度。最常用的加速度传感器有应变式、压电式和电磁感应式等。

电阻应变式加速度传感器的工作原理及实物如图 3-43 所示。它由重块、悬臂梁、应变片和阻尼液体等构成。当有加速度时，重块受力，悬臂梁弯曲，按梁上固定的应变片的变形便可测出力的大小，在已知质量的情况下即可算出被测加速度。壳体内灌满的黏性液体作为阻尼之用。这一系统的固有频率可以做得很低。

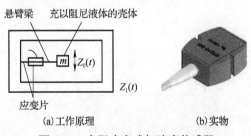

(a) 工作原理   (b) 实物

图 3-43   电阻应变式加速度传感器

压电加速度传感器的工作原理及实物如图 3-44 所示。使用时，传感器固定在被测物体上，感受该物体的振动，重块产生惯性力，使压电元件产生变形。压电元件产生的变形和由此产生的电荷与加速度成正比。压电加速度传感器可以做得很小，重量很轻，故对被测机构的影响就小。压电式加速度传感器的频率范围广、动态范围宽、灵敏度高，应用较为广泛。

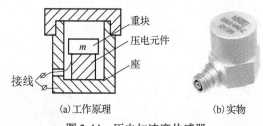

图 3-44　压电加速度传感器

3.6　力、压力和扭矩传感器

在自动化装备与生产线中，力、压力和扭矩是很常用的机械参量。按其工作原理可分为弹性式、电阻应变式、气电式、位移式和相位差式等，在以上测量方式中，电阻应变传感器应用得最为广泛。下面重点介绍在自动化装备与生产线中常用的电阻应变传感器。

3.6.1　电阻应变传感器原理

电阻应变片式的力传感器、压力传感器和扭矩传感器的工作原理是利用弹性敏感器元件将被测力，以及压力或扭矩转换为应变、位移等，然后通过粘贴在其表面的电阻应变片转换成电阻值的变化，经过转换电路输出电压或电流信号。

1. 电阻应变效应

试验证明，当电阻丝在外力作用下发生机械变形时，其电阻值发生的变化，称为电阻应变效应。设有一根电阻丝，其电阻率为 ρ，长度为 l，截面积为 S，在未受力时的电阻值为

$$R = \rho \frac{l}{S} \tag{3-32}$$

如图 3-45 所示，电阻丝在拉力 F 作用下，长度 l 增加，截面 S 减小，电阻率 ρ 也相应变化，将引起电阻变化 ΔR，其值为

$$\frac{\Delta R}{R} = \frac{\Delta l}{l} - \frac{\Delta S}{S} + \frac{\Delta \rho}{\rho} \tag{3-33}$$

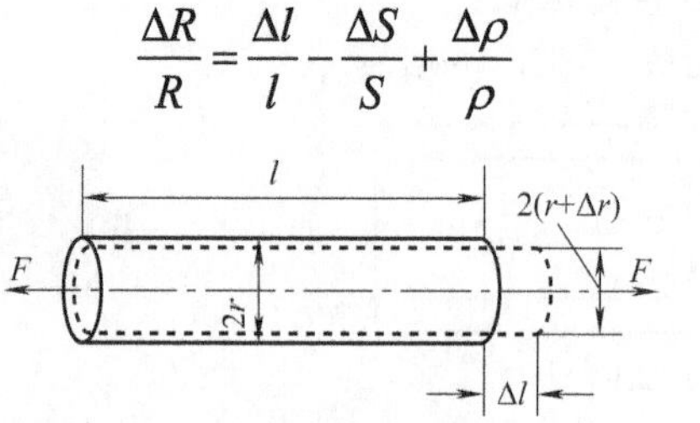

图 3-45　电阻丝伸长后的几何尺寸

对于半径为 r 的电阻丝，截面面积 $S = \pi r^2$，则有 $\Delta S / S = 2\Delta r / r$。令电阻丝的轴向应变为 $\varepsilon = \Delta l / l$，径向应变为 $\Delta r / r$，由材料力学可知 $\Delta r / r = -\mu(\Delta l / l) = -\mu\varepsilon$，$\mu$ 为电阻丝材料的泊松系数，经整理可得

$$\frac{\Delta R}{R} = (1 + 2\mu)\varepsilon + \frac{\Delta \rho}{\rho} \tag{3-34}$$

通常把单位应变所引起的电阻相对变化称为电阻丝的灵敏系数，其表达式为

$$K = \frac{\Delta R / R}{\varepsilon} = (1 + 2\mu) + \frac{\Delta\rho / \rho}{\varepsilon} \tag{3-35}$$

从式 (3-35) 可看出，电阻丝灵敏系数 K 由两部分组成：受力后由材料的几何尺寸变化引起的 $(1 + 2\mu)$；由材料电阻率变化引起的 $(\Delta\rho / \rho)\varepsilon^{-1}$。对于金属丝材料，$(\Delta\rho / \rho)\varepsilon^{-1}$ 项的值比 $(1 + 2\mu)$ 小很多，可以忽略，故 $K = 1 + 2\mu$。大量试验证明，在电阻丝拉伸比例极限内，电阻的相对变化与应变成正比，即 K 为常数。通常金属丝 $K = 1.7 \sim 3.6$。式 (3-34) 可写成

$$\frac{\Delta R}{R} = K\varepsilon \tag{3-36}$$

2. 电阻应变片

1) 金属电阻应变片

金属电阻应变片分为金属丝式和箔式。图 3-46(a) 所示的应变片是将金属丝 (一般直径为 0.02~0.04mm) 贴在两层薄膜之间。为了增加丝体的长度把金属丝弯成栅状，两端焊在引出线上。图 3-46(b) 采用金属薄膜代替细丝，又称为箔式应变片。金属箔厚度一般在 0.001~0.01mm。箔片先经轧制，再经化学抛光而制成，其线栅形状用光刻工艺制成，因此形状尺寸可以做得很准确。由于箔式应变片很薄，散热性能好，在测量中可以通过较大电流，提高测量灵敏度。

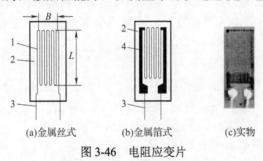

(a)金属丝式 (b)金属箔式 (c)实物

图 3-46 电阻应变片

1-应变丝；2-基底；3-引线；4-金属膜引线

常用的电阻应变丝的材料是康铜丝和镍铬合金丝。镍铬合金的电阻率比康铜几乎大一倍，因此用同样直径的镍铬合金丝做成的应变片要小很多。另外，镍铬合金丝的灵敏系数也比较大。但是，康铜丝的电阻温度系数小，受温度变化影响小。

应变片的尺寸通常用有效线栅的外形尺寸表示。根据基长不同可分为三种：小基长 $L = 2 \sim 7\text{mm}$；中基长 $L = 10 \sim 30\text{mm}$；大基长 $L \geqslant 30\text{mm}$。线栅宽 B 可在 2~11mm 内变化。表 3-4 给出了国产应变片的技术数据，供选择时参考。

表 3-4 国产应变片的技术数据

型号	形式	阻值/Ω	灵敏系数 K	线栅尺寸 $(B \times L) / \text{mm}^2$
PZ-17	圆角线栅，纸基	120±0.2	1.95~2.10	2.8×17
8120	圆角线栅，纸基	118	2.0±1%	2.8×18
PJ-120	圆角线栅，纸基	120	1.9~2.1	3×12
PJ-320	圆角线栅，纸基	320	2.0~2.1	11×11
PB-5	箔式	120±0.5	2.0~2.2	3×5
2×3	箔式	87±0.4%	2.05	2×3
2×1.5	箔式	35±0.4%	2.05	2×1.5

2) 半导体电阻应变片

半导体电阻应变片的工作原理和导体应变片相似。对半导体施加应力时，其电阻值发生变化，这种半导体电阻率随应力变化的关系称为半导体压阻效应。与金属导体一样，半导体应变电阻也由两部分组成，即由于受应力后几何尺寸变化引起的电阻变化和电阻率变化，这里电阻率变化引起的电阻变化是主要的，所以一般可表示为

$$\frac{\Delta R}{R} \approx \frac{\Delta \rho}{\rho} = \pi \sigma \tag{3-37}$$

式中，$\Delta R / R$ 为电阻的相对变化；$\Delta \rho / \rho$ 为电阻率的相对变化；π 为半导体的压阻系数；σ 为应力。

由于弹性模量 $E = \sigma / \varepsilon$，所以式(3-37)又可写为

$$\frac{\Delta \rho}{\rho} = \pi \sigma = \pi E \varepsilon = K \varepsilon \tag{3-38}$$

式中，K 为灵敏系数。

对于不同的半导体，压阻系数以及弹性模量都不一样，所以灵敏系数也不一样，就是对于同一种半导体，随着晶向不同其压阻系数也不同。

实际使用中必须注意外界应力相对晶轴的方向，通常把外界应力分为纵向应力 σ_L 和横向应力 σ_t，与晶轴方向一致的应力称为纵向应力；与晶轴方向垂直的应力称为横向应力。与之相关的有纵向压阻系数 π_L 和横向压阻系数 π_t。当半导体同时受两向应力作用时，有

$$\frac{\Delta \rho}{\rho} = \pi_L \sigma_L + \pi_t \sigma_t \tag{3-39}$$

一般半导体应变片是沿所需的晶向将硅单晶体切成条形薄片，厚度为 0.05～0.08mm，在硅条两端先真空镀膜蒸发一层黄金，再用细金丝与两端焊接，作为引线。一般在基底上事先用印刷电路的方法制好焊接极。图 3-47 所示是一种条形半导体应变片。为提高灵敏度，除应用单条应变片外，还有制成栅形的。各种应变片的技术参数、特性及使用要求可参见有关应变片的手册。

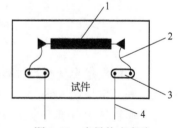

图 3-47　半导体应变片

1-单晶硅条；2-内引线；3-电极；4-引线

3. 电阻应变片的粘贴及温度补偿

1) 应变片的粘贴

应变片用黏结剂粘贴到试件表面上，黏结剂的性能及黏结工艺的质量直接影响着应变片的工作特性，如零漂、蠕变、滞后、灵敏系数、线性以及它们受温度影响的程度。可见，选择合适的黏结剂和正确的黏结工艺与应变片的测量精度有着极其重要的关系。

选择的黏结剂必须适合应变片材料和被试件材料，不仅要求黏结力强，黏结后机械性能可靠，而且黏合层要有足够大的剪切弹性模量，良好的电绝缘性，蠕变和滞后小，耐湿、耐油、耐老化，动应力测量时耐疲劳等。此外，还要考虑到应变片的工作条件，如温度、相对湿度、稳定性要求以及贴片固化时热加压的可能性等。常用的黏结剂类型有硝化棉型、氰基丙烯酸酯型、聚酯树脂型、环氧树脂类和酚醛树脂类等。

粘贴工艺包括被测试件表面处理、贴片位置的确定、贴片干燥固化、贴片质量检查、引线的焊接与固定以及防护与屏蔽等。

2) 温度误差及其补偿

(1) 温度误差。作为测量用的应变片，希望它的电阻只随应变而变，而不受其他因素的影

响。实际上，应变片的电阻受环境温度(包括试件的温度)的影响很大。因环境温度改变引起电阻变化的主要因素有两方面：一方面是应变片电阻丝的温度系数；另一方面是电阻丝材料与试件材料的线膨胀系数不同。温度变化引起的敏感栅电阻的相对变化为 $(\Delta R / R)_1$，设温度变化为 Δt，栅丝电阻温度系数为 α_t，则

$$\left(\frac{\Delta R}{R}\right)_1 = \alpha_t \Delta t \tag{3-40}$$

试件与电阻丝材料的线膨胀系数不同引起的变形使电阻有相对变化：

$$\left(\frac{\Delta R}{R}\right)_2 = K(\alpha_g - \alpha_s)\Delta t \tag{3-41}$$

式中，K 为应变片灵敏系数；α_g 为试件的线膨胀系数；α_s 为应变片敏感栅材料的线膨胀系数。

因此，由温度变化引起总电阻相对变化为

$$\frac{\Delta R}{R} = \left(\frac{\Delta R}{R}\right)_1 + \left(\frac{\Delta R}{R}\right)_2 = \alpha_t \Delta t + K(\alpha_g - \alpha_s)\Delta t \tag{3-42}$$

(2) 为了消除温度误差，可以采取多种补偿措施。最常用和最好的方法是电桥补偿法，如图 3-48(a) 所示。工作应变片只 R_1 安装在被测试件上，另选一个特性与 R_1 相同的补偿片 R_b 安装在材料与试件相同的某补偿件上，温度与试件相同但不承受应变。R_1 和 R_b 接入电桥相邻臂上，造成 ΔR_{1t} 与 ΔR_{bt} 相同，由电桥理论可知，当相邻桥臂有等量变化时，对输出没有影响，则上述输出电压与温度变化无关。当工作应变片感受到应变时，电桥将产生相应的输出电压。

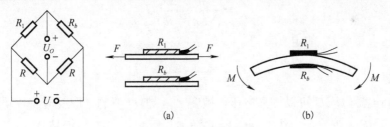

(a)　　　　　　　　　　(b)

图 3-48　温度补偿措施

在某些测试条件下，可以巧妙地安装应变片而无需补偿件并兼得灵敏度的提高。如图 3-48(b) 所示，测量梁的弯曲应变时，将两个应变片分别贴于梁上、下两面对称位置，R_1 与 R_b 的特性相同，所以两个电阻变化值相同而符号相反；但当 R_1 与 R_b 按图 3-48(a) 接入电桥时，电桥输出电压比单片时增加一倍。当梁上、下面温度一致时，R_1 与 R_b 可起温度补偿作用。电路补偿法简单易行，可对各种试件材料在较大温度范围内进行补偿，因而最常用。

3) 转换电路

应变片将被测试件的应变 ε 转换成电阻的相对变化 $\Delta R / R$，还需进一步转换成电压或电流信号才能用电测仪表进行测量。通常采用电桥电路实现这种转换。根据电源的不同，电桥分直流电桥和交流电桥。

下面以直流电桥为例进行分析(交流电桥的分析方法与其相似)。在图 3-49 所示的电桥电路中，U 是直流供桥电压，R_1、R_2、R_3、R_4 为四个桥臂电阻，当 $R_L = \infty$ 时，电桥输出电压为

$$U_O = U_{ab} = \frac{R_1 R_4 - R_2 R_3}{(R_1 + R_2)(R_3 + R_4)} U \tag{3-43}$$

当 $U_O = 0$ 时，有

$$R_1 R_4 - R_2 R_3 = 0$$

或

$$\frac{R_1}{R_2} = \frac{R_3}{R_4} \tag{3-44}$$

式(3-44)称为直流电桥平衡条件。该式说明电桥达到平衡，其相邻两臂的电阻比值应该相等。

在单臂工作电桥(图 3-50)中，R_1 为工作应变片，R_2、R_3、R_4 为固定电阻，$U_o(U_{ab})$ 为电桥输出电压，负载 $R_L = \infty$，应变电阻 R_1 变化 ΔR_1 时，电桥输出电压为

$$U_O = \frac{(R_4 / R_3)(\Delta R_1 / R_1)}{[1 + (\Delta R_1 / R_1) + R_2 / R_1](1 + R_4 / R_3)} U \tag{3-45}$$

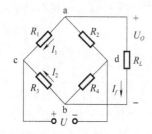

图 3-49   直接电桥

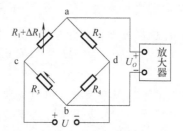

图 3-50   单臂工作电桥

设桥臂比 $n = R_2 / R_1$，并考虑电桥初始平衡条件 $R_2 / R_1 = R_4 / R_3$，略去分母中 $\Delta R_1 / R_1$，可得

$$U_O = \frac{n}{(1+n)^2} \frac{\Delta R_1}{R_1} U \tag{3-46}$$

由电桥电压灵敏度 K_U 的定义可得

$$K_U = \frac{U_O}{\Delta R_1 / R_1} = \frac{n}{(1+n)^2} U \tag{3-47}$$

可见，提高电源电压 U 可以提高电压灵敏度 K_U，但 U 值的选取受应变片功耗的限制。在 U 值确定后，取 $dK_U / dn = 0$，得 $(1 - n^2)(1 + n)^4 = 0$，可知 $n = 1$，也就是 $R_1 = R_2$、$R_3 = R_4$ 时，电桥电压灵敏度最高，实际上多取 $R_1 = R_2 = R_3 = R_4$。

当 $n = 1$ 时，由式(3-46)和式(3-47)可得单臂工作电桥输出电压：

$$U_O = \frac{U}{4} \frac{\Delta R_1}{R_1} \tag{3-48}$$

$$K_U = \frac{U}{4} \tag{3-49}$$

式(3-48)和式(3-49)说明，当电源电压 U 及应变片电阻相对变化一定时，电桥的输出电压及电压灵敏度与各电桥臂的阻值无关。

如果在电桥的相对两臂同时接入工作应变片，使一片受拉，一片受压，如图 3-51 所示，使 $R_1 = R_2$，$\Delta R_1 = \Delta R_2$，$R_3 = R_4$，就构成差动电桥。则差动双臂工作电桥的输出电压为

$$U_O = \frac{U}{2} \frac{\Delta R_1}{R_1} \tag{3-50}$$

如果在电桥的相对两臂同时接入工作应变片，使两片都受拉或都受压，如图 3-51(b)所示，并使 $\Delta R_1 = \Delta R_4$，也可导出与式(3-50)相同的结果。

若电桥的四个臂都为电阻应变片，如图 3-52 所示，则称为全桥电路，可导出全桥电路的输出电压为

$$U_O = U \frac{\Delta R_1}{R_1} \tag{3-51}$$

可见，全桥电路的电压灵敏度比单臂工作电桥提高 4 倍。全桥电路和相邻臂工作的半桥电路不仅灵敏度高，而且当负载电阻 $R_L = \infty$ 时，没有非线性误差，还起到温度补偿作用。

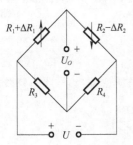
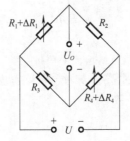
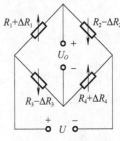

图 3-51　双臂电桥　　　　　　　　　　　　　　图 3-52　全桥电路

3.6.2　应变片测力传感器

应变片测力传感器按其量程大小和测量精度不同而有很多规格品种，它们的主要差别是弹性元件的结构形式不同，以及应变计在弹性元件上粘贴的位置不同。通常测力传感器的弹性元件有柱形、筒形、梁式等。

1. 柱形或筒形弹性元件

如图 3-53 所示，这种弹性元件结构简单，可承受较大的载荷，常用于测量较大力的拉(压)力传感器中，但其抗偏心载荷、测向力的能力差。为了减少偏心载荷引起的误差，应注意弹性元件上应变片粘贴的位置及接桥方法，以增加传感器的输出灵敏度。

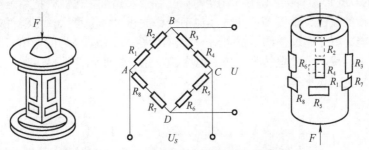

图 3-53　柱形和筒形弹性元件组成的测力传感器

若在弹性元件上施加一压缩力 P，则筒形弹性元件的轴向应变 ε_l 为

$$\varepsilon_l = \frac{\sigma}{E} = \frac{P}{EA} \tag{3-52}$$

用电阻应变仪测出的指示应变为

$$\varepsilon = 2(1 + \mu)\varepsilon_l \tag{3-53}$$

式中，P 为作用于弹性元件上的载荷；E 为圆筒材料的弹性模量；μ 为圆筒材料的泊松比；A 为筒体截面积，$A = \pi(D_1 - D_2)^2 / 4$（D_1 为筒体外径，D_2 为筒体内径）。

2. 梁式弹性元件

悬臂梁式弹性元件的特点是结构简单、容易加工、粘贴应变计方便、灵敏度较高，常用于测量小载荷的传感器中。

如图 3-54 所示为悬臂梁式弹性元件，在其同一截面正反两面粘贴应变计，组成差动工作形式的电桥输出。若梁的自由端有一被测力 P，则应变计感受的应变为

$$\varepsilon = \frac{bl}{Ebh^2}P \tag{3-54}$$

电桥输出为

$$U_{SC} = K\varepsilon U_0 \tag{3-55}$$

式中，l 为应变计中心处距受力点的距离；b 为悬臂梁宽度；h 为悬臂梁厚度；E 为悬臂梁材料的弹性模量；K 为应变计的灵敏系数。

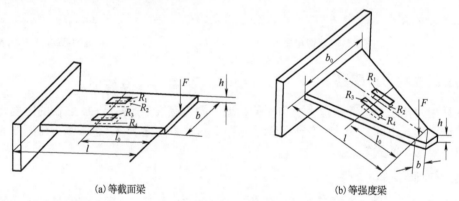

(a) 等截面梁　　　　　　　　　　(b) 等强度梁

图 3-54　梁式弹性元件

3. 双孔形弹性元件

图 3-55(a) 为双孔形悬臂梁，图 3-55(b) 为双孔 S 形悬臂梁。它们的特点是粘贴应变计处应变大，因而传感器的输出灵敏度高，同时其他部分截面积大、刚度大，则线性好，并且抗偏心载荷和侧向力的能力好。通过差动电桥可进一步消除偏心载荷侧向力的影响，因此这种弹性元件广泛地应用于高精度、小量程的测力传感器中。双孔形弹性元件粘贴应变计处的应变与载荷之间的关系常用标定式试验确定。

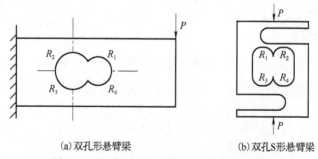

(a) 双孔形悬臂梁　　　　　　(b) 双孔S形悬臂梁

图 3-55　双孔形弹性元件测力传感器示意图

4. 梁式剪切弹性元件

梁式剪切弹性元件的结构与普通梁式弹性元件基本相同，只是应变计粘贴位置不同。应变

计受的应变只与梁所承受的剪切力有关，而与弯曲应力无关。因此，它具有对拉伸和压缩载荷相同的灵敏度，适用于同时测量拉力和压力的传感器。此外，与普通梁式弹性元件相比，梁式剪切弹性元件线性好、抗偏心载荷和侧向力的能力强，其结构和粘贴应变计的位置如图 3-56 所示。

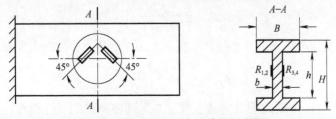

图 3-56　梁式剪切测力传感器示意图

应变计一般粘贴在矩形截面梁中间盲孔两侧，与梁的中性轴成 45° 方向上。该处的截面为工字形，以使剪切应力在截面上的分布比较均匀，且数值较大，粘贴应变计处的应变与被测力 P 之间的关系近似为

$$\varepsilon = \frac{P}{2bhG} \tag{3-56}$$

式中，G 为弹性元件的剪切模量；b、h 分别为粘贴应变计处梁截面的宽度和高度。

3.6.3　压力传感器

压力传感器主要用于测量固体、气体和流体等压力。同样的，按传感器所用弹性元件分类，有膜式、筒式、组合式等多种形式。

1. 膜式压力传感器

膜式压力传感器的弹性元件为四周固定的等截面圆形薄板，又称平膜板或膜片。它的一侧面承受被测分布压力，另一侧面贴有应变计。应变计接成桥路输出，如图 3-57(a) 所示。

应变计在膜片上的粘贴位置根据膜片受压后的应变分布状况来确定，通常将应变计分别贴于膜片的中心(切向)和边缘(径向)。因为这两种应变的最大符号相反，接成全桥线路后传感器输出最大。应变计可采用专制的圆形应变花。

膜片上粘贴应变计处的径向应变 ε_r 和切向应变 ε_t 与被测力 P 之间的关系为

$$\varepsilon_r = \frac{3P}{8h^2 E}(1-\mu^2)(r^2-3x^2) \tag{3-57}$$

$$\varepsilon_t = \frac{3P}{8h^2 E}(1-\mu^2)(r^2-x^2) \tag{3-58}$$

式中，x 为应变计中心与膜片中心的距离；h 为膜片厚度；r 为膜片半径；E 为膜片材料的弹性模量；μ 为膜片材料的泊松比。

为保证膜式传感器的线性度小于 3%，在一定压力作用下，要求

$$\frac{r}{h} \leqslant 4\sqrt{3.5\frac{E}{P}} \tag{3-59}$$

2. 筒式压力传感器

筒式压力传感器的弹性元件为薄壁圆筒，筒的底部较厚，如图 3-57(b) 所示。如图 3-57(c) 所

示，工作应变计 R_1、R_3 沿圆周方向贴在筒壁，温度补偿应变计 R_2、R_4 贴在筒底外壁上，并接成全桥线路，这种传感器适用于测量较大压力。对于薄壁圆筒(壁厚与壁的中面曲率半径之比小于 1/20)，筒壁上工作应变计处的切向应变 ε_t 与压力 P 的关系，可用式(3-60)求得

$$\varepsilon_t = \frac{(2-\mu)d}{2(D-d)} \cdot P \tag{3-60}$$

对于厚壁圆筒(壁厚与中面曲率半径之比大于 1/20)，筒体半径方向应变 ε_r 与压力 P 的关系为

$$\varepsilon_r = \frac{(2-\mu)d^2}{2(D^2-d^2)E} \cdot P \tag{3-61}$$

式中，P 为压力；D、d 分别为圆筒内外直径；E 为圆筒材料的弹性模量；μ 为圆筒材料的泊松比。

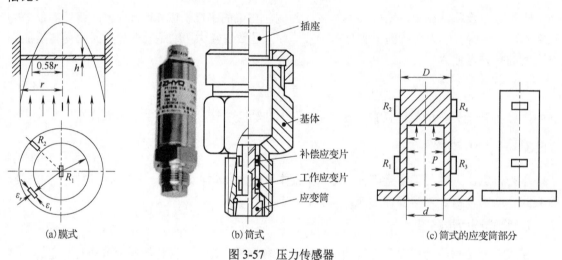

(a)膜式　　　　　(b)筒式　　　　　(c)筒式的应变筒部分

图 3-57　压力传感器

3.6.4　转矩(扭矩)传感器

由材料力学可知，一根圆轴在扭矩 M_n 的作用下，表面剪应力为

$$\tau = M_n \cdot W_n \tag{3-62}$$

式中，W_n 为圆轴抗扭断面模量。对于实心轴，$W_n = \pi d^3 / 16$；对于空心轴，$W_n = \pi(D_0^3 - ad_0^3)/16$，$d$ 为实心轴直径，$d = d_0/D_0$；D_0 为空心轴外径；d_0 为空心轴内径。

在弹性范围内，剪应变为

$$\gamma = \tau / G = \frac{M_n W_n}{G} \tag{3-63}$$

式中，G 为剪切弹性模量。

在测量扭矩时，应变片可直接贴在传动轴上，但需要注意应变片的贴片位置与方向问题。剪应变是角应变。应变片不能直接测得剪应变。但是当在轴的某一点上沿轴线成 45°和 135°的方向贴片，可以通过这两个方向上测得的应变值算得剪应变值：

$$\gamma = \varepsilon_{45} - \varepsilon_{135} \tag{3-64}$$

式中，ε_{45} 为沿轴线 45°贴片测得的应变值；ε_{135} 为沿轴线 135°贴片测得的应变值。

当这两个应变片分别接在电桥相邻的两个桥臂中时，由电桥的加减特性可知，应变仪的读数就是剪应变值，再根据标定曲线就可换算得到扭矩值。

如图 3-58 所示为电阻应变转矩传感器。它的弹性元件是一个与被测转矩轴相连的转轴，转轴上贴有与轴线成 45º 的应变计，应变计两两相互垂直，并接成全桥工作的电桥。

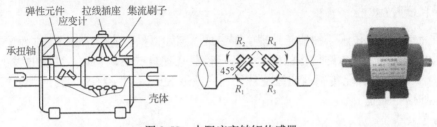

图 3-58　电阻应变转矩传感器

由于检测对象是旋转着的轴，因此应变计的电阻变化信号要通过集流装置引出才能进行测量，转矩传感器已将集流装置安装在内部，所以只需将传感器直联就能测量转轴的转矩，使用非常方便。

3.7　智能传感器

智能传感器(Intelligent Sensor)是具有信息处理功能的传感器。智能传感器带有微处理机，具有采集、处理、交换信息的能力，是传感器集成化与微处理机相结合的产物。与一般传感器相比，智能传感器具有以下三个优点：通过软件技术可实现高精度的信息采集，而且成本低；具有一定的编程自动化能力；功能多样化。

智能传感器目前还未有统一的科学定义。关于智能传感器的中、英文称谓，目前也尚未统一。Intelligent Sensor 是英国对智能传感器的称谓，而 Smart Sensor 是美国对智能传感器的俗称。电气和电子工程师协会(IEEE)从最小化传感器结构的角度，将能提供受控量或待感知量大小且能典型简化其应用于网络环境的集成的传感器称为智能传感器。相对于仅提供表征待测物理量大小的模拟电压信号的传统传感器，充分利用当代集成技术、微处理器技术等的智能传感器，其本质特征在于其集感知、信息处理与通信于一体，能提供以数字量方式传播具有一定知识级别的信息，具有自诊断、自校正、自补偿等功能。智能传感器首先借助其传感单元，感知待测量，并将其转换成相应的电信号。该信号通过放大、滤波等调理后，经过 A/D 转换，并基于应用算法进行信号处理，获得待测量大小等相关信息。然后，将分析结果保存起来，通过接口将它们交给现场用户或借助通信将之告知给系统或上位机等。由此可知，智能传感器主要完成信号感知与调理、信号处理和通信三大功能。

3.7.1　智能传感器的基本功能

智能传感器主要有以下几个基本功能。

1. 信号感知与调理技术

智能传感器一般通过信号感知模块中的敏感元件将待测量最终转换成模拟电压信号。目前能感知的量很多，有物体位移、速度、加速度等运动量，温度、湿度、压力等过程量，光强、波长、偏振度等光的特性量，流量、浓度、pH 等液体特性量，成分、浓度等气体特性量，葡萄糖、尿素、维生素等化学成分。智能传感器中的敏感元件有些如传统传感器一样单个存在的，有些借助微机械技术、硅集成等技术以阵列方式存在，以提高测试精度与可靠性，有些将多种敏感元件以一定的方式复合分布在感知模块中以感知多种待测量。

2. 信号处理技术

就本质而言，智能传感器的信号处理主要完成"感知"和"认知"这两个方面的功能。"感知"就是通过对来自调理电路信号的分析，获得待测物理量或待测参数、性能的大小，称为粗信号处理。"认知"指智能传感器通过信号处理，获取关于其自身状态、测试状态等方面的信息，称为微细信号处理。

1)粗信号处理

有些待测量可根据其定义利用单个调理信号直接获得，如温度、位移、交流电流有效值等，也可称单信号测量法；有些待测量则需要多种调理信号，如交流电力的视在功率、有功功率等性能指标。另外，还有些待测量只能通过与之相关的各物理量的综合分析才能便捷、可靠地测出，如混合气体的成分和各成分的浓度等。研究表明，利用单个调理信号可获得的很多待测量，借助数字信号处理技术也可以获知，如交流电力电压/电流的有效值、交流电力的功率等，也可称多信号综合测量法。单信号测量法是智能传感器的一种基本信号处理方法，可根据待测量的物理概念或定义予以实现。它通常用于测试系统中。多信号综合测量法则充分体现了智能传感器的特质。

基于数据融合技术，多信号综合测量法主要用于传统方法获取比较困难、精度不高、测试不可靠，甚至不能测试出待测量的信号。例如，对于一氧化碳、氢气、甲烷、乙炔等有毒、有害、可燃性气体的种类与浓度，传统的色谱法测试不连续、烦琐、时间长，单一响应快的气敏元件其选择性能差。为此，人们探索出了采用气敏阵列理论的多种综合法，较好地克服了这些问题。气敏阵列理论的基本思想就是利用多种能较好感知不同气体的气敏元件构成阵列，借助模式识别理论计算出混合气体中气体的成分和各种气体的浓度。

事实上，调理信号中始终存在着干扰，若采用单信号测量法，这些干扰通常将直接影响、限制测试精度。减少干扰就成为提高测试精度的一种直接现实途径。它一般通过两种方式实现：提高调理电路的滤波性能或在粗信号处理之前采用软或(和)硬件滤波。前者增加了调理电路的复杂度，后者需要额外的滤波电路(针对硬件滤波)或消耗大量的系统 CPU 资源(针对软件滤波)。为此，人们基于分析法开始了这方面的研究。分析法的基本任务是寻求能降低调理信号中干扰对分析精度影响的待测量获取算法，其根本目的是提高测试性能或简化智能传感器硬件结构，以降低智能传感器的成本或提高其性价比，利于智能传感器的推广、应用。对于交流电力智能传感器，人们分别基于误差最小二乘(LMS)理论、相关性原理研究出了电压有效值与初相位的多信号综合测量法以及电力功率性能指标的多信号综合测量法。相对于单信号测量法，多信号综合测量法能减少至少 50%的计算量，减小约 2/3 的测试误差，允许的干扰幅值从信号幅值原来的 5%放宽至 15%。

2)微细信号处理

粗信号处理的精度与稳定性常受到如偏移误差、增益误差、非线性误差以及环境等方面的影响，智能传感器需通过微细信号处理来认识其"健康"状态，"弥补"其分析偏差，确保测试的可靠性、精确性。微细信号处理通常包括自诊断、自校正、自补偿。

自诊断用于检测智能传感器是否"健康"、各组成部分能否正常工作、系统参数是否配置合适，以及整个系统能否正常进行测试、通信等。它通常利用人工智能等理论方法，如一种基于知识库或专家系统的智能传感器自诊断方法。自校正用于智能传感器各组成部分状态、特征参数及系统参数的校正。自补偿则用于补偿待测量的非线性或因温度、环境变化等造成的测试误差。为减少自校正点和自校正时间,人们在充分考虑调理信号概率密度函数的基础上,利用循序多项式插值探索出了一种适合智能传感器的自适应、自校正算法。人们基于人工神经网络理论研究出了一种能构建自校正与补偿、有较好适应性与灵活性的传感器非线性融合逆模型的方法。利用该方法设计出气体敏感器件 TGS823 的逆模型,其在不同的环境中能以 99.2%的准确率分析出气体浓度。

信号处理一般在通用微处理器上借助软件予以实现,也可利用专用集成电路或数字信号处理器予以硬件实现,或部分功能通过软件实现,部分功能通过硬件实现。

3.　通信技术

IEEE 1451 系列标准是智能传感器通用通信标准,该标准支持多种现场总线、以太网等现有的各种网络技术。

IEEE 1451 第七部分则规定了智能传感器与目前正蓬勃兴起的物联网间的通信接口标准。人们在这方面开展了大量工作并取得了丰硕成果。例如,人们研究出了一种基于 IEEE 1451 标准的智能传感器结构,提出了即插即用 Web 智能传感器的一种基于 Web 服务方法,实现了一种基于 CAN 协议的温度智能传感器,探索出了一种智能传感器无线网络组织结构协议和一种基于 Zig Bee 无线通信技术的智能传感器无线接口设计方案等。通信模块通常以软硬件的方式实现,它一般与智能传感器的信号处理模块集成在一起。

实现智能传感器目前主要有三种方式。第一种方式是将信号感知与调理模块、信号处理模块、通信模块等通过导线等方式组合在一起即可,这种实现方式适合于智能化工厂用户在原有传统传感器的场合使用。第二种方式是利用微机械加工、微电子加工等技术将这些模块集成在一片芯片上,实现智能传感器的微型化。这是商品化智能传感器的最佳选择,这种智能传感器使用方便、性能稳定、可靠。第三种方式是将这些模块集成在两片或多片芯片上,然后由这些芯片构成智能传感器,这是目前商品化智能传感器的一种较好选择。

3.7.2　智能传感器的特点与分类

1.　智能传感器的特点

与传统传感器相比,智能传感器具有以下特点。

(1)灵敏度和测量精度高。智能传感器有多项功能来保证它的高精度。例如,通过自动校零去除零点;与标准参考基准实时对比以自动进行整体系统标定;自动进行整体系统的非线性等系统误差的校正;通过对采集的大量数据的统计处理以消除偶然误差的影响等,从而保证了智能传感器有较高的灵敏度和测量精度,可进行微弱信号测量,并能进行各种校正和补偿。

(2)宽量程。智能传感器的测量范围很宽,具有很强的过载能力。例如,美国 ADI 公司推出的 ADXRS300 型单片偏航角速度陀螺仪,能精确测量转动物体的偏航角速度,测量范围是 $\pm300(°)/s$。若并联一个合适的设定电阻,还可将测量范围扩展到 $\pm1200(°)/s$。该传感器能承受 $1000g$ 的运动加速度。

(3)可靠性与稳定性高。智能传感器能自动补偿因工作条件与环境参数发生变化后引起系统特性的漂移,如温度变化而产生的零点和灵敏度的漂移;当被测参数变化后能自动改换量程;能实时自动进行系统的自我检验,分析、判断所采集到的数据的合理性,并给出异常情况的应急处理(报警或故障提示)。因此,有多项功能保证了智能传感器的高可靠性与高稳定性。美国

Atemel 公司推出的 FCD4814、AT77C101B 型单片硅晶体指纹传感器集成电路，其抗磨损性强，在指纹传感器的表面有专门的保护层，手指接触磨损的次数可上百万次。

(4)信噪比与分辨力高。由于智能传感器具有数据存储、记忆与信息处理功能，通过软件进行数字滤波、相关分析等处理，可以去除输入数据中的噪声，将有用信号提取出来；通过数据融合、神经网络技术，可以消除多参数状态下交叉灵敏度的影响，从而保证在多参数状态下对特定参数测量的分辨能力，因此智能传感器具有较高的信噪比与分辨力。

(5)自适应性强。智能传感器具有很强的自适应能力，美国 Microsemi 公司相继推出能实现人眼仿真的集成化可见光亮度传感器，它能代替人眼感受环境亮度的明暗程度，自动控制LCD 显示器背光源的亮度，以满足用户在不同时间、不同环境中对显示器亮度的需要。

(6)性价比高。智能传感器所具有的上述高性能，不像传统传感器技术追求传感器本身的完善，对传感器的各个环节进行精心设计与调试，进行"手工艺品"式的精雕细琢来获得，而是通过与微处理器/微计算机相结合，采用廉价的集成电路工艺和芯片及强大的软件来实现的，所以具有高的性能价格比。

2. 智能传感器的分类

传统传感器通常按照被测量的类型可分为物理量、化学量和生物量，如温度、流量、液位、压力、位置、速度、加速度、pH、CO_2、COD、BOD 等传感器。

智能传感器可从集成化程度、信号处理方式、应用领域等方面来分类，如图 3-59 所示。

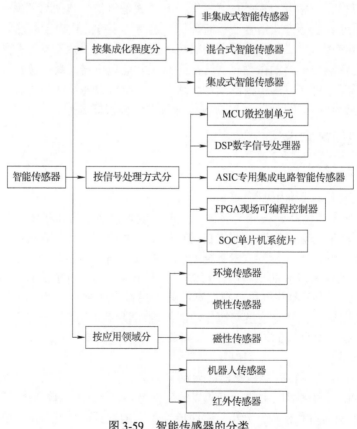

图 3-59 智能传感器的分类

3.7.3　智能传感器的发展趋势

为了适应智能制造系统对智能传感器越来越高的要求，智能传感器融合计算机技术、通信技术和其他科学技术正朝着单片集成化、微型化、网络化、系统化、高精度、多功能、低成本、高可靠性与安全性的方向发展。

1) 采用新机理、新材料、新技术、新工艺

近年来，随着科学技术的发展，一些智能传感器采用新机理、新材料、新技术、新工艺技术。采用新的检测机理研发的微纳智能传感器，这种传感器能更好地检测到更真实完整的信息。例如，美国研发了一种新的化学传感器，可将其直接印在智能内衣的松紧带上，通过松紧带张力的变化使传感器上的电极发生变化。这种传感器中嵌入基于逻辑计算的生物计算机系统中，用于监控从人的汗水中探测到的乳酸盐、氧气、甲肾上腺素、葡萄糖等生物标记变化，并据此自动诊断穿着者的健康状况。采用新型功能材料如功能陶瓷、功能有机薄膜、生物功能薄膜、复合敏感材料等可研制开发出智能传感器，如复旦大学研制的具有电致变色的新型材料是将对环境敏感的高分子材料——聚乙炔与碳纳米管形成复合纤维，通过电流刺激迅速改变或还原颜色，变色纤维在不同环境条件下能显示粉、蓝、红、橙、绿、黑、褐、黄等多种颜色。采用新技术，如采用微纳电喷新技术，能更好地提高汽车燃油效率，使汽车的燃油 ≤ 4L/km。采用新工艺，如采用低温等离子技术对纺织材料进行表面改性，使易吸水的丝绸变得免熨烫。

2) 传感器微型化技术和低功耗技术

近年来，随着微电子技术的不断发展和工艺日臻成熟，微电子机械加工技术(MEMT)已获得飞速发展，成为开发新一代微传感器(Micro Sensor)、微系统的重要手段。在微传感器系统中包含微型传感器(或具有微机械结构的微传感器)、CPU、存储器和数字接口，并具有自动补偿、自动校准功能，其特征尺寸已进入从毫米到微米的数量级。MEMT 不仅可制成简单的三维结构，还可做成三维运动结构与复杂的力平衡结构。微传感器系统具有体积小、成本低、可靠性高等优点。目前，MEMT 已被广泛应用到工业、办公自动化等领域。例如，经过微电子机械加工后生产的加速度计，目前已是汽车安全气囊触发器的首选产品。美国 ADI 公司生产的 ADXL05 型单片加速度传感器中的工字梁及 XRS300 型单片偏航角速度陀螺仪集成电路内部的音叉陀螺仪，都是采用这种技术制成的。此外，利用 MEMT 工艺还研制出新一代喷墨打印头及测量血液流量的微型压力传感器。智能微尘(Smart Micro Dust)是一种超微型传感器。未来智能微尘的体积可以做得更小，甚至可以悬浮在空中几个小时，用来收集处理无线发射信息。智能微尘还可以"永久"使用，因为它不仅自带微型薄膜电池，还有一个微型太阳能电池为其充电。智能微尘的应用范围很广，最主要的是军事侦察监视网络、森林灭火、海底板块调查、行星探测、医学、生活等领域。将来老年人或患者生活的屋里将会布满各种智能微尘监控器，用来监控他们的生活。例如，嵌在手镯内的传感器会向治疗中心实时发送患者的血压数据，地毯下的压力传感器将显示老年人的行动及体重变化，甚至抽水马桶里的传感器可以及时分析排泄物并显示出问题。这样，老年人或患者即使单独在家也是安全的。

2010 年 1 月，美国加州大学伯克利分校的研究人员做了一个演示。他们将 6 个神经电极刺入犀牛甲虫的蛹中，当犀牛甲虫成熟后，它们就能接收电信号。实验人员通过无线电可以遥控犀牛甲虫进行起飞、着陆，向前向后飞行，向左向右转弯。鉴于微型控制板和电池的总重量为

1.3g，而犀牛甲虫能够携带大约 3g 的物体飞行，因此，犀牛甲虫还有较大余力来携带这些微型传感器、摄像头或者麦克风等装置。

随着集成化、微型化、便携式、手持式传感器及无线网络传感器的发展，低功耗已成为智能传感器发展的热点之一。

低功耗的微处理器和敏感元件不断被推出。美国德州仪器企业生产的 MSP430 可提供高达 25MHz 的峰值性能，而功耗却低至 $160\mu A/MIPS$，具有业界最快的唤醒时间，可在 $1\mu s$ 之内即时访问准确、稳定的时钟，灵活的时钟系统和 6 个低功率工作模式使用户能够为延长电池寿命进行优化。Allegro 公司生产的微功耗霍尔效应开关 A3212 运行功率低于 $15\mu W$。我国研究人员在 SnO_2 敏感膜材料中掺入 Pd、Sb_2O_3、Al_2O_3 等添加剂，制成微珠式元件，设计出一种低功耗 CH_4 气敏元件，在低于 150mW 的功率下，于 5000×10^{-6} 浓度的 CH_4 气体中的灵敏度可达到 $\pm0.5\%$ 以内，响应时间小于 10s，且具有良好的选择性和稳定性。

电子设备整机的低功耗控制技术在迅速发展，智能传感器的功耗控制要通过软件来实现。常用的技术有以下几种。

(1)尽量采用待机运行方式。单片机在不需要工作时进入待机状态或掉电状态，需要工作时再唤醒，这种管理方式大大节省了整机在不需要工作时的功耗，有效地延长了整机一次充电的持续工作时间。

(2)有效控制外围器件与电路的功耗。对外围器件与电路的功耗采取管理措施，使其在不工作时进入维持状态或停止供电，以降低功耗；在单片机应用系统中，存储器的功耗是比较大的，待机时将存储器状态设置为维持状态使功耗显著下降。

(3)合理选用运算速度快、精度高的新算法，能有效地减少 CPU 的运行时间。

(4)尽量用定时中断替代软件延时。在间断测量的情况下，应采用外部中断或内部定时/计数中断而不采用软件延时，以减少 CPU 的运行时间；单片机的外部中断源不够用时，可方便扩充。

(5)尽量用静态显示替代动态显示。选用具有数据锁存、译码、驱动和显示功能的 LCD 显示组件，只要组件不掉电，数据一直保留，内容一直显示，直到单片机对其刷新。

(6)缩短通信时间。用 RS-232 通信接口通信时，若通信的数据量较大，应提高传输的波特率，缩短通信时间；可采用高效率的编码方式，如 BCD 码的编码与 ASCII 码相比，效率提高 1 倍；发送和接收时不要循环等待，而应采用串行中断。

(7)硬件软化。传统的硬件滤波电路(如有源滤波器)本身耗电可观，且不需要其工作时难以控制其不耗电，故功耗相对较大；改用软件滤波可克服功耗大的缺点。

(8)降低时钟频率。在满足运算速度要求的前提下，尽量降低时钟频率，可达到降低功耗的目的；降低时钟频率而不牺牲运算速度是目前单片机技术发展的特点。

3) 智能信息处理技术

在同样的硬件条件下，智能传感器中的数据处理方法的优劣往往决定着智能传感器性能的高低。嵌入式计算机技术、网络通信技术及计算智能技术的发展，推动了智能传感器系统在信息的采集、传输、存储和处理等方面的飞速发展。智能信息处理方法的核心概念是智能，而智能包括三个层次，即生物智能、人工智能和计算智能。生物智能是由人脑的物理化学过程体现出来的，其物质基础是有机物。相对生物智能而言，人工智能则是非生物的，是人为实现的，通常采用符号表示。人工智能的基础是人类的知识和传感器测量得到的数据。计算智能是由计算机软件和现代数学计算方法实现的，其基础是数值方法和传感器测量得到的数据。

概括地说，上述三个层次的智能分别由有机过程、符号运算和数值计算实现，且人工智能和计算智能都依赖于现代测试系统的信息获取过程。计算智能与人工智能的主要区别是：计算智能采用数值计算方法对测试系统产生的数据进行分析处理，而不是基于某种给定的规则或者知识进行处理。也就是说，计算智能的核心是采用数值计算方法对信息进行智能处理。就目前研究而言，基于计算智能方法的智能信息处理主要包括人工神经网络、进化计算、模糊逻辑等计算智能方法和小波分析、数据融合等信息处理方法。一些新思想、新理论、新算法、新器件也不断涌现，所有这些为未来信息处理技术的发展描绘出了一幅诱人的前景。

4) 网络化智能传感器技术

传感器、感知对象和观察者构成了传感器网络的三个要素。具有 Internet/Intranet 功能的网络化智能传感器技术已经不再停留在论证阶段或实验室阶段，越来越多的成本低廉且具备 Internet/ Intranet 网络化功能的智能传感器、执行器涌向市场，正在并且将要更多、更广地影响人类的生活。

传感器网络尤其是无线传感器网络已经在社会生产生活的诸多领域(如工业测控、远程医疗、环境监测、农业信息化、航空航天及国防领域)中得到了广泛应用，正在逐渐成为信息化社会建设的重要组成部分。随着无线传感器应用广度和深度的不断扩展，单纯的无线传感器系统已经不能满足社会对信息沟通的需求，无线传感器网络与移动通信网络的结合越来越紧密，产生出泛在传感器网络，并将创造出新型物-物通信(M2M Communication)的系统与应用平台。泛在网络(Ubiquitous Network)是指无所不在的网络。泛在网络时代的显著特征是人们可随时随地利用网络资源，每个人周围的物品(如家电、汽车、计算机、机器、仪表等)都可以互连，实现人与人(P2P)、人与物(P2M)、物与物(M2M)的交流和互动。

对网络而言，无处不在意味着网络、设备的多样化及无线通信手段的广泛运用。其中，各类传感器是人们获取物理世界信息的重要途径，传感器网络是泛在网络的末梢神经网络，也称为泛在传感器网络。人与人通信能扩展到更为丰富多彩的人与物、物与物通信，人们可以利用网络提供的多维环境信息，如位置、家电等机器设备状态、温度、湿度等，进行精确的处理和控制，从而开发和实现丰富的业务，更好地满足不断增长的需求。

3.7.4 智能传感器的构成

图 3-60 为 DTP 型智能压力传感器的方框图。DTP 型智能压力传感器的基本构成如下：主传感器(压力传感器)、辅助传感器(温度传感器、环境压力传感器)、异步发送/接收器(UART)、微处理器及存储器（ROM 和 RAM）、地址/数据总线、程控放大器（PFA）、A/D 转换器、D/A 转换器、可调节激励源、电源。

DTP 型智能压力传感器以惠斯通电桥形式组成，可输出与压力成正比的低电平信号，然后由 PFA 进行放大。DTP 型智能压力传感器内有一个固态温度传感器，用于测量压力传感器的敏感元件的温度变化，以便修正与补偿由于温度变化对测量带来的误差影响。DTP 型智能压力传感器内还有一个环境压力传感器，用于测量环境气压变化，以便修正气压变化对测量的影响。

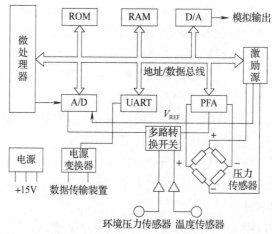

图 3-60   DTP 型智能压力传感器的方框图

3.7.5   压阻压力传感器智能化

压阻压力传感器的测量准确度受到非线性和温度的影响。经过研究，利用单片机对其非线性和温度变化产生的误差进行修正，温度变化和非线性引起的误差的 95% 得到修正，在 10～60℃范围内，智能压阻压力传感器的准确度几乎保持不变。

1. 智能压阻压力传感器硬件结构

如图 3-61 所示，其中压力传感器用于测量压力，温度传感器用来测量环境温度，以便进行温度误差修正，两个传感器的输出经前置放大器放大成 0～5V 的电压信号送至多路转换器，多路转换器将根据单片机发出的命令选择一路信号送到 A/D 转换器，A/D 转换器将输入的模拟信号转换为数字信号送入单片机，单片机将根据已定程序进行工作。

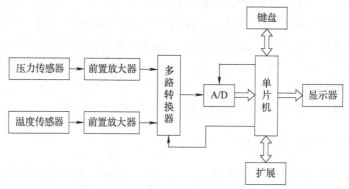

图 3-61   智能压阻压力传感器硬件结构

2. 智能压阻压力传感器软件设计

智能压阻压力传感器系统是在软件支持下工作的，由软件来协调各种功能的实现。图 3-62 为智能压阻压力传感器的源程序流程图。

3. 非线性和温度误差的修正

非线性和温度误差的修正方法很多，要根据具体情况确定误差修正与补偿方案。一般采用二元线性插值法，对传感器的非线性与温度误差进行综合修正与补偿。

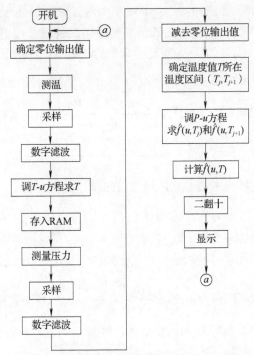

图 3-62 智能压阻压力传感器的源程序流程图

一般可以将传感器的输出作为一个多变量函数来处理，即

$$Z = f(x, y_1, y_2, \cdots, y_n) \tag{3-65}$$

式中，Z 为传感器的输出；x 为传感器的输入；$y_1, y_2, \cdots, y_n$ 为环境参量，如温度、湿度等。

如果只考虑环境温度的影响，可以将传感器输出当作二元函数来处理，这时表达式为

$$u = f(P, T)$$

或

$$P = f(u, T) \tag{3-66}$$

式中，P 为被测压力；u 为传感器输出；T 为环境温度。

设 $P = f(u, T)$ 为已知二元函数，该函数在图形上呈曲面，但为了推导公式更容易理解，用如图 3-63（a）所示的平面图形表示。

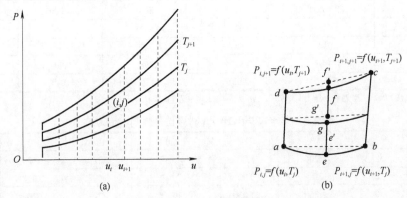

图 3-63 二元线性差值

若选定 n 个 u 的插值点和 m 个 T 的插值点，则可把函数 P 划分为 $(n-1)(m-1)$ 个区域。其

中(i,j)区表示于图 3-63(b)，图中 a、b、c、d 点为选定的差值基点，各点上的变量值和函数值都是已知的，则该区内任何点上的函数值 P 都可用线性插值法逼近，其步骤如下。

(1)保持 T 不变，而对 u 进行插值，即先沿 ab 线和 cd 线进行插值，分别求得 u 所对应的函数值 $f(u,T_j)$ 和 $f(u,T_{j+1})$ 的逼近值 $\hat{f}(u,T_j)$ 和 $\hat{f}(u,T_{j+1})$。显然，有

$$\hat{f}(u,T_j) = f(u,T_j) + \frac{f(u_{i+1},T_j) - (u_i,T_j)}{u_{i+1} - u_i}(u - u_i) \tag{3-67}$$

$$\hat{f}(u,T_{j+1}) = f(u,T_{j+1}) + \frac{f(u_{i+1},T_{j+1}) - f(u_i,T_{j+1})}{u_{i+1} - u_i}(u - u_i) \tag{3-68}$$

式(3-67)、式(3-68)的等号右边除 u 外均为已知量，故对落于 (u_i,u_{i+1}) 区间内的任何值 u，都可求得相应函数 $f(u,T_j)$ 和 $f(u,T_{j+1})$ 的逼近值 $\hat{f}(u,T_j)$ 和 $\hat{f}(u,T_{j+1})$。由图 3-74(b)可知，前者为 e、f 点上的值，而后者为 e' 和 f' 点上的值。

(2)基于上述结果，再固定 u 不变而对 T 进行插值，即沿 $e'\ f'$ 线插值，可得

$$\hat{f}(u,T) = f(u,T_j) + \frac{\hat{f}(u,T_{j+1}) - f(u,T_j)}{T_{j+1}T_j}(T - T_j) \tag{3-69}$$

式(3-69)右边除 T 以外，其他都为已知量或已经算得的量，故对任何落在 (T_j,T_{j+1}) 区间的 T 都可根据式(3-69)求得函数 $f(u,T)$ 的逼近值 $\hat{f}(u,T)$。由图 3-75 看出 $f(u,T)$ 是点 g 所对应的值，而 $\hat{f}(u,T)$ 是点 g' 上的值。

4. 实验结果与结论

对传感器进行温度实验，在 T 为 100℃、20℃、30℃、40℃、50℃、60℃时，得到六组输出-输入关系实验数据(略)。通过数据处理得到六个直线回归方程 $P = a + bu$，因此 $\hat{f}(u,T_j)$、$\hat{f}(u,T_{j+1})$ 和 $\hat{f}(u,T)$ 可以得到，即可以采用线性插值法对传感器的非线性和温度影响进行综合修正。实验数据列于表 3-5 和表 3-6。

表 3-5　60℃时修正系数前、后对比

$P_i / 10^5$Pa		0.400	0.600	0.800	1.000	1.200
未修正	P_o	0.434	0.637	0.841	1.045	1.247
	ΔP	0.034	0.037	0.041	0.045	0.047
修正后	P_o	0.399	0.599	0.798	0.999	1.202
	ΔP	-0.001	-0.001	-0.02	-0.001	0.002

注：P_i 为输入压力(10^5Pa)；P_o 为输出压力(10^5Pa)；ΔP 为测量压力误差(10^5Pa)。

表 3-6　$P_i = 1.200 \times 10^5$Pa 时修正系数前、后对比

温度/℃		10	20	30	40	50	60
未修正	P_o	1.200	1.209	1.219	1.228	1.238	1.247
	ΔP	0	0.009	0.019	0.028	0.038	0.047
修正后	P_o	1.200	1.200	1.201	1.201	1.202	1.202
	ΔP	0	0	0.001	0.001	0.002	0.002

注：P_i 为输入压力(10^5Pa)；P_o 为输出压力(10^5Pa)；ΔP 为测量压力误差(10^5Pa)。

5. 智能传感器的发展方向与途径

由前面讨论可知，智能传感器是利用微处理机代替一部分脑力劳动，具有人工智能的特点。智能传感器可以由好几块相互独立的模块电路与传感器装在同一壳体里构成，也可把传感器、信号调节电路和微型计算机集成在同一芯片上，形成超大规模集成化的更高智能传感器。例如，将半导体力敏元件、电桥线路、前置放大器、A/D 转换器、微处理机、接口电路、存储器等分别分层次集成在一块半导体硅片上，便构成一体化集成的硅压阻式智能压力传感器，如图 3-64所示。这里关键是半导体集成技术，即智能化传感器的发展依附于硅集成电路的设计和制造装配技术。

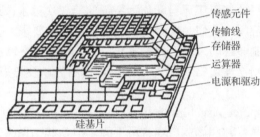

图 3-64　一体化硅压阻式智能压力传感器

习题与思考三

1. 简述检测自动化技术的地位、作用和内容，以及检测过程自动化常用传感器及分类。
2. 常用温度传感器、液位传感器、物位传感器、浓度传感器、流量传感器主要有哪些？
3. 什么是金属导体的应变效应？电阻应变片由哪几部分组成？各部分的作用是什么？
4. 简述位移传感器的分类、差动变压器传感器的基本工作原理。
5. 简述光栅数字传感器的分类及其各自用途。
6. 简述压电加速度传感器的基本工作原理，并举例说明其应用。
7. 简述位置传感器的分类，举例说明其应用。
8. 一变极型电容传感器，其圆形极板半径 $r = 6\text{mm}$，工作台间隙 $\delta_0 = 0.3\text{mm}$。

(1) 工作时，如果传感器与工件的间隙变化量 $\Delta\delta = \pm 2\mu\text{m}$，那么电容变化量是多少？

(2) 如果测量电路的灵敏度 $S_1 = 1000\text{mV/pF}$，仪表的灵敏度 $S_2 = 5$ 格/mV，在 $\Delta\delta = \pm 2\mu\text{m}$ 时，读数仪表的指示变化多少格？

第4章 计算机视觉检测技术

4.1 概　　述

目前世界制造业正在经历着以工厂自动化为特征的第三次技术改造。随着自动化制造、智能制造等技术的逐步推广应用，人们对检测技术提出了更高的要求，因为自动化、智能化制造系统要实现其功能，必须能够自动采集工作对象和自身的状态信息。在高度自动化、智能化的制造系统中，不但需要检测物理量信息（尺寸、速度、作用力以及扭矩等数据），而且需要检测图像信息。

计算机视觉检测（Computer Visual Inspection，CVI）技术，也有的称机械视觉检测技术和自动光学检测技术等；虽然其名称和涵盖内容有所不同，但是其工作原理和应用内容基本相同；为了介绍方便以下统称为计算机视觉检测技术。它以计算机视觉理论方法为基础，综合运用图像处理、精密测量以及模式识别、人工智能等非接触检测技术方法，实现对物体的尺寸、位置、形貌等测量。同时，计算机视觉检测具有在线、非接触、高效率、低成本、自动化、智能化等诸多优势，比较适合大批量、高速度制造过程的产品质量检测，以及机械、电子零部件、轻工业制品乃至汽车等工业产品的形位尺寸、表面质量等信息数据的检测。

计算机视觉检测是利用图像传感器模拟眼睛的功能，从外界环境中获取图像，并传输到计算机中，计算机根据先验知识和各种计算方法，从图像或图像序列中提取有用信息并对信息进行加工和推理、识别；然后对三维物体进行形态和运动识别，并根据不同的检测物进行判断和决策。表4-1和表4-2对计算机视觉与人的视觉进行了对比。

表4-1　计算机视觉与人的视觉能力比较

序号	比较项	计算机视觉	人的视觉
1	测距	能力非常局限	定量估计
2	定方向	定量计算	定量估计
3	运动分析	定量分析，但受限制	定量分析
4	检测边界区域	对噪声比较敏感	定量、定性分析
5	图像形状	受分割、噪声制约	高度发达
6	图像机构	需要专用软件，能力有限	高度发达
7	阴影	初级水平	高度发达
8	二维解释	对分割完善的目标能较好解释	高度发达
9	三维解释	非常低级	高度发达
小结	总的能力	最适合于结构环境的定量测量	最适合于复杂的、非结构化环境的定量解释

表 4-2　计算机视觉与人的视觉性能标准的比较

性能	计算机视觉	人的视觉
分辨速度	能力非常局限	定量估计,能力分辨率高
处理速度	每帧图像零点几秒	定量估计
处理方式	串行处理,部分并行处理	每只眼睛每秒处理(实时)1010 空间数据
视觉功能	二维、三维立体视觉很难	自然形式二维立体视觉
感光范围	紫外、红外、可见光	可见光

从表 4-1 和表 4-2 中的对比可以看出,为了实现计算机视觉对人类视觉功能的模拟,亟待解决的问题是计算机视觉的处理速度和精度问题,对视觉处理精度影响最大的就是噪声对视觉图像的影响。原始的图像在整个处理过程中在不同的阶段会不同程度地引入噪声,有些是在图像的采集过程、量化过程中产生的,从硬件上讲,光照条件、被检测物体的感光程度、图像传感器的选择,以及位置的布置对系统引入噪声的情况都有不同程度的影响,同时间接影响着系统的检测精度;有些是在图像处理的过程中产生的,从计算方法上讲,不同的计算方法不仅决定了系统处理的精度,同时在很大程度上决定了计算机视觉的检测速度。因此,一种或多种合理、有效的计算方法的引入对系统的性能起着决定性的作用。

1. 计算机视觉检测系统的组成

计算机视觉检测的基本原理是通过由计算机视觉系统得到的被测目标图像,并对其进行分析,从而得到所需要的测量信息,根据已有的先验知识和检测任务,判断被测目标是否符合规范。

在实际的生产中,尤其是大型的生产企业往往不仅仅包含一条生产线。因此,在实际的生产中,可以在每条生产线或装配线上安装一套计算机视觉检测子系统,并将其集成到系统的上层管理系统中。

由于计算机视觉检测具有较高的柔性,因此对实际应用来讲,视觉检测系统的管理和控制可以由整个生产系统的上层管理系统进行合理的调配。同时,视觉检测系统可以根据要求配置相应的控制系统。典型的计算机视觉检测系统组成如图 4-1 所示。

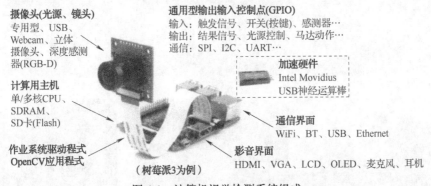

图 4-1　计算机视觉检测系统组成

由图 4-1 可以看出,计算机视觉检测系统主要由光源、图像传感器(图像采集卡、摄像机)、位置传感器、PLC 和用于视觉处理的计算机等组成。光源系统为图像传感器提供照明,由于不同的检测物体和检测目的,检测系统受光源光照强度的影响程度是不同的,因此光源的合理选择对整个视觉检测过程来讲具有非常重要的影响。摄像机即图像传感器用于捕获图像并通过图像采集卡传送到装有计算机视觉处理软件的计算机中。在计算机视觉检测处理过程中，为了简化图像量化过程、提高检测精度，被检测物体的定位是非常重要的。

2. 计算机视觉测量技术的应用

计算机视觉测量的应用领域可以分为两大块：科学研究和工业应用。其中，科学研究方面主要对运动和变化的规律做分析；工业应用方面主要是产品的在线检测。计算机视觉测量所能提供的标准检测功能主要有有/无判断、面积检测、方向检测、角度检测、尺寸测量、位置检测、数量检测、图形匹配、条形码识别、字符识别(OCR)、颜色识别等。随着计算机视觉测量技术的发展，视觉测量在军事、机械制造、半导体/电子、药品/化妆品包装、食品生产、车牌识别、安全检查、智能交通、农产品采摘/分选、纺织品质量检测、物流分拣等行业中得到了广泛的应用。计算机视觉测量典型应用实例如图 4-2(a)～(f) 所示。

其中，计算机视觉测量在汽车工业中的应用最为广泛，如图 4-2 所示。国外，美国三大汽车公司相继与美国密歇根大学和 Perceptron 公司合作，成功研制了用于对汽车零部件、分总成和总成组装过程的计算机视觉测量系统。国内，天津大学精密测试技术及仪器国家重点实验室成功研制了 IVECO 白车身激光视觉检测系统，一汽大众轿车白车身 100%在线视觉检测站及一汽解放新型卡车在线检测站等，实现了整车总成三维尺寸的自动在线测量。视觉测量技术在汽车零部件的尺寸检测上也得到了广泛应用。

将计算机视觉测量技术应用在机器人上，研究能够识别目标环境、随时精确跟踪轨迹并调整焊接参数的智能焊接机器人，如图 4-2 所示，已经成为焊接领域的重要发展趋势之一。借助红外摄像仪、CCD 摄像机、高速摄像机等图像传感设备及智能化的图像处理方法，智能焊接机器人可以完成诸如获取并处理强弧光及飞溅干扰下的焊缝图像，焊缝空间位置的检测与焊炬姿态的规划，实时提取焊接熔池特征参数，预测焊接组织、结构及性能等工作，实现人工难以直接作业的特殊场合的自动焊接。

(a)自动战车目标识别

(b)自动焊接焊缝识别

(c)零件安装位置自动检测

(d)电路板质量检测

(e)电子产品自动组装目标识别

(f)食品条码自动识别

图 4-2　计算机视觉测量典型应用实例

4.2　计算机视觉检测系统

计算机视觉检测系统通过处理器分析图像，并根据分析得出结论。现今计算机视觉检测系统有两种典型应用。计算机视觉检测系统一方面可以探测部件，由光学器件精确地观察目标并由处理器对部件合格与否做出有效的决定；另一方面计算机视觉检测系统可以用来创造部件，即运用复杂光学器件和软件相结合直接指导制造过程。

典型的计算机视觉检测系统一般包括如下部分：光源、镜头、摄像头、图像采集单元(或图像捕获卡)、图像处理软件、监视器、通信/输入输出单元等。

从计算机视觉检测系统的运行环境来看，可以分为 PC-BASED 系统和嵌入式系统。PC-BASED 系统利用了其开放性、高度的编程灵活性和良好的 Windows 界面，同时系统总体成本较低。一个完善的系统内应含高性能图像捕获卡，可以接多个摄像镜头；在配套软件方面，有多个层次，如 Windows 环境下 C/C++编程用 DLL，可视化控件 activeX 提供了 VB 和 VC++的图形化编程环境。典型的 PC-BASED 的计算机视觉检测系统通常由图 4-3 所示的光源及控制器、相机与镜头、图像采集及处理器和图像处理软件几部分组成。

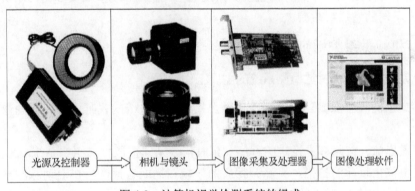

光源及控制器　→　相机与镜头　→　图像采集及处理器　→　图像处理软件

图 4-3　计算机视觉检测系统的组成

(1)工业相机与工业镜头——这部分属于成像器件，通常的视觉系统都是由一套或者多套这样的成像系统组成的，如果有多路相机，可能由图像卡切换来获取图像数据，也可能由同步控制同时获取多相机通道的数据。根据应用的需要，相机可能是输出标准的单色视频(RS-170/CCIR)、复合信号(Y/C)、RGB 信号，也可能是非标准的逐行扫描信号、线扫描信号、高分辨率信号等。

(2)光源——作为辅助成像器件，对成像质量的好坏往往能起到至关重要的作用，各种形状的 LED 灯、高频荧光灯、光纤卤素灯等都容易得到。

(3)传感器——通常以光纤开关、接近开关等的形式出现，用以判断被测对象的位置和状态告知图像传感器进行正确采集。

(4)图像采集卡——通常以插入卡的形式安装在 PC 中，图像采集卡的主要工作是把相机输出的图像输送给计算机主机。它将来自相机的模拟信号转化成一定格式的图像数据流，同时可以控制相机的一些参数，如触发信号、曝光/积分时间、快门速度等。图像采集卡通常有不同的硬件结构，针对不同类型的相机，同时也有不同的总线形式，如 PCI、PCI64、Compact PCI、PCI04、ISA 等。

(5)PC 平台——计算机是一个陀式视觉系统的核心，在这里完成图像数据处理部分的控制逻辑，对于检测类型的应用，通常都需要较高频率的 CPU，这样可以减少处理的时间。同时，为了减少工业现场电磁、振动、灰尘和温度等的干扰，必须选择工业级的计算机。

(6)视觉处理软件——机器视觉软件用来完成输入图像数据的处理，然后通过一定的运算得出结果，这个输出的结果可能是 PASS/FAIL 信号、坐标位置、字符串等。常见的机器视觉软件以 C/C++图像库、ActiveX 控件、图形式编程环境等形式出现，可以是专用功能(如仅仅用于 LCD 检测、BGA 检测、模版对准等)，也可以是通用目的的(包括定位+测量、条码/字符识别小斑点检测)。

(7)控制单元——包含 U 队运动控制、电平转化单元等，一旦视觉软件完成图像分析(除仅用于监控)，紧接着需要和外部单元进行通信，以完成对生产过程的控制。简单的控制可以直接利用部分图像采集卡自带的程序；相对复杂的逻辑/运动控制则必须依靠附加可编程逻辑控制单元/运动控制卡来实现必要的动作。

上述的 7 个部分是一个计算机视觉检测系统的基本组成部分，在实际的应用中针对不同的场合可能会有不同的增加或裁减。

4.2.1　计算机视觉系统相机的选型设计

1.　一个完整的计算机视觉检测系统的主要工作过程

(1)工件定位检测器探测到物体已经运动至接近摄像系统的视野中心，向图像采集部分发送触发脉冲。

(2)图像采集部分按照事先设定的程序和延时，分别向摄像机和照明系统发出启动脉冲。

(3)摄像机停止目前的扫描，重新开始新的一帧扫描或者摄像机在启动脉冲未到之前处于等待状态，启动脉冲到来后启动一帧扫描。

(4)摄像机开始新的一帧扫描之前打开曝光机构，曝光时间可事先设定。

(5)另一个启动脉冲打开灯光照明，灯光的开启时间应该与摄像机的曝光时间匹配。

(6)摄像机曝光后，正式开始一帧图像的扫描和输出。

(7)图像采集部分接收模拟视频信号，并通过 A/D 将其数字化，或者是直接接收摄像机数字化后的数字视频数据。

(8)图像采集部分将数字图像存放在处理器或计算机的内存中。

(9)处理器对图像进行处理、分析、识别，获得测量结果或逻辑控制值。

(10)处理结果控制流水线的动作、进行定位、纠正运动的误差等。

图 4-4 是工程应用上的典型的计算机视觉检测系统。在流水线上，零件经过输送带到达触发器时，摄像单元立即打开照明(光源)，拍摄零件图像；随即图像数据被传递到处理器，处理器根据像素分布和亮度、颜色等信息，进行运算来抽取目标的特征(面积、长度、数量、位置等)；再根据预设的判据来输出结果(尺寸、角度、偏移量、个数、合格/不合格、有/无等)；通

过现场总线与 PLC 通信，指挥执行机构，弹出不合格产品。

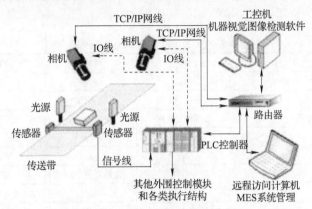

图 4-4 典型的计算机视觉检测系统

相机是计算机视觉系统中的核心部件。相机根据功能和应用领域可分为工业相机、可变焦工业相机和原始设备制造商(Original Equiment Manufacture，OEM)工业相机。

工业相机可根据数据接口分为 USB2.0、1394 Fire Wire 和 GigE(千兆以太网)三类，其中每一类都可根据色彩分为黑白、彩色及拜尔(彩色但不带红外滤镜)三种机型；每种机型的分辨率都有 640×480ppi、1024×768ppi 和 1280×960ppi 等多个级别；每个级别中又可分为普通型、带外触发和数字 I/O 接口三类。值得一提的是，部分机型带有自适应光圈，这一功能使得相机在光线变化的照明条件下输出质量稳定的图像成为可能。

可变焦工业相机，也称自动聚焦相机，其分类相对简单，只有黑白、彩色及拜尔三大类。该系列相机可通过控制软件，调节内置电动镜头组的焦距，而且该镜头组还可在自动模式下根据目标的移动而自动调节焦距，使得相机对目标物体的成像处于最佳质量。与工业相机类似，可变焦工业相机中也有部分款型提供外触发与 I/O 接口，供用户自行编程使用。

OEM 工业相机在分类方法上与普通工业相机基本相同，最大的区别在于 OEM 相机的编号中已含有可变焦工业相机的 OEM 型号。

2. 相机的分类

1) 按芯片技术分类

感光芯片是相机的核心部件，目前相机常用的感光芯片有 CCD 芯片和 CMOS 芯片两种。工业相机也可分为如下两类。

(1)CCD 相机。CCD 是 Charge Coupled Device(电荷耦合器件)的缩写，CCD 是一种半导体器件，能够把光学影像转化为数字信号。CCD 上植入的微小光敏物质称为像素(Pixel)。一块 CCD 上包含的像素数越多，其提供的画面分辨率也就越高。CCD 的作用就像胶片一样，但它是把图像像素转换成数字信号。

(2)CMOS 相机。CMOS 是 Complementary Metal-Oxide-Semiconductor Transistor(互补金属氧化物半导体)的缩写，CMOS 实际上是将晶体管放在硅块上的技术。

CCD 与 CMOS 的主要差异在于将光转换为电信号的方式。对于 CCD 传感器，光照射到像元上，像元产生电荷，电荷通过少量的输出电极传输并转化为电流、缓冲信号输出。对于 CMOS

传感器，每个像元自己完成电荷到电压的转换，同时产生数字信号。CCD 与 CMOS 的大致参数对比如表 4-3 所示。

表 4-3　CCD 与 CMOS 的参数比较

特点	CCD	CMOS	性能	CCD	CMOS
输出的像素信号	电荷包	电压	回应度	高	中
芯片输出的信号	电压（模拟）	数据位（数字）	动态范围	高	中
相机输出的信号	数据位（数字）	数据位（数字）	一致性	高	中到高
填充因子	高	中	快门一致性	快速，一致	较差
放大器适配性	不涉及	中	速度	中到高	更高
系统噪声	低	中到高	图像开窗功能	有限	非常好
系统复杂度	高	低	抗拖影性能	高(可达到无拖影)	高
芯片复杂度	低	高	时钟控制	多时钟	单时钟
相机组件	PCB+多芯片+镜头	单芯片+镜头	工作电压	较高	较低

人眼能看到 1Lux 照度[Luminosity，指物体被照亮的程度，采用单位面积所接收的光通量来表示，单位为勒(克斯)(Lux,lx)]以下的目标，CCD 传感器通常能看到照度范围在 0.1～3Lux，是 CMOS 传感器感光度的 3～10 倍，目前一般 CCD 相机的图像质量要优于 CMOS 相机。

CMOS 可以将光敏元件、放大器、MD 转换器、存储器、数字信号处理器和计算机接口控制电路集成在一块硅片上，具有结构简单、处理功能多、速度快、耗电低、成本低等特点。

近年来，生产的"有源像敏单元"结构的 CMOS 相机，不仅有光敏元件和像敏单元的寻址开关，而且有信号放大和处理等电路，能提高光电灵敏度，减小噪声，扩大动态范围，而在功能、功耗、尺寸和价格方面要优于 CCD 相机。CMOS 传感器可以做得很大并有和 CCD 传感器同样的感光度。CMOS 传感器对于高帧相机非常有用，高帧速度能达到 400～100000 帧/s。

2) 按输出图像信号格式分类

(1) 模拟相机。

模拟相机所输出的信号形式为标准的模拟量视频信号，需要配专用的图像采集卡才能转化为计算机可以处理的数字信息。模拟相机一般用于电视摄像和监控领域，具有通用性好、成本低的特点，但分辨率较低、采集速度慢，而在图像传输中容易受到噪声干扰，导致图像质量下降，所以只能用于对图像质量要求不高的计算机视觉系统。

(2) 数字相机。

数字相机是在内部集成 A/D 转换电路，可以直接将模拟量的图像信号转化为数字信息，不仅有效避免了图像传输线路中的干扰问题，而且由于摆脱了标准视频信号格式的制约，对外的信号输出使用更加高速和灵活的数字信号传输协议，可以做成各种分辨率的形式，出现了目前数字相机百花齐放的形势。

3) 按像元排列方式分类

相机不仅可以根据传感器技术进行区分，还可以根据传感器架构进行区分。主要有两种传感器架构：面扫描和线扫描。面扫描相机通常用于输出直接在监视器上显示的场合；场景包含在传感器分辨率内；运动物体用频闪照明；图像用一个事件触发采集(或条件的组合)。

线扫描相机用于连续运动物体成像或需要连续的高分辨率成像的场合。线扫描相机主要用于对连续产品进行成像，如纺织、纸张、玻璃、钢板等。

（1）面阵相机。

面阵相机是常见的形式，其像元是按行列整齐排列的，每个像元对应图像上的一个像素点，一般所说的分辨率就是指像元的个数。面阵 CCD 相机是一种采取面阵 CCD 作为图像传感器的数码相机。面阵 CCD 是一块集成电路，如图 4-5 所示。常见的面阵 CCD 芯片尺寸有 1/2in、1/3in、2/3in、1/4in 和 1/5in 五种（注：lin=0.0254m）。

(a)工业相机　　　　　　　　(b)面阵相机　　　　　　　　(c)线阵相机

图 4-5　计算机视觉测量系统

面阵 CCD 相机由并行浮点寄存器、串行浮点寄存器和信号输出放大器组成。面阵图像传感器三色矩阵排列分布，形成一个矩阵平面，拍摄影像时大量传感器同时瞬间捕捉影像，且一次曝光完成。因此，这类相机拍摄速度快，对所拍摄景物及光照条件无特殊要求。面阵相机所拍摄的景物范围很广，无论是移动的还是静止的都能拍摄。

（2）线阵相机。

线阵相机是一种比较特殊的形式，其像元是一维线状排列的，即只有一行像元，每次只能采集一行的图像数据，只有当相机与被摄物体在纵向相对运动时才能得到平常看到的二维图像。所以，在计算机视觉系统中一般用于被测物连续运动的场合，尤其适合于运动速度较快、分辨率要求较高的情况。

线阵 CCD 相机也称作扫描式相机。与面阵 CCD 相机不同，这种相机采用线阵 CCD 作为图像传感器。在拍摄景物时，线阵 CCD 要对所拍摄景象进行逐行的扫描，三条平行的线状 CCD 分别对应记录红、绿、蓝三色信息。在每一条线状 CCD 上都嵌有滤光器，由每一个滤光器分离出相应的原色，然后由 CCD 同时捕获所有三色信息，最后将逐行像素进行组合，从而生成最终拍摄的影像。

3.　相机的主要特性参数

选择合适的相机也是计算机视觉系统设计中的重要环节，相机不仅直接决定所采集到的图像分辨率、图像质量等，同时与整个系统的运行模式相关。通常相机的主要特性参数有以下几种。

（1）分辨率：分辨率是相机最为重要的性能参数，主要用于衡量相机对物象中明暗细节的分辨能力。相机每次采集图像的像素点数，对于数字相机而言一般是直接与光电传感器的像元数对应的，对于模拟相机而言则是取决于视频制式。

相机分辨率的高低，取决于相机中 CCD 芯片上的像素多少，通过把更多的像素紧密地排放在一起，就可以得到更好的图像细节。分辨率的度量是用每英寸点来表示的，它控制着图像的每 2.54cm（1in）中含有多少点的数量。就同类相机而言，分辨率越高，相机的档次越高。但并非分辨率越高越好，这需要仔细权衡得失。因为图像分辨率越高，生成的图像文件越大，图像计算机处理速度、内存和硬盘的容量要求越高。

总之，仅仅依靠百万像素的高分辨率还不能保证最佳的画质。画质与效能高级的镜头性能、自动曝光性能、自动对焦性能等多种因素密切相关。

(2)最大帧率(Frame Rate)/行频(Line Rate)：相机采集传输图像的速率，对于面阵相机一般为每秒采集的帧数(Frames/s)，对于线阵相机为每秒采集的行数(Hz)。通常一个系统要根据被测物运动速度、大小、视场的大小、测量精度计算而得出需要什么速度的相机。

(3)曝光方式(Exposure)和快门速度(Shutter)：对于线阵相机都是逐行曝光的方式，可以选择固定行频和外触发同步的采集方式，曝光时间可以与行周期一致，也可以设定一个固定的时间；面阵相机有帧曝光、场曝光和滚动行曝光等几种常见方式，数字相机一般都提供外触发采图的功能。快门速度一般可到1/500s，高速相机还可以更快。

(4)像素深度(Pixel Depth)：每一个像素数据的位数一般常用的是8Bit，对于数字相机一般还会有10Bit、12Bit等。

(5)固定图像噪声(Fixed Pattern Noise)：固定图像噪声是指不随像素点的空间坐标改变的噪声，其中主要的是暗电流噪声。暗电流噪声是由光电二极管的转移栅的不一致性而产生不一致的电流偏置，从而引起噪声。

(6)动态范围：相机的动态范围表明相机探测光信号的范围，动态范围可用两种方法界定，一种是光学动态范围，指饱和时最大光强与等价于噪声输出的光强度的比值，由芯片特性决定；另一种是电子动态范围，指饱和电压和噪声电压之间的比值。

(7)光学接口：光学接口是指相机与镜头之间的接口，常用的镜头接口有 C 口、CS 口和 F 口。表 4-4 提供了关于镜头安装及后截距的信息。相机的响应范围是 350~1000nm，一些相机在靶面前加了一个滤镜，滤除红外光线，如果系统需要对红外感光时可去掉该滤镜。

表4-4　光学接口比较

界面类型	后截距	界面
C 口	17.526mm	螺口
CS 口	12.5mm	螺口
F 口	46.5mm	卡扣

4. 镜头选择

光学镜头是视觉测量系统的关键设备，在选择镜头时需要考虑多方面的因素。

(1)镜头的成像尺寸应大于或等于摄像机芯片尺寸。

(2)考虑环境照度的变化。对于照度变化不明显的环境，选择手动光圈镜头；如果照度变化较大，则选用自动光圈镜头。

(3)选用合适的镜头焦距。焦距越大，工作距离越远，水平视角越小，视场越窄。确定焦距的步骤为：先明确系统的分辨率，结合 CCD 芯片尺寸确定光学倍率；再结合空间结构确定大概的工作距离，进一步按照式(4-1)估算镜头的焦距。

$$M = \frac{f}{d_W} = \frac{NA'}{NA} \tag{4-1}$$

式中，f 为焦距；d_W 为摄像距离；NA 为物方数值孔径；NA' 为像方数值孔径。

物方孔径角和折射率分别为 $2J$ 和 $J/2$，物方孔径角和折射率分别为 n 和 μ，像方孔径角和折射率分别为 u' 和 n'，则物方和像方的数值孔径分别表示为

$$NA = n\sin u \tag{4-2}$$

$$NA' = n'\sin u' \tag{4-3}$$

① 成像过程中需要改变放大倍率，所以采用变焦镜头，否则采用定焦镜头，并根据被测目标的状态应优先选用定焦镜头。

② 接口类型互相匹配。CS 型镜头与 C 型摄像机无法配合使用；C 型镜头与 CS 型摄像机配合使用时，需在二者之间增加 C/CS 转接环。

③ 特殊要求优先考虑。结合实际应用特点，可能会有特殊要求，如是否有测量功能、是否需要使用远心镜头、成像的景深是否很大等。视觉测量中，常选用物方远心镜头，其景深大、焦距固定、畸变小，可获得比较高的测量精度。

例 4-1 为硬币成像系统选配镜头，约束条件有：CCD 靶面尺寸为 2/3in，像素尺寸为 4.65m，C 型接口，工作距离大于 200mm，系统分辨率为 0.05mm，白色 LED 光源。

基本分析过程如下：

(1)与白光 LED 光源配合使用，镜头应是可见光波段。没有变焦要求，选择定焦镜头。

(2)用于工业检测，具有测量功能，要求所选镜头的畸变要小。

(3)焦距计算：

成像系统的光学倍率为 $\quad M = 4.65 \times 10^{-3} / 0.05 = 0.093$

焦距为 $\quad f' = d_W \times M = 200 \times 0.093 = 18.6 \text{(mm)}$

工作距离要求大于 200mm，则选择的镜头焦距应该大于 18.6mm。

① 选择镜头的像面应该不小于 CCD 靶面尺寸，即至少为 2/3in。

② 镜头接口要求 C 型接口，能配合 CCD 相机使用的光圈。

从以上分析计算可以初步得出这个镜头的大概轮廓为：焦距大于 18.6mm，光波段，C 型接口，至少能配合 2/3inCCD 使用，而且成像畸变要小。

4.2.2 图像采集卡的选型设计

1. 图像采集卡

图像采集卡(Image Grabber)又称为图像卡，它将摄像机的图像视频信号以帧为单位，送到计算机的内存和 VGA 帧存，供计算机处理、存储、显示和传输等使用。在视觉系统中，图像采集卡采集到的图像，供处理器做出工件是否合格、运动物体的运动偏差量、缺陷所在的位置等处理。图像采集卡是计算机视觉系统的重要组成部分，如图 4-6 所示。图像经过采样、量化以后转换为数字图像并输入、存储到帧存储器的过程，就称为采集。

图像采集卡是用来采集 DV 或其他视频信号到计算机里进行编辑、刻录的板卡硬件。图像采集卡是图像采集部分和图像处理部分的接口。另外，图像采集卡还提供数字 I/O 的功能。

一般图像采集卡和其他的 1394 卡差不多，都是一块芯片，连接在台式机的 PCI(Peripheral Compunent Interconnect)扩展槽上，即显卡旁边的插槽，经过高速 PCI 总线能够直接采集图像到 VGA 显存或主机系统内存，不仅可以使图像直接采集到 VGA，实现单屏工作方式，而且可

以利用 PC 内存的可扩展性，实现所需数量的序列图像逐帧连续采集，进行序列图像处理分析。此外，由于图像可直接采集到主机内存，图像处理可直接在内存中进行，因此图像处理的速度随 CPU 速度的不断提高而得到提高，进而使得对主机内存的图像进行并行实时处理成为可能。

图 4-6　图像采集卡

通过视频采集卡，就可以把摄像机拍摄的视频信号从摄像带上转存到计算机中，利用相关的视频编辑软件，对数字化的视频信号进行后期编辑处理，如剪切画面、添加滤镜、字幕和音效、设置转场效果以及加入各种视频特效等，最后将编辑完成的视频信号转换成标准的 VCD、DVD 以及网上流媒体等格式，方便传播和保存。

2. 图像采集卡的基本原理与技术参数

图像采集卡的种类很多，并且其特性、尺寸及类型各不相同，但其基本结构大致相同。图 4-7 为图像采集卡的基本组成，每一部分用于完成特定的任务。下面介绍各个部分的主要构成及功能。其中，相机视频信号由多路分配器色度滤波器输入。

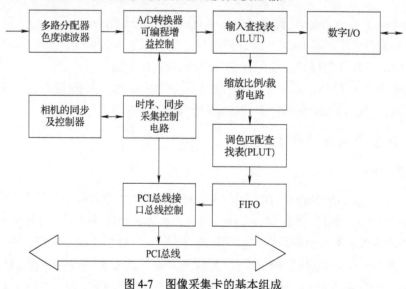

图 4-7　图像采集卡的基本组成

1) 图像传输格式

格式是视频编辑最重要的一种参数，图像采集卡需要支持系统中摄像机所采用的输出信号格式。大多数摄像机采用 RS-422 或 EIA644(LVDS) 作为输出信号格式。在数字相机中，IEEE1394、USB2.0 和 CameraLink 几种图像传输形式则得到了广泛应用。

2) 图像格式(像素格式)

(1)黑白图像：通常情况下，图像灰度等级可分为 256 级，即以 8 位表示。在对图像灰度有更精确要求时，可用 10 位、12 位等来表示。

(2)彩色图像：彩色图像可由 RGB(YUV)三种色彩组合而成，根据其亮度级别的不同有 8-8-8、10-10-10 等格式。

3) 传输通道数

当摄像机以较高速率拍摄高分辨率图像时，会产生很高的输出速率，这一般需要多路信号同时输出，图像采集卡应能支持多路输入。一般情况下，有 1 路、2 路、4 路、8 路等输入。随着科技的不断发展和行业的不断需求，路数更多的图像采集卡也不断涌现出来。

4) 分辨率

图像采集卡能支持的最大点阵反映了其分辨率的性能。一般图像采集卡能支持 768K×576K 点阵，而性能优异的图像采集卡支持的最大点阵可达 64K×64K。单行最大点数和单帧最大行数也可反映图像采集卡的分辨率性能。一种新型的三维图像采集卡能达到 1920ppi×1080ppi 的分辨率。

5) 采样频率

采样频率反映了图像采集卡处理图像的速度和能力。在进行高度图像采集时，需要注意图像采集卡的采样频率是否满足要求。高档的图像采集卡的采样频率可达 65MHz。

6) 传输速率

主流图像采集卡与主板间都采用 PCI 接口，其理论传输速度为 132Mbit/s。

4.2.3 图像数据的传输

计算机视觉是一门综合性很强的学科，在具体工程应用中，其整体性能的好坏由多方面因素决定，其中信号传输方式就是一项很重要的因素。图像数据的传输方式可分为以下两种。

1. 模拟(Analog)传输方式

如图 4-8 所示，首先相机得到图像的数字信号，再通过模拟方式传输给采集卡，而采集卡再经过 A/D 转换得到离散的数字图像信息。RS-170(美国)与 CCIR(欧洲)是目前模拟传输的两种串口标准。模拟传输目前存在两大问题：信号干扰大和传输速度受限。因此，目前机器视觉信号传输正朝着数字化的传输方向发展。

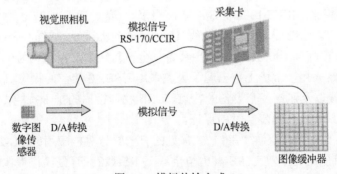

图 4-8　模拟传输方式

2. 数字化(Digital)传输方式

如图4-9所示，是将图像采集卡集成到相机上。由相机得到的模拟信号先经过图像采集卡转换为数字信号，再进行传输。

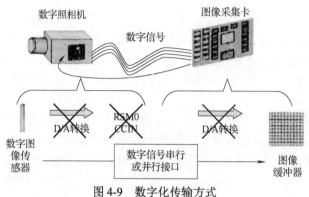

图4-9　数字化传输方式

归纳起来，图像数据传输的具体方式一般有以下几种。

(1)PCI总线和PC104总线。PCI总线是计算机的一种标准总线，是目前PC中使用最为广泛的接口。PCI总线的地址总线与数据总线是分时复用的。这样做，一方面可以节省接插件的引脚数，另一方面便于实现突发数据的传输。

(2)CameraLink通信接口。CameraLink标准规范了数字摄像机和图像采集卡之间的接口，采用了统一的物理接插件和线缆定义。只要是符合CameraLink标准的摄像机和图像采集卡就可以物理上互连。CameraLink标准中包含Base、Medium和Full三个规范，但都使用统一的线缆和接插件。CameraLinkBase使用4个数据通道，Medium使用8个数据通道，Full使用12个数据通道。CameraLink标准支持最高数据传输率可达680Mbit/s。CameraLink标准还提供了一个双向串行通信连接。

(3)IEEE 1394通信接口。IEEE 1394是一种与平台无关的串行通信协议，标准速度分为100Mbit/s、200Mbit/s和400Mbit/s，是IEEE于1995年正式制定的总线标准。目前，1394商业联盟正在负责对它进行改进，未来速度将提升至800Mbit/s、1Gbit/s和1.6Gbit/s这三个档次。与EIA、USB接口相比，IEEE 1394的速度要高得多，所以IEEE 1394也称为高速串行总线。

(4)USB2.0接口。USB是通用串行总线(Universal Serial Bus)的缩写，USB2.0通信速度由USB1.1的12Mbit/s提高到480Mbit/s，初步具备了全速传输数字视频信号的能力。目前已经在各类外部设备中广泛采用，市场上也出现了大量采用USB2.0接口的摄像机。USB接口具有接口简单、支持热插拔以及连接多个设备的特点。USB物理接口的抗干扰能力较差，体系结构中存在复杂的主从关系，没有同步实时的保证。

(5)串行接口。串行接口又称"串口"，常见的有一般计算机应用的RS-232(使用25针或9针连接器)和工控机应用的半双工RS-485与全双工RS-422。有些模拟摄像机提供串行接口，用来修改内部参数和对镜头进行变焦、调节光圈等操作，弥补了模拟摄像机不可远程自动控制的缺点。而对于数字摄像机，这些操作直接通过采集信道上的控制命令来完成。

4.2.4　光源的种类与选型设计

1. 光源的特征

计算机视觉系统的核心是图像采集和处理。所有信息均来源于图像之中，图像本身的质量对整个视觉系统极为关键。而光源则是影响计算机视觉系统图像质量的重要因素，照明对输入数据的影响至少占到30%。选择计算机视觉光源时应该考虑以下主要特性。

1) 亮度

当选择两种光源时，最佳的选择是选择更亮的那个。当光源不够亮时，可能有三种不好的情况出现：①相机的信噪比不够，由于光源的亮度不够，图像的对比度必然不够，在图像上出现噪声的可能性也随即增大；②光源的亮度不够，必然要加大光圈，从而减小了景深；③当光源的亮度不够时，自然光等随机光对系统的影响最大。

2) 光源均匀性

不均匀的光会造成不均匀的反射。均匀关系到三个方面：①对于视野，在摄像头视野范围内应该是均匀的；②不均匀的光会使视野范围内部分区域的光比其他区域多，从而造成物体表面反射不均匀；③均匀的光源会补偿物体表面的角度变化，即使物体表面的几何形状不同，光源在各部分的反射也是均匀的。

3) 光谱特征

光源的颜色及测量物体表面的颜色决定了反射到摄像头的光能的大小及波长。白光或某种特殊的光谱在提取其他颜色的特征信息时可能是比较重要的因素。分析多颜色特征时，并且在选择光源时，色温是一个比较重要的因素。

4) 寿命特性

光源一般需要持续使用。为使图像处理保持一致的精确，视觉系统必须保证长时间获得稳定一致的图像。配合专用控制器，可大幅降低光源的工作温度，其寿命可延长数倍。

5) 对比度

对比度对计算机视觉来说非常重要。计算机视觉应用的照明的最重要的任务就是使需要被观察的图像特征与需要被忽略的图像特征之间产生最大的对比度，从而易于特征的区分。对比度定义为在特征与其周围的区域之间有足够的灰度量区别。

2. 光源的种类

在计算机视觉系统中，适当的光源照明设计，不仅可使图像中的目标信息与背景信息得到最佳分离，还可以大大降低图像处理算法分割、识别的难度，同时提高系统的定位、测量精度，使系统的可靠性和综合性能得到提高；反之，如果光源设计不当，会导致在图像处理算法设计和成像系统设计中事倍功半。因此，光源及光学系统设计的成败是决定系统成败的首要因素。在计算机视觉系统中，光源的作用至少有以下几种。

(1) 可以照亮目标，提高目标亮度。

(2) 形成最有利于图像处理的成像效果。

(3) 克服环境光干扰，保证图像的稳定性。

(4) 用作测量的工具或参照。

视觉测量系统中常见照明光源的类型及其特点与应用如表 4-5 所示。

表 4-5 常见照明光源的类型及其特点与应用

类型	外形	特点	应用	应用示例
环形光源		光线与摄像机光轴近似平行，均衡、无闪烁，无阴影	工业显微、线路板照明、晶片及工件检测、视觉定位等，如电路板检测	
低角度环形光源		光线与摄像机光轴垂直或接近90°，为反光物体提供360°无反光照明，光照均匀，适用于轻微不平坦表面	高反射材料表面、晶片玻璃划痕及污垢、刻印字符、圆形工件边缘、瓶口缺损等检测	
均匀背景光源		背光照明，突出物体的外形轮廓特征，低发热量，光线均匀，无闪烁	轮廓检测、尺寸测量、透明物体缺陷检测等，如外形检测	
条形光源		用较大被检测物体表面照明亮度和安装角度可调、均衡、无闪烁	金属表面裂缝检测、胶片和纸张包装破损检测、定位标记检测等，如条码检测	PDF417
碗状光源		具有积分效果的半球面内壁均匀反射，发射出光线，使图像均匀	透明物体内部或立体表面检测(玻璃瓶、滚珠、不平整表面、焊接检测)等	
同轴光源		光线与摄像机光轴平行且同轴，可消除因物体表面不平整而引起影响	反射度高的物体(金属、玻璃、胶片、晶片等)表面划伤检测等	

通常，光源可以定义为：能够产生光辐射的辐射源。光源一般可分为自然光源和人工光源。自然光源，如天体(地球、太阳、星体)产生的光源；人工光源是人为地将各种形式的能量(热能、电能、化学能)转化成光辐射的器件，其中利用电能产生光辐射的器件称为电光源。

3. 照明方式选择

光束照射到被测表面后，根据被测表面粗糙度的不同会发生镜面反射、方向散射和均匀散射三种现象。其中，镜面反射服从镜面反射定律，随着表面粗糙度和起伏程度的增加，其能量在空间的分布将发生变化；方向散射发生在光线波长与表面粗糙度投影尺寸可比拟的情况下，散射光在空间中的能量分布为非均匀分布，在某一个空间角内具有能量分布的最大值；均匀散射即朗伯散射，在反射面以上的半空间球面中，每个角度方向上的发光强度都相等，可用双向散射分布函数(BSDF)来表述。光线反射及散射过程不仅与表面微观纹理高度概率密度函数、方均根高度、方均根斜率和功率谱密度等粗糙度参数有关，还受到表面光洁度和缺陷等表面微观几何尺度上峰谷起伏对光线传播遮挡的影响，即阴影效应。根据光的散射特性，针对不同的表面缺陷，产生了不同的光源照明技术，分别为同轴、明场、暗场、漫反射、背光等照明检测技术。

如图 4-10 所示，在明场照明成像方式中，相机位于入射光的正对面，大部分光线进入相机。如果表面是完美的漫反射表面，则相机成像的是均匀的明亮图像。当被成像区域有缺陷时，反射光将在其他方向上散射，相机成像在明亮背景中产生暗点。相反，对于暗场照明成像，相机远离镜面反射方向，如果表面是镜面，进入相机的散射光非常微弱，相机抓取的是暗灰色图像。但是，如果照明区域存在缺陷，入射光在缺陷处向各个方向散射，相机拍摄的图像出现明亮的缺陷标记。明场照明常用于检测粗糙表面的缺陷，暗场照明常用于镜面检测，如检测光学表面的划痕。背光照明光源和相机位于被测产品的两侧，光线穿透被测物进入相机，如果被测物不透光，就会产生投影，形成高对比度和清晰的轮廓。背光照明主要用于检测不透明物体的外围轮廓特征，以及透明物体内部气泡、杂质异物等。漫反射照明是照明光线从不同角度方向照明被测表面，用于压制表面纹理、皱褶可能在相机像面上形成阴影干扰，帮助均化背景表面的亮度。

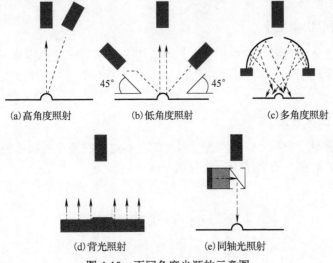

图 4-10　不同角度光源的示意图

在计算机视觉检测系统中，表面法线方向、相机光轴方向、照明入射光线方向之间的角度分布会明显地影响相机对缺陷信息的灵敏度与分辨能力，只有合理布置这些角度关系才能在相机获取的图像中得到所需的目标信息，并且能够抑制背景噪声、增强缺陷信号的信噪比。如何确定它们之间的关系，需要很强的实践经验，并且需要进行大量的试验验证。要得到符合要求的初步结果通常需遵从三个准则：最大化感兴趣特征的对比度、最小化不感兴趣特征(背景)的对比度和具有一个解决稳定性的方法。

4. 选择光源的颜色

考虑光源颜色和背景颜色，使用与被测物同色系的光会使图像变亮(如红光使红色物体更亮)；使用与被测物相反色系的光会使图像变暗(如红光使蓝色物体更暗)。例如，不同颜色光源效果示例如图 4-11 所示。

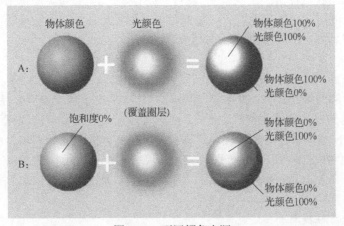

图 4-11　不同颜色光源

波长越长，穿透能力越强；波长越短，扩散能力越强。红外线的穿透能力强，适合检测透光性差的物体，如棕色玻璃瓶的杂质检测。紫外线对表面的细微特征敏感，适合检测对比不够明显的地方，如食用油瓶上的文字检测。

5. 选择光源的形状和尺寸

光源的形状主要分为圆形、方形和条形。通常情况下选用与被测物体形状相同的光源，最终光源形状以测试效果为准。对于光源的尺寸选择，要求保障整个视野内光线均匀，略大于视野为佳。

6. 选择是否用漫反射光源

如果被测物体表面反光，最好选用漫反射光源。多角度的漫反射照明使得被测物表面整体亮度均匀，图像背景柔和，检测特征不受背景干扰。

4.3　图像处理技术

计算机视觉检测技术是利用计算机模拟生物视觉功能，对环境信息进行识别和理解判断，完成测量、追踪、分类、识别等工作，其技术的主要核心部分就是图像处理分析算法。图像处理算法包括图像处理、空间几何、信息学、数理统计、人工智能等多个领域的内容，通过对图像灰度、色彩、梯度等信息的提取分析对图像中感兴趣的目标或区域进行高精度定量和半定量检测（如机械零部件的大小和形状测量、显微照片中的微小粒子个数测量等），或者是定性检测（如检查产品的外观、检查装配线上零部件的位置以及检测是否存在缺陷、装配是否完全等）。自动光学检测（AOI）中图像分析算法主要分为图像特征提取、图像分割、缺陷识别及分类、Blob分析这几个部分，对其中的每个部分都有学者进行深入的算法研究，包括对某个传统算法的改进或者提出全新的处理算法。

1. 图像特征提取

图像要素如边缘、棒、斑点和端点等组成的基元与目标实体之间有重要的联系，通过对图像中灰度变化的检测和定位得到的这些要素就构成图像的视觉特征。图像中的特征又可以分为不同的等级，包括低层次的关键点特征、边缘特征、形状特征，以及较高层次的纹理特征和统计特征等，从低层到高层的特征则表现为越来越抽象。

1）特征点提取

图像中的特征点是二维图像亮度变化剧烈的点或图像边缘曲线上曲率极大值的点，可以通过灰度图像以及轮廓曲线来提取。1999年，Moravec首次提出了利用灰度方差提取特征点。2004年，David Lowe进一步完善了此方法。此外，还有很多经典的特征点提取算法也一直在不断地改进中，如SUSAN角点算子、SURF角点算子等。在具体的工业检测项目中，特征点检测常常用于有规则几何形态标准件的识别、定位等，例如，利用印刷线路板中芯片元件的SURF（Speeded Up Robust Features）角点特征与颜色信息，通过最近邻法则寻找元件之间的匹配点对来进行元件匹配。

2）边缘及形状特征提取

边缘是很多常用图像处理算法的基础，图像边缘就是图像中目标待测物的边界，通常表现为与周围背景亮度上的差别，因此要检测目标物的边缘特征，实际上就是要检测目标边界上亮度级的阶梯变化。边缘亮度变化可以通过对灰度图像进行微分或者差分处理得到，如常用的 Roberts、Sobel、Prewitt 等一阶微分边缘检测算子，Marr-Hildreth、LOG（Laplacian of Gaussian）、Canny 等二阶微分边缘检测算子，以及分数阶微分边缘检测算子。除了利用微分差分提取边缘，Hough 变换、主动轮廓和均值漂移法（Mean Shift）等也常用于前景待测物的形状以及轮廓的检测提取。

3）局部纹理及统计特征提取

物体的材质、颜色、表面粗糙度等的不同会使得相同光照条件下的物体呈现出不同的纹理，具有一定的周期性、方向性、强度和密度等特性。图像的纹理通常是针对一定范围内的区域而不是单个像素而言，是图像局部灰度变化的某种模式，其可能存在一定规则，也可能是随机的。可以通过对局部区域的灰度分布或变换情况进行统计得到纹理特征，例如，Haralick 提出的灰度共生矩阵（GLCM）就是对不同灰度像素的空间分布关系建立矩阵，然后从中提取角二阶矩、惯性矩、熵、相关系数等统计量描述纹理；Abbadeni N 利用自协方差函数对心理学角度上更符合人类视觉感知的对比度、粗糙度、规整度等纹理属性进行估计；统计几何特征（SGF）通过统计纹理图像序列中连通区域几何属性得到 16 维的特征集；检测中广泛使用的 HOG 特征是通过统计图像局部区域的梯度方向直方图得到的；还有能得到灰度不变、旋转不变特征的局部二进制模式（LBP）算法等。另外，还可以通过图像频域分析得到纹理在频域空间的一些特性，如对图像进行傅里叶变换、Gabor 小波变换、计算能量谱等，之后再经过统计计算得到纹理特征。实际项目应用中纹理特征常用于纺织物、玻璃、铸件、轮胎等具有随机纹理表面的工业材料的状态检测，且通常需要分析待测物表面属性后采用多种特征提取算法相融合的方式得到更具代表性的特征。

2. 图像分割

图像分割是工业检测中最常用的图像处理方法，将目标和背景区分开是对目标进行识别检测和分析理解的前提与基础。目前图像分割方法大致可以分为三类。

（1）基于阈值：依据图像的灰度分布情况选择一个或多个灰度阈值，对图像逐像素地使用选择的阈值进行二值化操作，适用于目标和背景对比度较大的图像。常用的有自适应阈值法、最大类间方差法、最大熵法等全局阈值或局部阈值算法。

（2）基于边界：提取目标边界后沿着目标区域的封闭边界将目标分割出来，适合对边缘梯度大且噪声较小的目标进行分割。前面提及的主动轮廓模型、水平集模型等边缘特征提取算法常用于该类图像分割方法中。

（3）基于区域法：根据区域内纹理灰度等特征的相似性，合并相似区域而分割不相似区域，该类方法是以区域而不是像素为基础，因此对噪声有一定的容忍性。在基于区域的分割方法中常会用到聚类理论，即基于相似度对数据集进行划分并使划分结果具有最小的目标函数，用于图像分割时则是先将图像特征根据一定规则分为几个独立的特征空间，然后根据待分割区域的性质将其映射到相应的特征空间并对其标记后根据标记进行分割。

3. 缺陷识别及分类

缺陷识别及分类是整个自动光学检测系统中图像算法的主要目标。想要对实际中复杂的工业生产线上的产品进行质量检测及分类，就首先要确定图像中不同位置处分别是什么物体，然后才能对其进行质量检测。一幅图像中往往包含多个对象，而为了识别图像中以像素群为集合的某个特定对象时，首先要根据目标的属性用一个紧凑且有效的描述符来表达目标的实质，即对目标进行特征化。由于特征只包含使目标独一无二且于环境中不变的信息，因此特征的信息量比目标物本身携带的信息量要少。目标描述符常用上述提及的关键点、边界、区域纹理及统计特征，以及频率域等来表示，识别结果则完全取决于特定应用下对特定目标描述符的建立，从图像中提取特征描述符后再利用分类器进行学习，从而完成对其他相同特定目标的识别。常用的分类器有K近邻(KNN)分类器、支持向量机(SVM)分类器、最小距离(MD)法分类器、最大似然分类器(MLC)等。

表面缺陷(Surface Imperfection)是在加工、储存或使用期间，非故意或偶然生成的实际表面的单元体、成组的单元体和不规则体。在缺陷检测中，不同产品有不同的缺陷定义，对缺陷进行分类基本上都依据以下几个主要特征，即几何特征、灰度和颜色特征、纹理特征。

表面几何缺陷是工业产品表面最常见的缺陷类型，不同的产品和行业对缺陷的定义可能不同，常见的几何缺陷有亮点、暗点、针孔、凸起、凹坑、沟槽、擦痕和划痕等。

表面微观裂纹通常是材料在应力或环境(或两者同时)作用下产生的裂隙，裂纹分为微观裂纹和宏观裂纹，已经形成的微观裂纹和宏观裂纹在应力或环境(或两者同时)作用下，不断长大，扩展到一定程度，即造成材料的断裂。例如，液晶基板玻璃四周加工后容易使应力集中，产生微裂纹，导致运输和后续加工过程中发生延展。裂纹实际可归类为几何缺陷，将裂纹单独列为一类，主要是因为微观裂纹的检测通常非常困难，需要采取与常规的几何缺陷检测不同的方法。

4. Blob 分析

图像分割后需要对图像中的一块缺陷区域(即连通域)进行标记和 Blob 分析(Blob Analysis)。在计算机视觉中的 Blob 是指图像中的具有相似颜色、纹理等特征所组成的一块连通区域。缺陷的 Blob 分析即分析从背景中分割后缺陷的数量、位置、形状和方向等参数，还可以提供相关缺陷间的拓扑结构，以便后续对缺陷进行识别和分类处理。

1) 缺陷连通域 Blob 标记

缺陷连通域标记也称为缺陷连通域分析、区域标记、Blob 提取、局部区域提取等，即给图像中每个缺陷区域定义一个唯一的标识符，用以区分不同位置的缺陷，以便后续特征提取和分析。

2) 缺陷特征提取与 Blob 参数化

缺陷特征可分为几何特征、颜色特征、光谱特征和纹理特征等，特征选择与提取严重影响缺陷分类的准确性，特征的选择需要根据被检测表面的自身特点、光学成像方法和图像所代表的物理特性来确定。缺陷的特征可用 Blob 参数来表征，并形成特征向量供后续特征分类使用。对于大多数工业产品的表面缺陷检测，缺陷的各种特征中几何特征往往比颜色特征、纹理特征等更有用。

3) Blob 最小外接矩形的计算

在 Blob 分析中，最关键的是 Blob 区域外接矩形的计算，计算最小外接矩形有两种方法：旋转法和霍特林(Hotelling)变换。旋转法是将 Blob 的边界以每次若干角度的增量在 0°～90°旋转，每旋转一次，记录一次其坐标系方向上的外接矩形边界点(x,y)的最大值和最小值，旋转到某个角度后，外接矩形的面积达到最小，取面积最小的外接矩形参数为主轴意义下的长度和宽度。此外，主轴可以通过矩计算得到，也可以用求物体的最佳拟合直线的方法求出。霍特林变换也常称为主成分变换(PCA)或 K‑L 变换，其主要思想是用坐标系转换，求出样本的主轴和纵轴，然后找出这些主轴和纵轴方向的最大值与最小值，以旋转后的坐标系将样本用框标出，霍特林变换是在均方误差最小的意义下获得最佳变化，消除了旋转变化带来的影响。

习题与思考四

1. 简述计算机视觉检测系统基本原理及应用范围。
2. 简述典型的计算机视觉检测系统一般包括哪些部分。
3. 简述计算机视觉检测相机的分类、主要特性参数。
4. 简述图像采集卡的选型设计基本原则。
5. 简述图像数据的传输方式基本原理。
6. 简述光源的种类与选型设计基本原则。
7. 简述图像处理技术基本原理。

第5章　典型智能制造装备

5.1　概　　述

1. 智能制造装备的定义

现代机械系统已发展成为集光、机、电、磁、声、热、液、气、化学于一体的技术系统，是具有感知、分析、推理、决策功能的制造装备，是先进制造技术、信息技术和智能技术的集成和深入融合。

目前，国内外尚未对"智能制造装备"形成统一、严格的定义，不同国家、地区和不同学者给出了不同的定义和解释，归纳起来大致有如下几种定义或描述。

(1)智能装备系统是融合了光学、机械、电工与电子、软件及网络的综合性技术。

(2)智能装备系统是在现代光学技术、网络技术和机电一体化技术的基础上发展起来的一门新兴交叉学科，是综合光学、机械学、电子学、信息处理与控制等领域中先进技术的群体技术。

(3)智能装备系统是由精密机械技术、激光技术、微电子技术和计算机技术等有机结合而成的先进制造技术。

综上所述，智能制造装备可描述为：综合运用光学、机械学、电工与电子学、计算机技术、信息技术、网络技术、控制技术和系统科学等多学科知识和技术，根据系统功能目标和优化组织结构目标，合理配置与布局机械本体、执行机构、动力驱动单元、传感测试元件、控制元件，结合人工智能、先进制造、计算机等技术形成智能装备。

近年来，随着科学技术的发展，我国 2025 年国家重点发展规划中明确指出，我国今后制造装备发展的重点是推进高档数控机床与基础制造装备、自动化成套生产线、智能控制系统、精密和智能仪器仪表与试验设备的发展，实现生产过程自动化、智能化、精密化、绿色化，带动工业整体技术水平的提升。

2. 智能制造装备的特点

(1)随着智能制造装备的发展与应用，生产现场将实现数字化、少人化、无人化。

(2)工业机器人、机械手臂等智能设备的广泛应用，使工厂无人化制造成为可能。数控加工中心、智能工业机器人和三坐标测量仪及其他柔性制造单元，让"无人工厂"更加触手可及。

(3)生产数据可视化，利用大数据分析进行生产决策。当下信息技术渗透到了制造业的各个环节，条形码、二维码、RFID、工业传感器、工业自动控制系统、工业物联网、ERP、CAD/CAM/CAE/CAI 等技术广泛应用，数据也日益丰富，对数据的实时性要求也更高。这就要求企业顺应制造的趋势，利用大数据技术，实时纠偏，建立产品虚拟模型以模拟并优化生产流程，降低生产能耗与成本。

(4)生产设备网络化，实现车间"物联网"。物联网是指通过各种信息传感设备，实时采集任何需要监控、连接、互动的物体或过程等各种需要的信息，其目的是实现物与物、物与人，以及所有的物品与网络的连接，方便识别、管理和控制。

(5) 生产文档无纸化，实现高效、绿色制造。构建绿色制造体系，建设绿色工厂，实现生产洁净化、废物资源化、能源低碳化，是智能制造的重要战略之一。传统制造业，在生产过程中会产生繁多的纸质文件，不仅产生大量的浪费现象，也存在查找不便、共享困难、追踪耗时等问题。实现无纸化管理之后，工作人员在生产现场即可快速查询、浏览、下载所需要的生产信息，大幅提高纸质文档的传递效率，从而杜绝了文件、数据的丢失，进一步提高了生产准备效率和生产作业效率，实现绿色、无纸化生产。

(6) 生产过程透明化，建设智能工厂的"神经"系统。推进制造过程智能化，通过建设智能工厂，促进制造工艺的仿真优化、数字化控制、状态信息实时监测和自适应控制，进而实现整个过程的智能管控。在机械、汽车、航空、船舶、轻工、家用电器和电子信息等行业，企业建设智能工厂的模式为推进生产设备(生产线)智能化，目的是拓展产品价值空间，基于生产效率和产品效能的提升，实现价值增长。

3. 智能制造装备的发展趋势

智能制造贯穿于产品、装备、生产、管理和服务等环节，推动制造业朝着创新、协调、开发、共享的方向发展。智能制造是一种发展趋势，将成为衡量各国制造业竞争力的重要领域。为了适应全球发展新形势，美国、德国、英国、法国、日本以及我国都先后纷纷构建了各自国家的智能制造发展规划。

(1) 美国工业互联网装备。在美国智能制造设备的发展中，主要是促进工业互联网装备制造系统的研究和建立。2013 年，美国发布了有关智能制造装备开发的文件。

近年来，随着工业革命的发展，世界的制造工艺发展迅速。互联网的出现加速了世界信息的传播并促进了世界融合，工业互联网就融合了工业革命和网络技术的优势，使得工业制造业继续朝着数字化和智能化的方向发展。在建立工业互联网时，需要注意三点：智能制造设备、分析系统、操作人员。设备运行与智能系统之间的连接是通过智能设备实现的，可以提高设备运行的安全性和自主性。分析技术与机械系统之间的主要连接点是分析系统，它可以提高系统的整体分析能力。操作员需要在工作现场维护设备，以确保设备可以稳定高效地运行；一旦发生故障，操作员也可以尽快解决。

(2) 德国"工业 4.0"。德国的"工业 4.0"计划主要使用信息物理系统，这可以将德国智能制造装备行业从集中式生产转变为分散式生产。"工业 4.0"最终要建立一个数字化和智能化的制造模式，这种模式能够进一步促进德国传统制造业向现代智能产业的转变。

"工业 4.0"的关键是信息物理系统。信息物理系统是指基于网络技术和计算机技术的 3C 技术的融合，即将通信、计算和物理整合为三位一体。该系统可以有效提高制造业的生产效率，也可以保证系统的安全性、确定"工业 4.0"发展路线，对促进德国智能制造业的发展方向起到了重要的作用。

(3) 中国智能制造。中国意识到与其他国家的先进智能制造设备之间的差距以及制造业的重要性，先后发布了《中国制造 2025》《智能制造发展规划(2016—2020 年)》等相关政策，推进我国智能制造的发展。因此，近年来中国在智能制造行业的投资不断增加。随着中国智能制造产业研究的不断深入，以及中国在对德国和美国的发展经验总结的基础上，结合中国的基本国情，确定了中国未来智能制造产业发展的五个目标，即集成化、定制化、信息化、数字化和绿色化。集成化是指在制造过程中建立制造模型并提高制造效率；定制化是指向个性化和扁平化方向发展智能制造；信息化和数字化是指在实际开发中采用网络技术、传感器技术等先进技术；绿色化是指减少制造过程中污染的产生，实现中国智能制造的可持续发展。

综上所述，各个国家未来的科技发展取决于智能制造装备发展水平，我国在发展智能制造装备领域时，要结合当前智能制造装备领域的发展现状，总结其他国家的先进经验，再结合我国的实际国情，制定出属于我国的智能制造装备领域的发展路线和方针，使我国的科技水平得到不断的提高。

5.2　高档数控机床

5.2.1　国内外数控发展现状

数控机床和基础制造装备是装备制造业的工作母机，一个国家的机床行业技术水平和产品质量是衡量其装备制造业发展水平的重要标志。

机床作为当前机械加工产业的主要设备，其技术发展已经成为国内机械加工产业的发展标志。数控机床是装备制造业的工作母机，是先进的生产技术和军工现代化的战略装备。

高档数控机床是指具有高速、精密、智能、复合、多轴联动、网络通信等功能的数字化数控机床系统。高档数控机床作为世界先进机床设备的代表，其发展象征着国家目前的机床制造业占全世界机床产业发展的先进阶段，因此国际上把五轴联动数控机床等高档机床技术作为一个国家工业化的重要标志。

高档数控机床在传统数控机床的基础上，能完成一个自动化生产线的工作效率，是科技迅速发展的产物，而对于国家来讲这是机床制造行业本质上的一种进步。高档数控机床集多种高端技术于一体，应用于复杂的曲面和自动化加工，与航空航天、船舶、机械制造、高精密仪器、军工、医疗器械产业等多个领域的设备制造业有着非常紧密的关系。

《中国制造2025》将数控机床和基础制造装备列为"加快突破的战略必争领域"，其中提出要加强前瞻部署和关键技术突破，积极谋划抢占未来科技和产业竞争制造点，提高国际分工层次和话语权。

1. 国内外高档数控机床发展现状

美国、德国、日本是当今世界上在数控机床科研、设计、制作和应用上技术较先进、经验较多的国家。

美国很重视机床工业，美国国防部等部门不断提出机床的发展方向、科研任务并供给充分的经费，且网罗世界人才，特别讲究"效率"和"创新"，重视基础科研。哈斯自动化公司是全球较大的数控机床制造商之一，其在北美洲的市场占有率约为40%，所有机床完全在美国加利福尼亚州工厂生产，拥有近百个型号的 CNC 立式和卧式加工中心、CNC 车床、转台和分度器。哈斯自动化公司致力于打造精确度更高、重复性更好、经久耐用，而且价格合理的机床产品。哈斯自动化公司生产的具有代表性的高档数控机床如图 5-1 和图 5-2 所示。

图 5-1　美国哈斯自动化公司生产的立式
数控加工中心

图 5-2　美国哈斯自动化公司生产的卧式数控加工中心

德国数控机床在传统设计制造技术和先进工艺的基础上，不断采用先进电子信息技术，在加强科研的基础上自行创新开发。德国数控机床主机配套件，以及机、电、液、气、光、刀具、测量、数控系统等各种功能部件在质量、性能上居世界前列。代表大型龙门加工中心最高水平的是德国瓦德里希•科堡公司(WALDRICH COBURG)的产品，如图 5-3 所示。北京第一机床厂采用的就是德国瓦德里希•科堡公司的技术。

日本通过规划和制定法规以及提供充足的研发经费，鼓励科研机构和企业大力发展数控机床。在机床部件配套方面，日本学习德国；在数控技术和数控系统的开发研究方面，日本学习美国，改进和发展了两国的成果并取得很大成效。日本山崎马扎克（MAZAK）公司生产的卧式数控加工中心，如图 5-4 所示。

图 5-3　德国瓦德里希•科堡公司生产的龙门式
数控加工中心

图 5-4　日本山崎马扎克公司生产的卧式数控加工中心

国内产品与国外产品在结构上的差别并不大，采用的新技术也相差无几，但在先进技术应用和制造工艺水平上与世界先进国家还有一定差距。新产品开发能力和制造周期还满足不了国内用户需要，零部件制造精度和整机精度保持性、可靠性尚需很大提高，尤其是与大型机床配套的数控系统、功能部件，如刀库、机械手和两坐标铣头等部件，还需要境外厂家配套满足。国内大型机床制造企业的制造能力很强，但大而不精，其主要原因还是加工设备较落后，数控化率较低，尤其是缺乏高精水平的加工设备。同时，国内企业普遍存在自主创新能力不足，因为大型机床单件小批量的市场需求特点，决定了对技术创新的要求更高。

为了摆脱我国高档机床对国外的依赖，沈阳机床(集团)有限责任公司在国内率先推出了具有国际先进水平的 i5 智能机床，如图 5-5 所示。i5 是指工业化、信息化、网络化、集成化、智能化(Industry、Information、Internet、Integrated、Intelligent)的有效融合。i5 智能机床作为基于互联网的智能终端，实现了操作、编程、维护和管理的智能化，是基于信息驱动技术，以互联网为载体，以为客户提供"轻松制造"为核心，将人、机、物有效互联的新一代智能装备。

图 5-5　沈阳机床(集团)有限责任公司生产的 i5 数控加工中心

2. 国内外数控系统发展现状

经过持久研发和创新，德国、美国、日本等国家已基本掌握了数控系统的领先技术。目前，在数控技术研究应用领域主要有两大阵营：一个是以发那科(FANUC)、西门子(SIEMENS)为代表的专业数控系统厂商；另一个是以 MAZAK、德玛吉(DMG)为代表，自主开发数控系统的大型机床制造商。

2015 年 FANUC 公司推出的 Series oi MODEL F 数控系统，如图 5-6 所示。该系统推进了与高档机型 30i 系列的"无缝化"接轨，具备满足自动化需求的工件装卸控制新功能和最新的提高运转率技术，强化了循环时间缩短功能，并支持最新的 I/O 网络——I/O Link。

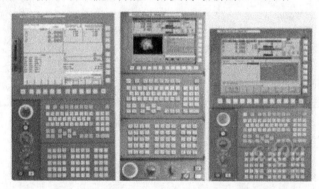

图 5-6　日本 FANUC 公司全新的 Series oi MODEL F 系列数控系统界面

MAZAK 公司提出的全新制造理念——Smooth Technology，以基于 Smooth 技术的第七代数控系统 MAZATROL Smooth X 为枢纽，如图 5-7 所示，提供高品质、高性能的智能化产品和生产管理服务。Smooth X 数控系统搭配先进软硬件，在高进给速度下可进行多面高精度加工；图解界面和触屏操作使用户体验更佳，即使是复杂的五轴加工程序，通过简单的操作即可修改；内置的应用软件可以根据实际加工材料和加工要求快速地为操作者匹配设备参数。

德国 DMG 公司推出的 CELOS 系统如图 5-8 所示。该系统简化和加快了从构思到成品的进程，其应用程序(CELOSAPP)使用户能够对机床数据、工艺流程以及合同订单等进行操作显示、数字化管理和文档化，如同操作智能手机一样简便直观。CELOS 系统可以将车间与公司高层组织整合在一起，为持续数字化和无纸化生产奠定基础，实现数控系统的网络化、智能化。

图5-7　日本MAZAK公司生产的Smooth X数控系统界面　　图5-8　德国DMG公司生产的CELOS数控系统界面

华中数控系统是我国具有自主知识产权的高端数字控制技术，控制界面如图 5-9 所示。其主要特点如下。

图 5-9　华中数控系统界面

(1)基于通用工业微机的开放式体系结构。华中数控系统采用工业微机作为硬件平台，使得系统硬件的可靠性得到保证。与通用微机兼容，能充分利用 PC 软、硬件的丰富资源，使得华中数控系统的使用、维护、升级和二次开发非常方便。

(2)先进的控制软件技术和独创的曲面插补算法。华中数控系统以软件创新，用单 CPU 实现了国外多 CPU 结构的高档系统的功能，可进行多轴多通道控制，其联动轴数可达到 9 轴。国际首创的多轴曲面插补技术能完成多轴曲面轮廓的直接插补控制，可实现高速、高精和高效的曲面加工。

(3)友好的用户界面。华中数控系统采用汉字菜单操作，并提供在线帮助功能和良好的用户界面。系统提供宏程序功能，具有形象直观的三维图形仿真校验和动态跟踪，使用操作十分方便。

5.2.2　数控加工中心加工技术

数控加工中心是由机械设备与数控系统组成且适用于加工复杂零件的高效率自动化机床。它是从数控机床发展而来的，但与数控机床的最大区别在于数控加工中心具有自动交换加工刀具的能力，即在具有不同用途刀具的刀库里自由调动更换刀具，可以实现车削、铣削、钻削、镗削及攻螺纹等多种加工功能。

1. 数控加工中心的分类和特点

数控加工中心可以按照主轴在空间中所处位置，分为卧式加工中心、立式加工中心和复合式加工中心等。

（1）卧式加工中心：指主轴轴线与机床工作台平行的加工中心，如图 5-10 所示。此类加工中心主要加工箱体类零件，如减速器箱体、齿轮泵机座等。卧式加工中心具有分度转台或数控转台，可加工工件的各个侧面，也可联合多个坐标进行联动加工，可加工较复杂的空间曲面。

（2）立式加工中心：指主轴轴线与机床工作台垂直的加工中心，如图 5-11 所示。此类加工中心主要加工板类零件、盘类零件或小型的壳体类零件，如法兰盘、导向套等。

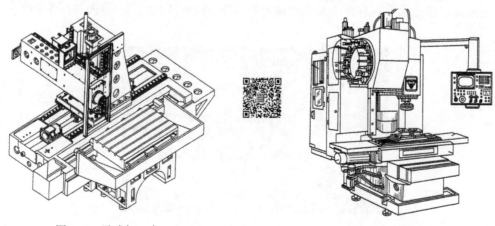

图 5-10　卧式加工中心　　　　　　　　　　图 5-11　立式加工中心

（3）复合式加工中心：指通过主轴轴线与机床工作台之间的角度的变化可联动控制加工角度的加工中心，如图 5-12 所示。此类加工中心可加工复杂的空间曲面，如叶轮转子等。

图 5-12　复合式加工中心

2. 加工中心结构及功能

数控加工中心从主体上主要由以下五个部分组成：基础部件、主轴部件、数控系统、自动换刀装置、辅助装置。

1) 基础部件

基础部件是加工中心的基础结构，其主要由床身、工作台、立柱三部分组成，功能主要是承担静载荷和承受切削加工时产生的动载荷，所以加工中心的基础件必须具有足够的刚度和强度，基础件一般由铸造加工而成。

2) 主轴部件

主轴部件是由主轴箱、主轴电动机、主轴和主轴轴承等零部件组成的。主轴是加工中心加工功率的输出部件，它的启动、停止、变速、变向等动作均由数控系统控制。主轴的旋转精度和定位准确性，会直接影响到加工中心的加工精度。

3) 数控系统

数控系统由 CNC 装置、可编程控制器、伺服驱动系统以及面板操作系统组成，它是执行顺序控制动作和加工过程的控制中心。其中，CNC 装置是一种位置控制系统，其控制过程是根据输入的信息进行数据处理、插补运算，获得理想的运动轨迹信息，然后输出到执行部件，加工出所需要的工件。

4) 自动换刀装置

自动换刀装置主要是由刀库、机械手等部件组成。当需要更换刀具时，数控系统发出指令，由机械手从刀库中取出相应的刀具装入主轴孔内，然后把主轴上的刀具送回刀库，至此完成整个换刀动作。

5) 辅助装置

辅助装置主要由润滑、冷却、排屑、防护、液压、气动和检测系统等部分组成。辅助装置虽不直接参与切削运动，但也是加工中心不可缺少的部分。辅助装置对加工中心的工作效率、加工精度和可靠性起着保障作用。

5.2.3　高档数控机床关键技术

智能制造装备技术，即让制造装备能进行诸如分析、推理、判断、构思和决策等多种智能活动，并可与其他智能装备进行信息共享的技术。高档数控机床技术是先进制造技术、信息技术和智能技术的集成与深度融合。

从功能上讲，高档数控机床关键技术主要包括：机床运行与环境感知、识别技术；运行状态预测和智能维护技术；智能工艺规划和编程技术；智能数控技术等。

1. 机床运行与环境感知、识别技术

传感器是智能制造装备中的基础部件，可以感知或者采集环境中的图形、声音、光线以及生产节点上的流量、位置、温度、压力等数据。传感器是测量仪器走向模块化的结果，虽然技术含量很高，但一般价格较低，需要和其他部件配套使用。

智能制造装备在作业时，离不开由相应传感器组成的或者由多种传感器结合而成的感知系统。感知系统主要由环境感知模块、分析模块和控制模块等部分组成，它将先进的通信技术、信息传感技术、计算机控制技术结合来分析处理数据。环境感知模块可以是机器视觉识别系统、雷达系统、超声波传感器或红外线传感器等，也可以是这几者的组合。随着新材料的运用和制造成本的降低，传感器在电气、机械和物理方面的性能越发突出，灵敏性也变得更好。随着制造工艺的提高，传感器会朝着小型化、集成化、网络化和智能化方向发展。

智能制造装备运用传感器技术识别周边环境(如加工精度、温度、切削力、热变形、应力应变、图像信息)的功能，能够大幅改善其对周围环境的适应能力，降低能源消耗，提高作业效率，是智能制造装备的主要发展方向。

2. 运行状态预测和智能维护技术

对设备运行的预测分析以及对故障时间的估算，如对设备实际健康状况的评估、对设备的表现或衰退轨迹的描述、对设备或任何组件何时失效及怎样失效的预测等，能够减少不确定性的影响并为用户提供预先的缓和措施及解决对策，减少生产运营中产能与效率的损失。而具备可进行上述预测建模工作的智能软件的制造系统，称为预测制造系统。

智能维护是一种全新的理念，由美国威斯康星大学李杰(Jaw Lee)教授最先提出来。2001年，美国威斯康星大学和密歇根大学在国家自然科学基金的资助下，联合工业界共同成立了"智能维护系统(IMS)中心"，并规划了如图 5-13 所示的智能维护系统构架。

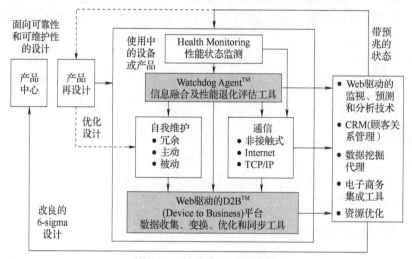

图 5-13　智能维护系统构架

智能维护系统是采用性能衰退分析和预测方法，结合现代电子信息技术，使设备达到近乎零故障性能的一种新型维护技术。智能维护技术是设备状态监测与诊断维护技术、计算机网络技术、信息处理技术、嵌入式计算机技术、数据库技术和人工智能技术的有机结合。

3. 智能工艺规划和编程技术

智能工艺是将产品设计数据转换为产品制造数据的一种技术，也是对零件从毛坯到成品的制造方法进行规划的技术。智能工艺以计算机软硬件技术为环境支撑，借助计算机的数值计算、逻辑判断和推理功能，确定零件机械加工的工艺过程。智能工艺是连接设计与制造之间的桥梁，它的质量和效率直接影响企业制造资源的配置与优化、产品质量与成本、生产组织效率等，因而对实现智能生产起着重要的作用。

1) 智能工艺概念

智能工艺就是计算机辅助工艺设计(Computer Aided Process Planning，CAPP)，通常是指机械产品制造工艺过程的计算机辅助设计与文档编制。CAPP 系统的主要任务是通过计算机辅助工艺过程设计完成产品设计信息向制造信息的传递，它不仅是连接 CAD 与 CAM 的桥梁，还是 CIMS 中的重要组成部分；另外，它对产品质量和制造成本具有极为重要的影响。应用 CAPP 技术，可以使工艺人员从烦琐重复的事务中解放出来，迅速编制出完整而详尽的工艺文件，缩短生产准备周期，提高产品制造质量，进而缩短整个产品的生命周期。智能工艺计算机程序界面(人机界面)如图 5-14 所示。

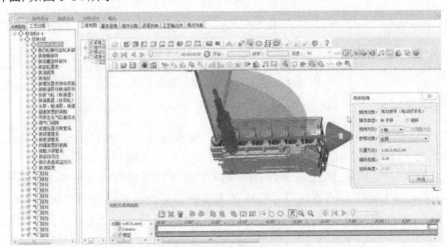

图 5-14 智能工艺计算机图形界面（人机界面）

2) 智能工艺组成

智能工艺系统 CAPP 由加工过程动态仿真，以及工艺过程设计、零件信息输入、控制、输出、工序决策、工步设计决策和 NC 加工指令生成等模块构成，如图 5-15 所示。

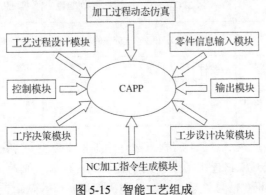

图 5-15 智能工艺组成

3) 智能工艺决策专家系统

智能工艺决策专家系统是人工智能(Artificial Intelligence，AI)和决策支持系统(Decision Support System，DSS)相结合，应用专家系统(Expert System，ES)技术，使 DSS 能够更充分地应用人类的知识，如关于决策问题的描述性知识、决策过程中的过程性知识、求解问题的推理性知识，通过逻辑推理来帮助解决复杂的决策问题的辅助决策系统。

智能工艺决策专家系统由人机接口、解释机构、知识库、动态数据库、推理机和知识获取机构六部分共同组成，如图 5-16 所示。其中，知识库用来存储各领域的知识，是专家系统的核心；推理机控制并执行对问题的求解，它根据已知事实，利用知识库中的知识按一定推理方法和搜索策略进行推理，得到问题的答案或证实某一结论。

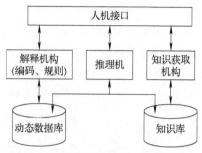

图 5-16　智能工艺决策专家系统组成

4. 智能数控技术

数字控制（Numerical Control，NC）技术是近代发展起来的一种自动控制技术。国家标准 GB 8129—2015 将其定义为用数字化信号对机床运动及其加工过程进行控制的方法。数控机床是用数字信息进行控制的机床，借助输入控制器中的数字信号控制机床部件的运动，自动地将零件加工出来。现代数控系统普遍采用微机技术实现，称为计算机数控（Computer Numerical Control，CNC）。机床数控技术经历了 70 多年的发展，大致经历了 5 个发展阶段，如表 5-1 所示。

表 5-1　机床数控技术发展的不同阶段

特点	第 1 阶段研究开发期（1952~1970 年）	第 2 阶段推广应用期（1970~1980 年）	第 3 阶段系统化（1980~1990 年）	第 4 阶段集成化（1990~2000 年）	第 5 阶段网络化（2000~2021 年）
典型应用	数控车床、数控铣床、数控钻床	加工中心、电加工机床和成型机床	柔性制造单元、柔性制造系统	复合加工机床五轴联动机床	智能、可重组制造系统
系统组成	电子管、晶体管小规模集成电路	专用 CPU 芯片	多 CPU 处理器	模块化多处理器	开放体系结构工业微机
工艺方法	简单加工工艺	多种工艺方法	完整的加工过程	复合多任务加工	高速、高效加工微纳米加工
数控功能	NC 数字逻辑控制 2~3 轴控制	全数字控制刀具自动交换	多轴联动控制人机界面友好	多过程、多任务、复合化、集成化	开放式数控系统网络化和智能化
驱动特点	步进电动机伺服液压马达	直流伺服电动机	交流伺服电动机	数字智能化直线电动机驱动	高速、高精度、全数字、网络化

随着计算机技术的高速发展，传统的制造业开始了根本性变革，各工业发达国家投入巨资，对现代制造技术进行研究开发，提出了全新的制造模式。在现代制造系统中，数控技术是关键技术，它集微电子、计算机、信息处理、自动检测、自动控制等高新技术于一体，具有高精度、高效率、柔性自动化等特点，对制造业实现柔性自动化、集成化、智能化起着举足轻重的作用。目前，数控技术正在发生根本性变革，由专用型封闭式开环控制模式向通用型开放式实时动态全闭环控制模式发展。在集成化基础上，数控系统实现了超薄型、超小型化；由于综合了计算机、多媒体、模糊控制、神经网络等多学科技术，数控系统实现了高速、高精、高效控制，加工过程中可以自动修正、调节与补偿各项参数，实现了在线诊断和智能化故障处理；CAD/CAM 与数控系统集成为一体，机床联网，实现了中央集中控制的群控加工。

5. 智能数控技术的组成

智能数控技术是智能数控机床、智能数控加工技术以及智能数控系统的统称。

1) 智能数控机床

智能数控机床是最具代表性的智能数控装备。智能数控机床技术包括智能主轴、智能传感器、智能进给驱动以及智能机床结构等技术。本节重点介绍智能主轴单元及智能进给驱动单元。

(1) 智能主轴单元。智能主轴单元包含多种传感器，如温度传感器、振动传感器、加速度传感器、非接触式电涡流传感器、测力传感器、轴位移传感器、径向力测量应变计、对内外全温度测量仪等，使得加工主轴具有精准的应力、应变数据。如图 5-17 所示的智能电主轴单元，包含了比较常见的几种传感器。

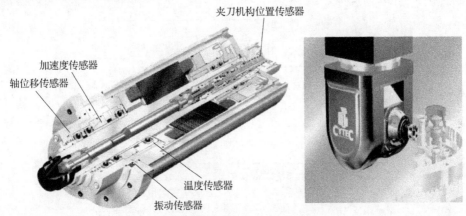

图 5-17　智能电主轴单元

(2) 智能进给驱动单元。智能进给驱动单元确定了直线电动机和旋转丝杠驱动的合适范围以及主轴的运动轨迹。为了便于测量移动的位移，可将测量系统与导轨系统集成。瑞士施耐博 (Schneeberger) 公司推出的具有磁尺的滚柱直线导轨的外观和原理如图 5-18 所示。

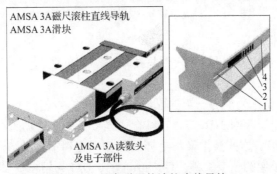

图 5-18　具有磁尺的滚柱直线导轨

1-经磨削的槽；2-磁性材料；3-刻度磁化后；4-保护层

从图 5-18 可知，在导轨体上有一条经磨削的槽，其上黏合一条磁性带，经过磁化后成为磁尺，并覆盖透磁的保护层。磁尺上有两条磁轨：一条是间隔 200μm、N 极和 S 极交替的精密增量磁轨；另一条是绝对相对位置的参考磁轨。当磁尺与传感器有相对位移时，磁阻材中的磁场强度发生正弦变化，并转化成电信号，经倍频细分后可以输出 5μm、1μm 或 0.2μm 分辨精度的信号。导轨体上附加磁尺后，并在沿导轨移动的一个滑块上安装传感器(读数头)，即可构成同时具有导向和测量功能的导轨系统。

2013 年，在北京举办的中国国际机床展览会上，南京工艺装备制造有限公司和广东凯特精密机械有限公司也展出了带磁栅尺测量系统的智能滚动直线导轨，标志着我国滚动功能部件向智能化迈出了一大步。

另外，还有具有主动阻尼的智能导轨系统。主动阻尼的工作原理是在工作台上增加类似线性导轨滑块的制动装置。通过控制系统指令，借助压电陶瓷在加速或减速时向导轨增加摩擦力，从而形成可控的反作用力，改变系统的阻尼特性以提高系统的动态特性，如图 5-19 所示。从图中可见，由于一阶固有频率段的振幅大为降低，系统的抗干扰性明显得到改善，提高了高速运行时的可靠性，k_y 值也提高了 100%。

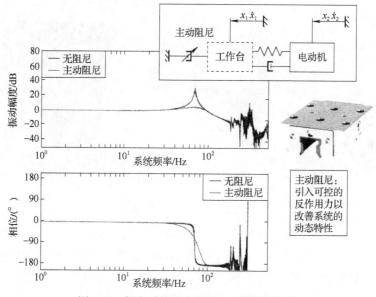

图 5-19   提高系统动态特性的主动阻尼导轨

2) 智能数控加工技术

智能数控加工技术包括自动化编程软件与技术、数控加工工艺分析技术以及加工过程及参数化优化技术。

以色列 Cimatron 公司作为世界一流的面向制造行业的 CAD/CAM 方案供应商，在 NC 技术上实现了新的突破，即智能 NC(INC)，它结合了当今最先进的加工技术：自动化 NC(ANC)和基于知识的加工(KBM)。这些技术又与毛坯残留知识达到了实时结合。Cimatron 的智能 NC代表了当今在 NC 技术领域的一个突破。Cimatron 的 KBM 为用户提供了优化刀迹轨迹和产生更加高效的 NC 代码的能力。

在 Cimatron 实际分析几何模型和决定应采用相似加工方案进行加工时，KBM 可以估算额外的加工工时。

ANC 可以把公司中编程人员的加工工艺过程储备起来，每个加工过程可以应用于任何一个技术相似性的零件。当用户拥有了一个加工方案库时，NC 编程就成为一步即成的工作。在每一个加工轨迹生成之后，Cimatron 都会计算毛坯余量，进而利用这一信息来优化随后的加工轨迹。

　　INC 在公司中的应用为用户提供了一系列易用且全面的工具，这些工具的使用不仅使加工过程自动化，还使 NC 编程时间极大缩短且刀迹轨迹更加优化，从而大大缩短产品的生产周期。

　　Cimatron NC 支持从 2.5 轴到 5 轴高速铣削，毛坯残留知识和灵活的模板有效地减少了用户编程和加工时间。Cimatron NC 提供了完全自动基于特征的 NC 程序以及基于特征和几何形状的 NC 自动编程。

　　Cimatron NC 完全集成 CAD 环境，在整个 NC 流程中，程序为用户提供了交互式 NC 向导，并结合程序管理器和编程助手把不同的参数选项以图形形式表示出来。用户不需要重新选取轮廓就能够重新构建程序，并且能够连续显示 NC 程序的产生过程和用户任务的状态。可以说，Cimatron NC 提高了整个生产过程的效率，突破了日常加工中的瓶颈。复杂零件、Cimatron NC 编程分别如图 5-20 和图 5-21 所示。

图 5-20　复杂零件

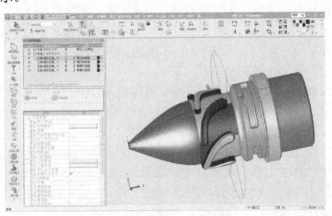

图 5-21　Cimatron NC 编程

3) 智能数控系统

　　智能数控系统是实现智能制造系统的重要基础单元，由各种功能模块构成。智能数控系统包括硬件平台、软件技术和伺服协议等。智能数控系统具有多功能化、集成化、智能化和绿色化等特征。

　　德国的西门子、海德汉，以及日本的 FANUC 和三菱是我国目前应用的主流数控系统，它们都通过增加智能化的功能不断提升产品的性价比，从而赢得市场。

　　(1) 西门子数控系统采用模块化的结构设计，从低端的 801 系列到高端的 840D 系列，已发展成为面向不同应用领域，从简单的客户化到复杂的具有较高智能化的产品。

　　828D 是西门子最新推出的紧凑型数控系统，它集 CNC、PLC、操作界面以及轴控制功能于一体，支持车、铣两种工艺应用，外形简洁紧凑，系统采用 NV-RAM 技术进行数据存储与保护，因此无电池、无硬盘、无风扇，免维护。828D 最多可控制 6 轴，可进行 4 轴联动插补。虽然 828D 可控制的轴数、系统的功能和柔性不如 840D，但其采用了基于 80 位浮点数进行插补计算，纳米计算精度充分保证了系统的控制精确性，可以说 828D 是一个性能卓越的定制化了的 840D 系统。

　　(2) 三菱公司的 M700V 采用最新的精简指令集的 64bit CPU 及高性能的光纤伺服网络，具有纳米级插补技术、超光滑曲面控制 SSS 算法、最优化的机床响应控制、高精密校正功能，以及便于使用的菜单设计和宜人化的在线帮助功能，还可以实时 3D 图形化监控设计。

（3）西门子公司的最新系统 828D 与 840Dsl，突出紧凑、强壮、简单、完美等特色。工作在 80bit 的浮点计算精度可获得较高的工件精度，特别适用于模具加工。智能定位与运动转换，确保加工位置的正确，独特的 ShopMill/ShopTurn 顺序编程功能极大减少编程时间。

（4）海德汉公司的 iTNC530 具有对话式编程和 SmarT.NC 编程功能，0.5ms 的程序段处理时间，DCM 动态碰撞监控功能，AFC 自适应进给控制功能等，有效地保证了工件轮廓加工精度。

5.3　精密、超精密和智能机床产品

近年来，各种新技术，如微电子技术、计算机技术、自动控制技术、激光技术等在精密加工中得到广泛的应用，使精密、超精密和智能加工技术产生了飞跃的发展，大大地改变了它的技术面貌。精密、智能加工技术的水平已是机械制造业水平的重要标志。当代的精密工程，其中包括精密加工、超精密加工和智能加工技术，以及微细加工技术和纳米技术是现代制造业的前沿，也是未来制造技术的基础。

随着机械产品要求的精度不断提高，精密和智能加工技术水平迅速发展，精密、超精密和智能加工水平也在不断提高。20 世纪 50 年代精密加工能达到的精度水平是 3～5μm，超精密加工能达到的精度水平是 1μm。到 70 年代后期，精密加工能达到的精度水平是 1μm，超精密加工能达到的精度水平是 0.1μm，而现在精密加工能达到的精度水平是 0.1μm，超精密加工能达到的精度水平已是 0.01～0.001μm。智能机床在机、电、液、气、光元件和控制系统方面，在加工工艺参数的自动收集、存储、调节、控制、优化方面，在智能化、网络化、集成化后的可靠性、稳定性、耐用性等方面都有很大的发展。

下面介绍国际上部分具有代表性的精密、超精密和智能机床产品。

1. Kern 纳米加工中心

德国科恩（Kern）精密技术公司生产的 Kern Pyramid Nano 是适用于中批和大批量生产的金字塔式纳米加工中心（图 5-22），其为 3～5 轴联动，定位精度为±0.3μm，加工表面粗糙度不大于 0.05μm。

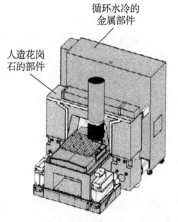

循环水冷的
金属部件

人造花岗
石的部件

图 5-22　科恩金字塔式纳米加工中心

科恩金字塔式纳米加工中心的主体结构是对称的金字塔龙门型结构，采用科恩精密技术公司专利的 Armorith 人造花岗石材料铸造。这种复合材料的热传导率很低，可以保证机床的热均衡稳定性和刚性，与智能温度管理系统配合在一起，能抵御各种温度变化对机床加工精度的影响，同时具有高结构强度与良好的减振阻尼性能。

从图 5-22 中可见，机床床身和龙门框架是由人造花岗石铸造的，工作台、主轴部件、电气控制柜和切屑收集系统则是金属构件。

该机床具有智能化温度管理系统。独立的水冷却系统用于主轴、液压单元、电气控制柜以及冷却装置本身的冷却。循环的液压油在床身、静压导轨和各运动轴的驱动装置中持续流动，进行冷却。温度管理系统使中央冷却箱的温度控制在 ±0.25℃ 范围内，从而降低了对环境温度控制的要求。

科恩金字塔式纳米加工中心的三个直线驱动轴皆采用静压导轨和静压丝杠，具有接近零摩擦、无磨损、无噪声、高动态刚性、低能耗和高阻尼等一系列优点；可以实现高加速度和最小为 0.1μm 的微量直线移动；能保证在很小的进给速度时也没有爬行现象。此外，液压驱动系统的温度对切削力的大小不敏感。

在机床左侧配置有自动工件交换装置。机床配备有非接触式激光测量装置，用以在主轴旋转时测量刀具的长度、直径和同心度。测量数据自动传输到海德汉数控系统，必要时可加以补偿或更换备用刀具。

2. Moore 超精密车床

美国穆尔纳米技术系统(Moore Nanotechnology System)公司的 450UPL 型超精密车床采用单晶金刚石车削工艺，是最早商品化的超精密加工机床，其外观如图 5-23 所示。单晶金刚石刀具是采用单晶金刚石制造的尺寸很小的切削刀具。由于其刀尖半径可以小于 0.1μm，工件加工后的表面粗糙度可达纳米级，因此能在硬材料上直接切削出具有极光洁的表面和超高精度的微小三维特征，适用于塑料镜头注塑模模芯、铝合金反射镜以及有机玻璃透镜等复杂形状零件的加工。

金刚石车削配置

立式磨削配置

图 5-23　Moore450UPL 型超精密车床

3. 英国克兰菲尔德大学 ECORl664 系统模辊切削机床

该机床总体布局如图 5-24 所示，该机床与其他机床采用了不同的布局形式，主要体现在导轨和溜板的布局上。

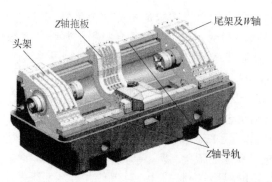

图 5-24　英国克兰菲尔德大学 ECOR1664 系统模辊切削机床

英国克兰菲尔德大学 ECOR1664 系统模辊切削机床传统的模辊超精密机床的直线轴 X 轴和 Z 轴如图 5-25(a)所示，支撑位置较低，机床变形、振动等因素对刀尖与模辊之间的距离有显著影响；而采用改进的布局结构，如图 5-25(b)所示，提高了支撑位置，偏移量大大降低，从而减小了切削区域对机床变形、振动的敏感性，降低了机床几何误差，提高了切削稳定性。德国库格勒(KUGLER)公司的 DrumLatheTDM 系列机床导轨也采用类似的斜体式布局。

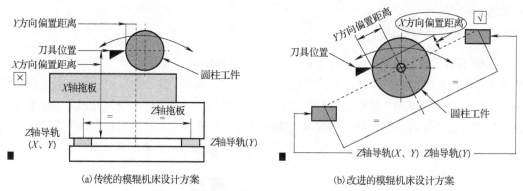

(a)传统的模辊机床设计方案　　　　　　　　(b)改进的模辊机床设计方案

图 5-25　模辊超精密机床布局结构改进

4. DIXI 高精度加工中心

1)机床的结构特点

德马吉森精机 DHP80 加工中心的工作台尺寸为 800mm×800mm，其外观和结构如图 5-26 所示。从图中可见，DIXI 机床采用箱中箱、左右对称的结构。截面较大的立柱和封闭的箱中箱框架、X 轴向大跨度线性导轨以及双电动机重心驱动，保证了机床高刚度、高精度和平稳地运动。

2)机床的精度

由于机床刚性较高，DIXI 机床的工作精度可与三坐标测量机媲美。各移动轴的双向定位精度可达 0.99μm，重复定位精度为 0.90μm(皆为未经补偿的实际测量值)，且精度稳定性和保持性非常好，使用数十年也能够保持不变。更为重要的是，DIXI 机床具有很高的空间对角线(体积)精度和运动轨迹精度，如图 5-27 所示。从图中可见，在整个工作空间范围内，主轴从最低右前端移动到最高左后端，刀具中心点的未经补偿的空间对角线误差：对 4 轴机床为 15μm，对 5 轴机床为 25μm，只有一般精密机床的 1/3。

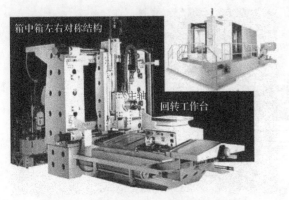

图 5-26　德马吉森精机 DHP80 加工中心

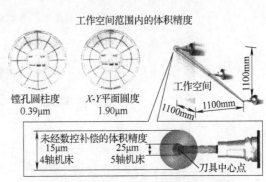

图 5-27　DHP80 加工中心的工作精度

在镗孔加工时，孔的圆柱度可达 0.39μm，机床在 X-Y 平面内的运动圆度为 1.90μm（整个工作空间范围内），没有明显的反向间隙。

3) 机床的热管理

热变形在高精度机床中显得非常重要，占总误差的 50%～70%。为了控制热变形，DIXI 机床在 7 处热源设置了温度控制点进行热管理，如图 5-28 所示。从图中可见，7 个温度控制点分别是：①滚珠螺母；②滚珠丝杠轴承；③主轴电动机和轴承；④B、C 轴采用双摆工作台；⑤电气柜；⑥液压系统；⑦冷却循环系统。

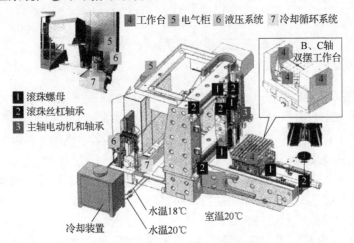

图 5-28　DHP80 加工中心的热管理

与此同时，在各个热源都设计了独立的冷却循环回路，并计算好各处热源的发热量。在机床工作期间，冷却液循环系统根据各个热源的发热量供应比室温低 2℃的冷却液，确保每个循环回路都提供稍大于热源发热量的冷却量，保持机床的热变形在允许范围之内。

4) 主轴部件

主轴部件是机床的心脏。DIXI 机床采用智能化的主轴部件，其结构和传感器分布如图 5-29 所示。

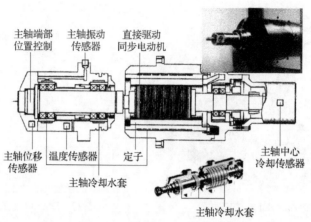

图 5-29 DHP80 加工中心的主轴

DIXI 机床的主轴部件采用同步电动机驱动，主轴前后轴承皆为角接触滚珠轴承以及压力可调的液压预紧装置。主轴前端配置有位移传感器，可测量由热变形和机械惯性力引起的主轴轴向位移，然后借助数控系统加以补偿。主轴轴承和电动机定子均配置有冷却水套，温度传感器实时测量主轴的温度，并相应控制冷却水的流量，避免热量转移到主轴箱，防止热扩散，从而抑制了热变形。当主轴振动超过一定数值时，振动传感器可以通过驱动系统调整主轴转速或发出报警信号。

5.4 工业机器人及选用

工业机器人(Industrial Robot)是用于工业生产环境的工业机器人总称。我国标准 GB/T 12643—2013 参照 ISO(国际标准化组织)、RIA(美国机器人工业协会)的相关标准，将其定义为：工业机器人是一种能够自动定位控制，可重复编程的、多功能的、多自由度的操作机，能搬运材料、零件或操持工具，用于完成各种作业。

用工业机器人替代人工操作，不仅可保障人身安全、改善劳动环境、减轻劳动强度、提高劳动生产率，而且能够起到提高产品质量、节约原材料消耗及降低生产成本等多方面作用，因此它在工业生产各领域的应用也越来越广泛。

工业机器人自 1959 年问世以来，经过 60 多年的发展，在性能和用途等方面都有了很大的变化；现代工业机器人的结构越来越合理、控制越来越先进、功能越来越强大、应用越来越广泛。

工业机器人是一种可编程的多用途、自动化设备。当前实用化的工业机器人以第一代示教再现工业机器人居多，但部分工业机器人(如搬运工业机器人、焊接工业机器人和装配工业机器人等)已能通过图像来识别、判断、规划或探测途径，对外部环境具有了一定的适应能力，初步具备了第二代感知工业机器人的一些功能。由图 5-30 可知，工业机器人的涵盖范围很广，根据其用途和功能，又可分为加工、装配、搬运、包装 4 大类。目前应用最多的是搬运工业机器人、装配工业机器人和焊接工业机器人，它们分别如图 5-30(a)、(b)、(c)、(d)、(e)、(f)所示。

(a) 搬运工业机器人

(b) 搬运工业机器人在工作

(c) 装配工业机器人

(d) 装配工业机器人在工作

(e) 焊接工业机器人

(f) 焊接工业机器人在工作

图 5-30 工业机器人及应用

5.4.1 工业机器人的分类

通常工业机器人依据坐标形式和运动形态的不同可分为直角坐标型机器人、圆柱坐标型机器人、球坐标型机器人、关节坐标型机器人、SCARA 型机器人和并联机构型机器人等。常见的工业机器人的结构形式和运动形态如表 5-2 所示。

(1) 直角坐标型工业机器人。这一类工业机器人其手部空间位置的改变是通过沿三个互相垂直轴线的移动来实现的，即沿着 X 轴的纵向移动、沿着 Y 轴的横向移动以及沿着 Z 轴的升降。这种形式的工业机器人具有位置精度高、控制无耦合、简单、避障性好等特点，但是结构较庞大，动作范围小，灵活性差，难与其他工业机器人协调，且移动轴的结构较复杂，占地面积较大。

(2) 圆柱坐标型工业机器人。这种工业机器人通过两个移动和一个转动实现手部空间位置的改变，工业机器人手臂的运动系由垂直立柱平面内的伸缩和沿立柱的升降两个直线运动及手臂绕立柱的转动复合而成。圆柱坐标型工业机器人的位置精度仅次于直角坐标型工业机器人，其控制简单，避障性好，但是结构也较庞大，难与其他工业机器人协调工作，两个移动轴的设计较为复杂。

表 5-2 常见的工业机器人的结构形式和运动形态

机器人原理机	关节轴	
	运动机构	工作空间
直角坐标型机器人		
圆柱坐标型机器人		
球坐标型机器人		
关节型机器人		
SCARA 型机器人		
并联机构机器人		

(3)球坐标型工业机器人。这类工业机器人手臂的运动由一个直线运动和两个转动所组成,即手臂沿 X 方向伸缩、绕 Y 轴的俯仰和绕 Z 轴的回转。这类工业机器人具有占地面积小、结构紧凑、重量较轻、位置精度尚可等特点,能与其他工业机器人协调工作,但是存在着避障性差和平衡性差等问题。

(4) SCARA 型工业机器人。SCARA 型工业机器人手臂的前端结构采用在二维空间内能任意移动的自由度，所以它具有垂直方向的刚性高、水平面内刚性低(柔顺性好)的特征。但是在实际操作中主要不是由于它所具有这种特殊的柔顺性质，而是因为它更能简单地实现二维平面上的动作，因而在装配作业中普遍采用。

(5) 关节坐标型工业机器人。关节坐标型工业机器人主要由立柱、前臂和后臂组成。工业机器人的运动由前、后臂的俯仰及立柱的回转构成，其结构最紧凑，灵活性大，占地面积最小，工作空间最大，能与其他工业机器人协调工作，避障性好，但是位置精度较低，存在着平衡以及控制耦合问题，故比较复杂，这种工业机器人是目前应用最多的工业机器人之一。

(6) 并联机构型工业机器人。并联机构型工业机器人是一种新型结构的工业机器人，它通过各连杆的复合运动，给出末端的运动轨迹，以完成不同类型的作业。并联机构型工业机器人的特点在于刚性好，它可完成复杂曲面的加工，是数控机床一种新的结构形式，也是工业机器人功能的一种拓展，因此也称为并联机床。其不足之处是控制复杂，工作范围比较小，精度也比数控机床低。

5.4.2　工业机器人的基本构成

工业机器人是一种功能完整、可独立运行的典型机电一体化设备，它有自身的控制器、驱动系统和操作界面，可对其进行手动、自动操作及编程，它能依靠自身的控制能力来实现所需要的功能。

广义上的工业机器人是由如图 5-31 所示的工业机器人及相关附加设备组成的完整系统，系统总体可分为机械部件和电气控制系统两大部分。

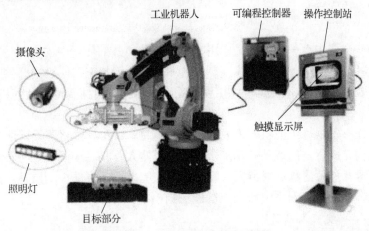

图 5-31　工业机器人系统组成

不同类型的工业机器人的机械、电气和控制结构千差万别，但是作为一个工业机器人系统，通常由三部分、六个子系统组成，如图 5-32 所示。这三部分是机械部分、传感部分和控制部分；六个子系统是机械系统、驱动系统、感知系统、控制系统、工业机器人-环境交互系统和人机交互系统。

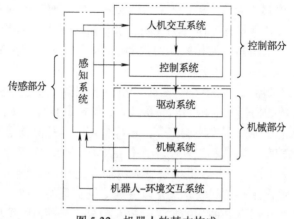

图 5-32 机器人的基本构成

1) 机械系统

机械系统是由关节连在一起的许多机械连杆的集合体，形成开环运动学链系。连杆类似于人类的小臂、大臂等。关节通常又分为转动关节和移动关节，移动关节允许连杆做直线移动，转动关节仅允许连杆之间发生旋转运动。由关节-连杆结构所构成的机械结构一般有三个主要部件，即臂、腕和手，它们可在规定的范围内运动。

2) 驱动系统

驱动系统是使各种机械部件产生运动的装置。常规的驱动系统有气动传动、液压传动或电动传动，它们可以直接与臂、腕或手上的机械连杆或关节连接在一起，也可以使用齿轮、带、链条等机械传动机构间接驱动。

3) 感知系统

感知系统由一个或多个传感器组成，用来获取内部和外部环境中的有用信息，通过这些信息确定机械部件各部分的运行轨迹、速度、位置和外部环境状态，使机械部件的各部分按预定程序或者工作需要进行动作。传感器的使用提高了工业机器人的机动性、适应性和智能化水平。

4) 控制系统

控制系统的任务是根据工业机器人的作业指令程序，以及从传感器反馈回来的信号支配工业机器人执行机构完成规定的运动和功能。若工业机器人不具备信息反馈特征，则为开环控制系统；若工业机器人具备信息反馈特征，则为闭环控制系统。根据控制原理，控制系统又可分为程序控制系统、适应性控制系统和人工智能控制系统。

5) 工业机器人-环境交互系统

工业机器人-环境交互系统是实现工业机器人与外部环境中的设备相互联系和协调的系统。工业机器人可与外部设备集成为一个功能单元，如加工制造单元、焊接单元、装配单元等，当然也可以是多台工业机器人、多台机床或设备及多个零件存储装置等集成为一个执行复杂任务的功能单元。

6) 人机交互系统

人机交互系统是使操作人员参与工业机器人控制并与工业机器人进行联系的装置，如计算机的标准终端、指令控制台、信息显示板及危险信号报警器等。归纳起来，人机交互系统可分为两大类：指令给定装置和信息显示装置。

5.4.3　工业机器人主要技术参数

由于工业机器人的结构、用途和用户要求不同,工业机器人的技术参数也不同。一般来说,工业机器人的主要技术参数包括自由度、工作范围、工作速度、承载能力、精度、驱动方式、控制方式等。

1.　自由度

工业机器人的自由度是指工业机器人所具有的独立坐标轴运动的数目,但是一般不包括手部(末端操作器)的开合自由度。自由度表示工业机器人动作灵活的尺度,一般在三维空间中描述一个物体的位置和姿态(简称位姿)需要六个自由度。通常工业机器人的自由度是根据其用途而设计的,可能小于六个自由度,也可能大于六个自由度。图 5-33 所示的是三自由度工业机器人,包括底座水平旋转、肩弯曲和肘弯曲三个独立的运动。

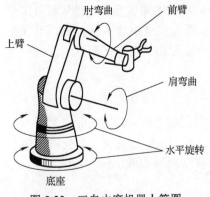

图 5-33　三自由度机器人简图

工业机器人的自由度越多,越接近人手的动作机能,通用性就越好;但是自由度越多,结构也就越复杂,这是工业机器人设计中的一个矛盾。在工业机器人中,自由度的选择与生产要求有关,若批量大,操作可靠性要求高,运行速度快,工业机器人的自由度数可少一些;如果要便于产品更换,增加柔性,工业机器人的自由度要多一些。工业机器人一般为 4~6 个自由度,7 个以上的自由度是冗余自由度,是用来避障碍物的。

2.　工作范围

工业机器人的工作范围是指工业机器人手臂或手部安装点所能达到的空间区域。因为手部(末端操作器)的尺寸和形状是多种多样的,为了真实反映工业机器人的特征参数,这里指不安装末端操作器时的工作区域。工业机器人工作范围的形状和大小十分重要,工业机器人在执行作业时可能会因存在手部不能到达的作业死区而无法完成工作任务。工业机器人所具有的自由度数目及其组合决定其运动图形;而自由度的变化量(即直线运动的距离和回转角度的大小)则决定着运动图形的大小。图 5-34 显示了装配工业机器人的工作范围。

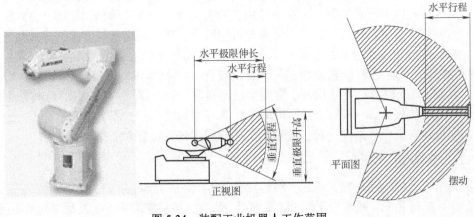

图 5-34　装配工业机器人工作范围

3. 工作速度

工作速度是指工业机器人在工作载荷条件下、匀速运动过程中，机械接口中心或工具中心点在单位时间内所移动的距离或转动的角度。说明书中一般提供了主要运动自由度的最大稳定速度，但在实际应用中仅考虑最大稳定速度是不够的。这是因为运动循环包括加速启动、等速运行和减速制动三个过程。如果最大稳定速度高，允许的极限加速度小，则加减速的时间就会长一些，即有效速度就要低一些；反之，如果最大稳定速度低，允许的极限加速度大，则加减速的时间就会短一些，这有利于有效速度的提高。但是如果加速或减速过快，有可能引起定位时超调或振荡加剧，而且过大的加减速度会导致惯性力加大，影响动作平稳和精度。

4. 承载能力

承载能力是指工业机器人在工作范围内的任何位姿上所能承受的最大负载，通常可以用质量、力矩、惯性矩来表示。承载能力不仅取决于负载的质量，还与工业机器人运行的速度和加速度的大小与方向有关。一般低速运行时，承载能力大，为安全考虑，规定在高速运行时所能抓取的工件重量作为承载能力指标。

5. 定位精度、重复精度和分辨率

定位精度是指工业机器人手部实际到达位置与目标位置之间的差异。如果工业机器人重复执行某位置给定指令，它每次走过的距离并不相同，而是在一平均值附近变化，变化的幅度代表重复精度。分辨率是指工业机器人每根轴能够实现的最小移动距离或最小转动角度。

6. 驱动方式

驱动方式是指工业机器人的动力源形式，主要有液压驱动、气压驱动和电力驱动等方式。

7. 控制方式

控制方式是指工业机器人用于控制轴的方式，目前主要分为伺服控制和非伺服控制等。如果在机械手上再加上感知性传感元件，感知到手指表面是否已接触到对象物、抓着对象物时的强弱，以及被加在手上的外力大小、手指的开闭程度等，就成为具有智能的高级机械手。

5.4.4　工业机器人机械结构组成

由于应用场合的不同，工业机器人结构形式多种多样，各组成部分的驱动方式、传动原理和机械结构也有各种不同的类型。工业上常用关节型工业机器人总体结构如图 5-35 所示。工业机器人机械结构主要包括传动部件、机身与机座机构、臂部、腕部及手部。关节型工业机器人的主要特点是模仿人类腰部到手臂的基本结构，因此机械结构通常包括工业机器人的机座（即底部和腰部的固定支撑）结构及腰部关节转动装置、大臂（即大臂支撑架）结构及大臂关节转动装置、小臂（即小臂支撑架）结构及小臂关节转动装置、手腕（即手腕支撑架）结构及手腕关节转动装置和末端执行器（即手爪部分）。串联结构具有结构紧凑、工作空间大的特点，是工业机器人机构采用最多的一种结构，可以达到其工作空间的任意位置和姿态。

1. 工业机器人的机座

Ⅰ轴利用电动机的旋转输入通过一级齿轮传动到 J1 轴减速器，减速器输出部分驱动腰座的转动，如图 5-36 所示。减速器采用 RV 减速器，具有回转精度高、刚度大及结构紧凑的特点，回转腰座转动范围为-180°～180°。回转腰座（Ⅱ轴基座）底座和回转腰座的材料为球墨铸铁。

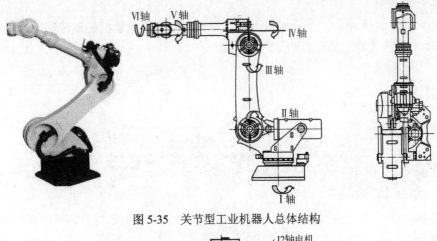

图 5-35　关节型工业机器人总体结构

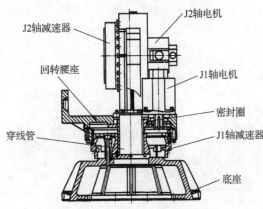

图 5-36　关节型工业机器人机座

2. 工业机器人的 Ⅱ、Ⅲ、Ⅳ 轴

Ⅱ轴利用电动机的旋转直接输入到减速器，减速器输出部分驱动Ⅱ轴大臂的转动。如图 5-37 所示的关节型工业机器人大臂要承担关节型工业机器人Ⅲ轴小臂、腕部和末端负载，所受力及力矩最大，要求其具有较高的结构强度。Ⅱ轴大臂材料为球墨铸铁。工业机器人Ⅳ轴利用电动机的旋转通过齿轮、驱动轴输入到减速器，减速器输出部分驱动Ⅳ轴。

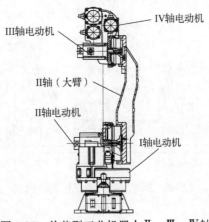

图 5-37　关节型工业机器人Ⅱ、Ⅲ、Ⅳ轴

3. 工业机器人的Ⅴ、Ⅵ轴

如图 5-38 和图 5-39 所示，工业机器人Ⅴ、Ⅵ轴分别利用电动机的旋转通过齿轮、驱动轴输入到减速器，减速器输出部分驱动Ⅴ轴和Ⅵ轴。

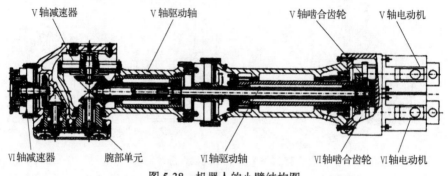

图 5-38　机器人的小臂结构图

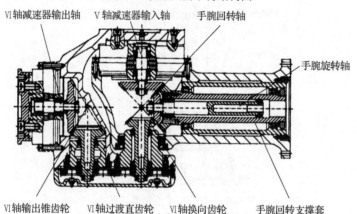

图 5-39　机器人的Ⅴ、Ⅵ及手腕部分结构

图 5-40 和图 5-41 分别是弧焊机器人的基本组成及其在汽车焊接生产中的应用。在弧焊作业中，焊枪应跟踪工件的焊道运动，并不断填充金属形成焊缝。因此，运动过程中速度的稳定性和轨迹精度是两项重要指标。一般情况下，焊接速度取 5～50mm/s，轨迹精度为±(0.2～0.5)mm。

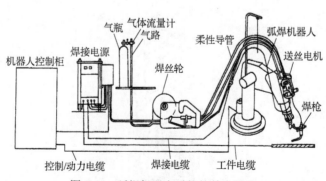

图 5-40　弧焊机器人系统的基本组成

图 5-41　弧焊机器人在汽车焊接生产中的应用

(1)设定焊接条件(电流、电压、速度等);

(2)摆动功能;

(3)坡口填充功能;

(4)焊接异常功能检测;

(5)焊接传感器(起始焊点检测、焊道跟踪)的接口功能。

图 5-42 和图 5-43 是一种持重 120kgf(1kgf≈9.8N)、最高速度为 4m/s 的六轴垂直多关节点焊机器人,它可胜任大多数本体装配工序的点焊作业。由于实用中几乎全部用来完成间隔为30~50mm 的打点作业,运动中很少能达到最高速度,因此改善最短时间内频繁短节距启、制动的性能,是点焊机器人追求的重点。表 5-3 和表 5-4 分别给出了点焊机器人的主要技术参数和控制功能。

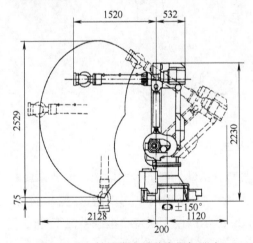

图 5-42　六轴垂直多关节点焊机器人

图 5-43　六轴垂直多关节点焊机器人在生产中的应用

表 5-3　点焊机器人的主要技术参数

自由度		六轴	重复位置精度		±0.25 mm
驱动装置		交流伺服电动机	位置检测		绝对编码器
最大速度	腰回转	180°/s	最大速度	腕前部回转	180°/s
	臂前后			腕弯曲	110°/s
	臂上下			腕根部回转	120°/s

表 5-4　点焊机器人的控制功能

驱动方式	交流伺服
控制轴数	六轴
动作形式	关节插补、直线插补、圆弧插补
示教方式	示教盒在线示教，存储器输入离线示教
示教动作坐标	关节坐标、直角坐标、工具坐标
存储装置	IC 存储器
存储容量	40G
辅助功能	精度速度调节、时间设定、数据编辑、外部输入输出、外部条件判断
应用功能	异常诊断、传感器接口、焊接条件设定、数据变换

4. 工业机器人末端工具及手爪

手部与手腕相连处可拆卸。手部与手腕有机械接口，也可能有电、气、液接头，当工业机器人作业对象不同时，可以方便地拆卸和更换手部。

手部是工业机器人末端执行器。工业机器人末端执行器可以像人手那样有手指，也可以不具备手指，可以是类人的手爪，也可以是进行专业作业的工具，如装在工业机器人手腕上的喷漆枪、焊接工具等。图 5-44 为常见的几种工业机器人的手爪形式。

(a) V形指　　　　　　　　　(b) 平面指

(c) 尖指　　　　　　　　　(d) 特形指

图 5-44　夹钳式手的指端

把持机能良好的机械手，除手指具有适当的开闭范围、足够的握力与相应的精度外，其手指的形状应顺应被抓取对象物的形状。例如，对象物若为圆柱形，则采用 V 形手指，如图 5-44(a)所示；对象物为方形，则采用平面形手指，如图 5-44(b)所示；用于夹持小型或柔性工件的尖指如图 5-44(c)所示；适用于形状不规则工件的专用特形指如图 5-44(d)所示。

手部对于整个工业机器人来说是完成作业质量以及作业柔性的关键部件之一。最近出现了具有复杂感知能力的智能化手爪，它增加了工业机器人作业的灵活性和可靠性。

目前，有一种表演弹钢琴的工业机器人的手部已经与人手十分相近，如图 5-45 所示，它具有多个多关节手指，一个手的自由度达到 20 余个，每个自由度独立驱动。

(a) 表演弹钢琴的工业机器人

(b) 机器人的灵巧手指

图 5-45　一种弹钢琴的表演工业机器人及其手指

5.4.5　工业机器人核心部件研制的关键

一般的工业机器人由机械本体、控制系统、驱动与传动、传感器组件等几个基本部分组成。机器人的传动系统、控制系统和人机交互系统对其性能起着决定性作用，其核心部分主要体现在以下 3 个方面：高精度 RV 减速器、高精度伺服驱动器、机器人控制系统。目前一些核心部件的研制关键技术在国内仍然没有具体掌握。

1. 高精度 RV 减速器

我国高精度机器人关节减速器产品主要依赖进口，目前国内 75% 的市场被 Nabtesco 公司和 Harmonic Drive 公司垄断。近年来，国内部分厂商和高等院校开始致力于高精度摆线针轮减速器的国产化和产业化研究，在谐波减速器方面国内已有可替代产品，但是相应产品在输入转速、扭转强度、传动精度和效率方面与国外产品还存在差距。工业机器人的成熟应用才刚刚起步，目前高精度减速器研制的主要关键技术有以下方面。

1) 材料成型控制技术

RV 减速器的减速齿轮应具有高耐磨性以及高刚性才能保证其高精度，因此对生产 RV 减速器的基本部件的材料具有很高的要求，尤其是体现在对材料化学元素、含量、金相组织控制以及超常规热处理工艺方面。

2) 特殊部件的加工技术

非标特殊轴承是 RV 减速器的复杂精密机构之一，要求轴承具有特殊的结构，其间隙需根据减速器零部件加工尺寸动态调整。这就要求特殊部件具有特殊的加工技术，例如，为了结构紧凑，薄壁角接触球轴承精度要求较高，根据精密传动要求加预紧力后轴承的游隙为零。

3) 精密装配技术

由于工业机器人使用的 RV 减速器的减速比较大，其具有微进给、无侧隙、刚性高、能承载较大扭矩的特点，这就要求在实际的产品装配过程中需要精密的装配技术，结合先进的现场检测技术，采用专用精密装配夹具，利用成组工艺装配技术确保 RV 减速器输出轴侧隙为零，同时具有额定的静刚度。

2. 高精度伺服电动机和驱动器

高精度的伺服电动机和驱动器是实现对工业机器人精密控制的重要保障。由于工业机器人对电动机的特性有着特殊的要求，如相同的轴高、最大的功率输出、高负载、瞬间力矩输出响应快速等，这就要求工业机器人应使用专业的电动机和驱动器进行驱动，国外的工业机械臂均使用机器人专用电动机，其具有高效节能、可靠性强、噪声低、维护简单、安装方便等特点，同时体积小、输出扭矩大、力矩变化响应快等，如日本安川的机器人专用伺服电动机。

在高精度伺服电动机和驱动器研制过程中有如下关键技术。

1) 快响应伺服控制技术

目前机器人的电动机驱动均具有三环控制，即位置环、速度环和电流环，由于机器人专用电动机对力矩变化响应具有快速性的要求，驱动器内环的深度控制是实现快速响应的关键技术，即对电动机的电流环直接控制。因此，其关键在电流环的干扰观测和前馈补偿算法的设计。基于综合性能指标优化的预测控制方法建立电动机的内部预测模型，以及内部预测模型的闭环优化策略是实现快速稳定的伺服响应的必经途径。

2) 在线参数自整定技术

在线参数自整定技术是针对工业应用所提出的。目前伺服系统都具有该功能，主要是为了实现机器人系统参数辨识功能，如关节的转动惯量、PID 参数自整定等方面。在线参数自整定技术的关键在于在线优化算法，通过不断地在线参数优化辨识系统参数，其高级应用在于通过应用在线惯量辨识算法，伺服驱动器可以自动判别工况变化，智能地调节伺服驱动控制器的控制参数。根据不同工况实现了参数的在线智能自适应调整功能。

3) 高过载倍数高转速电动机设计技术

电磁设计上选用特殊极槽配合，避免由于斜槽或斜极对电动机性能的削弱；结构上采用特种薄型制动器转子，采用表贴磁钢和分段式结构外加特殊钢套，完成这一系列的工序需要具备高品质的磨削技术和自动化加工能力。

3. 工业机器人控制系统

工业机器人的控制器开发过程中最显著的问题是工业机器人的操作系统。工业机器人的运动学控制对系统的实时性具有很高的要求。目前主流的工业机器人都是采用专门定制的运动控制卡，加上实时操作系统，这样既保证了数据的实时传输，又能保证运动控制的精确执行，大大提升了整个系统的稳定性，从而提升了机器人的性能。另外一些机器人产品是采用工业 PC 搭载高速总线的级伺服控制系统，其控制 PC 采用的是实时操作系统，如 Vxworks 或者 Windows ＋RTX 实时扩展平台保证软件运行环境的实时性，通过运动规划和运动控制单元可实现对总线式伺服驱动器的控制，从而达到对机器人的精确控制。采用实时操作系统来搭建机器人控制系统是一个很好的解决方案，然而，其代价也是昂贵的，由于实时操作系统的成本高，这很大程度上限制了国内工业机器人的产业化发展。

4. 工业机器人发展中存在的问题及展望

目前，我国已经能够生产具有国际先进水平的平面关节型装配机器人、直角坐标型机器人、弧焊机器人、点焊机器人、搬运码垛机器人等一系列产品，虽然不少品种已经实现了批量生产，但仍旧存在诸多问题，主要表现在以下方面。

(1) 基础零部件制造能力有待提高。目前国内生产工业机器人的核心零部件(如高精度伺服电动机、谐波减速器以及实时操作系统)都依赖进口，少量国产的零部件虽然可以用于工业机器人，但是对大负载的工业机器人零部件还是无能为力。

(2) 设计理念不够成熟。国内的机器人生产大部分立足于功能的实现，在稳定性方面的考虑目前和国外还有一定的差距，即国内研制的工业机器人性能不高。

(3) 国内工业机器人市场秩序混乱，随着我国对工业机器人需求的迅猛增长，多数企业看好工业机器人市场，大量企业蜂拥而上，并且企业实力良莠不齐势必造成国内工业机器人市场的恶性竞争。全国有数百家从事工业机器人研究生产的高校院所和企业，现行体制造成各家研究过于独立封闭，机器人研究与研发分散，未能形成合力，同一技术重复研究浪费大量的研发经费和研发时间，一些具有较好的机器人关键部件研发基础的企业纷纷转入机器人整机的生产，难以形成工业机器人研制、生产、制造、销售、集成、服务等有序、细化的产业链。

采用通用的操作系统处理机制的缺陷是不能满足工业机器人在运行过程中高稳定性和响应快速性的要求，控制系统的上下位机之间进行频繁地通信，实时性必然会跟不上运动控制的要求，从而大大地降低了工业机器人产业化的可能性。

尽管工业机器人发展至今技术已经非常成熟，工业机器人技术朝着智能化、重载、高精度、高速、网络化、协同化方向发展，在对绝对准确有要求的机器人设计中，经过不断改进，绝对精度可能会接近重复定位精度，通过材料技术的进步能减轻驱动器质量、提高刚度、提高伺服电动机和驱动器的平均功率比密度，由于离线训练技术和促进机器人与人类之间高效信息交换的接口技术的发展，工业机器人的智能化水平得到进一步提高。

综上所述，下一代工业机器人技术有如下特点。

(1)工业机器人除采用传统的位置、速度、加速度等传感器外，结合位置、力矩、力、视觉等信息反馈，柔顺控制、力位混合控制、视觉伺服控制等方法在复杂作业领域得到应用。

(2)随着工业机器人应用要求的提高，开发类人双臂的冗余自由度机器人。完成类似于人手臂的一系列动作，研究基于高性能、低成本总线技术的控制和驱动模式，提高控制系统的开放性，形成统一的工业机器人在各行业应用的行业应用标准。

(3)工业机器人的智能化、群体协调作业能力也应加强，以满足工业机器人在生产流水线的应用需要。面向工业机器人和操作员混合作业以及多工业机器人协调工作将是工业机器人的又一个发展方向。

(4)工业机器人通过人机交互方式建立模拟仿真环境。研发工业机器人自动/离线编程技术，增强人机交互和二次开发能力。解决工业机器人示教难的问题，实现以传感器融合、虚拟现实与人机交互为代表的智能化技术在工业机器人上的可靠应用，实现工业机器人与人的共生共融将是下一代工业机器人的重点研究内容。

目前工业机器人迎来了前所未有的发展机遇，招工难、用工难，企业对产品品质和效率提升的要求，促使工业机器人有着巨大的市场和应用前景。但是我国的工业机器人发展还存在着一系列的问题，这些问题的解决还需要我国企业与科研单位深入合作，解决包括材料、工艺、控制与机械设计在内的一系列问题。通过企业和市场的拉动真正解决工业机器人核心与应用的共性技术问题，才能使得我国工业机器人赶上或超越国外的水平。

5.5　快速成型技术与装备

5.5.1　快速成型分类及发展现状

1. 成型方式的分类

根据现代成型学的观点，可把成型方式分为以下几类。

(1)去除成型(Dislodge Forming)。去除成型是运用分离的方法，按照要求把一部分材料有序地从基体上分离出去而成型的加工方式。传统的车、铣、刨、磨等加工方法均属于去除成型。去除成型是目前制造业最主要的成型方式。

(2)添加成型(Additive Forming)。添加成型是指利用各种机械的、物理的、化学的等手段通过有序地添加材料来达到零件设计要求的成型方法。快速成型技术是添加成型的典型代表，它从思想上突破了传统的成型方式，可快速制造出任意复杂程度的零件，是一种非常有前景的新型制造技术。

(3)受迫成型(Forced Forming)。受迫成型是利用材料的可成型性(如塑性等)在特定外围约束(边界约束或外力约束)下成型的方法。传统的铸造、锻造和粉末冶金等均属于受迫成型的方式目前受迫成型还未完全实现计算机控制，多用于毛坯成型、特种材料成型等。

(4)生长成型(Growth Forming)。生长成型是利用生物材料的活性进行成型的方法，自然界中生物个体的发育均属于生长成型，"克隆"技术是在人为系统中的生长成型方式。随着活性材料、仿生学/生物化学、生命科学的发展，这种成型方式将会得到很大的发展和应用。

(5)快速成型(Rapid Prototyping)。快速成型技术又称为增材制造或3D打印技术。快速成型技术经过多年的发展，现已经在机械、汽车、国防、航空航天及医学领域得到了广泛的应用。从材料上看，快速成型可以使用光敏树脂、塑料、纸、特种蜡、聚合物、金属粉末、陶瓷粉末等材料，完成从CAD模型到金属零件的直接制造。

2. 快速成型技术的分类

快速成型技术根据成型方法可分为两大类：基于激光成型技术(Laser Forming Technology)，如光固化成型(Stereo Lithography Apparatus SLA)、分层实体制造(Laminated Object Manufacturing，LOM)、选域激光烧结(Selective Laser Sintering，SLS)、形状沉积成型(Shape Deposition Molding，SDM)等；基于喷射的成型技术(Spray Forming Technology)，如熔融沉积成型(Fused Depostion Modeling，FDM)、三维印刷(Three Dimension Printing，3DP)、多相喷射沉积(Multiphase Jet Deposition，MJD)，下面对目前比较成熟的快速成型工艺进行简单介绍。

1) SLA 工艺

SLA 工艺也称为光造型或立体光刻，由 Charles HuI 于 1984 年获美国专利。1988 年美国 3D System 公司推出商品化样机 SLA-I，这是世界上第一台快速成型机。SLA 各型成型机占据着快速成型设备市场的较大份额。

SLA 技术是基于液态光敏树脂的光聚合原理工作的，这种液态材料在一定波长和强度的紫外光照射下能迅速发生光聚合反应，分子量急剧增大，材料也就从液态转变成固态。图 5-46 为 SLA 工作原理图。液槽中盛满液态光固化树脂，激光束在偏转镜作用下，在液态表面上扫描，扫描的轨迹及光线的有无均由计算机控制，光点打到的地方液体就固化。成型开始时，工作平台在液面下一个确定的深度，聚焦后的光斑在液面上按计算机的指令逐点扫描，即逐点固化。当一层扫描完成后，未被照射的地方仍是液态树脂，然后升降台带动平台下降一层高度，已成型的层面上又布满一层树脂；刮板将黏度较大的树脂液面刮平，再进行下一层的扫描，新固化的一层牢固地粘在前一层上，如此重复直到整个零件制造完毕，得到一个三维实体模型。

SLA 方法是目前快速成型技术领域中研究得最多的方法，也是技术上最为成熟的方法。SLA 工艺成型的零件精度较高，加工精度一般可达到 0.1mm，原材料利用率近 100%。但这种方法也有自身的局限性，如需要支撑、树脂收缩导致精度下降、光固化树脂有一定的毒性等。

2) LOM 工艺

LOM 工艺称为叠层实体制造或分层实体制造，由美国 Helisys 公司的 Michael Feygin 于 1986 年研制成功。LOM 工艺采用薄片材料，如纸、塑料薄膜等。片材表面事先涂覆上一层热熔胶，加工时，热压辊热压片材，使之与下面已成型的工件黏接。用 CO_2 激光器在刚黏接的新层上切割出零件截面轮廓和工件外框，并在截面轮廓与外框之间多余的区域内切割出上下对齐的网格。激光切割完成后，工作台带动已成型的工件下降，与带状片材分离。供料机构转动收料轴和供料轴，带动料带移动，使新层移到加工区域。工作台上升到加工平面，热压辊热压，工件的层数增加一层，高度增加一个料厚，然后在新层上切割截面黏接，如此反复直至零件的所有截面黏接、切割完。最后，去除切碎的多余部分，得到分层制造的实体零件，如图 5-47 所示。

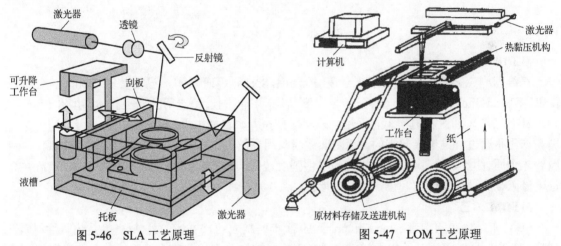

图 5-46　SLA 工艺原理　　　　　　　　图 5-47　LOM 工艺原理

LOM 工艺只需在片材上切割出零件截面的轮廓，而不用扫描整个截面。因此，成型厚壁零件的速度较快，易于制造大型零件。工艺过程中不存在材料相变，不易引起翘曲变形。工件外框与截面轮廓之间的多余材料在加工中起到了支撑作用，所以 LOM 工艺无须加支撑，缺点是材料浪费严重，表面质量差。

3) SLS 工艺

SLS 工艺称为选域激光烧结，由美国得克萨斯大学奥斯汀分校的 C. R. Dechard 于 1989 年研制成功。SLS 工艺是利用粉末状材料成型的，将材料粉末铺撒在已成型零件的上表面并刮平，用高强度的 CO_2 激光器在刚铺的新层上扫描出零件截面，材料粉末在高强度的激光照射下被烧结在一起，得到零件的截面，并与下面已成型的部分连接。当一层截面烧结完后，铺上新的一层材料粉末，有选择地烧结下层截面，如图 5-48 所示。烧结完成后去掉多余的粉末，再进行打磨、烘干等处理得到零件。

SLS 工艺的特点是材料适应面广，不仅能制造塑料零件厂，还能制造陶瓷、蜡等材料的零件，特别是可以制造金属零件，这使 SLS 工艺颇具吸引力。SLS 工艺无须加支撑，因为没有烧结的粉末起到了支撑的作用。

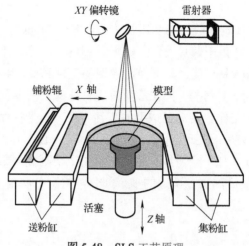

图 5-48　SLS 工艺原理

4) 3DP 工艺

三维印刷工艺是美国麻省理工学院 Emanal Sachs 等研制的，已被美国 Soligen 公司以 DSPC（Direct Shell Production Casting）名义商品化，用以制造铸造用的陶瓷壳体和型芯。

3DP 工艺与 SLS 工艺类似，采用粉末材料成型，如陶瓷粉末、金属粉末等。所不同的是材料粉末不是通过烧结连接起来的，而是通过喷头用黏结剂（如硅胶）将零件的截面"印刷"在材料粉末上面（图 5-49）。用黏结剂黏接的零件强度较低，还需后处理。先烧掉黏结剂，然后在高温下渗入金属，使零件致密化，提高强度。

5) FDM 工艺

FDM 工艺由美国学者 Scott Crump 于 1988 年研制成功。FDM 的材料一般是热塑性材料，如蜡、ABS、尼龙等，以丝状供料，材料在喷头内被加热熔化。喷头沿零件截面轮廓和填充轨迹运动，同时将熔化的材料挤出，材料迅速凝固，并与周围的材料凝结（图 5-50）。

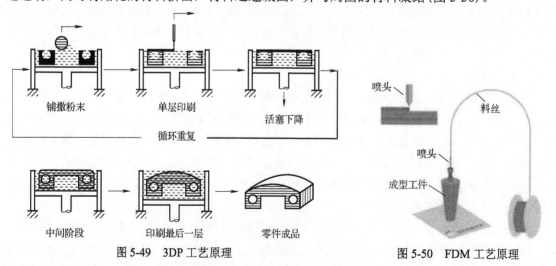

图 5-49　3DP 工艺原理　　　　　　　图 5-50　FDM 工艺原理

3. 快速成型技术国内外发展现状

快速成型技术经过 20 多年的发展，以其离散/堆积制造原理的崭新制造模式已形成千种新的制造行业。目前，快速成型技术已经得到了广泛的应用。

现如今，欧美等国家和地区的快速成型技术已经在电子领域、汽车制造业、航空业、医疗领域等初步形成成功的商业模式。据统计，2012 年美国生产的 70 多万件快速成型产品中，电子领域、汽车制造业、医疗领域和工业机械行业的产品比重较大。此外，快速成型技术在个性产品定制领域的应用也逐渐得到了广泛的运用。例如，国外有很多创意产品公司（如美国的 Quirky 公司）会通过网络平台征集客户的设计方案，并利用快速成型技术制成实体产品进行销售，取得了较好的收益。

我国对于快速成型技术的研究比国外起步较晚，但快速成型技术在国外各领域的应用中所展现的巨大潜力迅速引起了国内大批科研工作者、工业领域专家的重点关注，并使得我国的快速成型技术得到了迅猛发展，取得了大批研究成果。我国快速成型技术的研发与发展主要由清华大学、华中科技大学、西安交通大学等高校，以及赛隆公司、三迪时空、三帝科技等企业主导，进行快速成型机及快速成型技术的研发生产。我国在光固化成型系统、成型材料等方面也取得了一系列突破性进展，其成型精度达到了 0.2mm。但是就整体发展而言，我国与国外相比，国内的快速成型技术还有很多不足之处，有待进一步研究和发展。

从展望的角度出发，可以看出我国今后快速成型的发展将应围绕着以下几个方面开展。

（1）不断加强国家层面的战略布局，构建我国快速成型顶层设计，同时努力强化、细化政策引导，有序推进快速成型市场的良性发展。

（2）要清楚认识到快速成型并不会取代传统的制造技术，而是一种技术融合、一种对传统行业和传统技术的全面升级与改进。要适应时代发展，利用"互联网+"、大数据、云计算等技术进行数字化资源的优化整合，搭建更多开放式服务平台，真正实现快速成型与各产业间的深度融合。

（3）不断加强快速成型科学研究，尤其是制造工艺和材料研究。努力构建快速成型过程的实时反馈和误差分析系统，减少材料浪费，降低冗余度，实现绿色加工、智能制造；研究和开发新型材料、智能材料，丰富材料的多样性，提高材料的力学性能。

（4）不断加强快速成型标准化工作，努力构建符合我国国情的标准化体系，并通过不断完善和修正使之与增材制造产业的发展相协调，时刻保证以标准来规范和引领市场。

5.5.2 快速成型过程

快速成型的制作需要前端的 CAD 数字模型来支持，也就是说，所有的快速成型制造方法都是由 CAD 数字模型直接驱动的。来源于 CAD 的数字模型必须处理成快速成型系统所能接受的数据格式，而且在原型制作之前或制作过程中还需要进行叠层方向的切片处理。此外，样件反求以及来源于 CT 等的医学模型等的数据都需要转换成 CAD 模型，或直接转换成 RP 系统可以接受的数据。因此，在快速成型技术实施之前，以及原型制作过程中需要进行大量的数据准备和处理工作，数据的充分准备和有效的处理决定着原型制作的效率、质量和精度。在整个快速成型技术的实施过程中，数据的准备是必需的，数据的处理也是十分必要和重要的。

目前，基于数字化的产品快速设计有两种主要途径：一种是根据产品的要求或直接根据二维图纸在 CAD 软件平台上设计产品三维模型，常称为概念设计；另一种是在仿制产品时用扫描机对已有的产品实体进行扫描，得到三维模型，常称为反求工程，如图 5-51 所示。

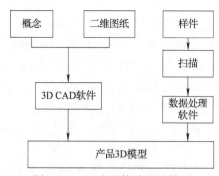

图 5-51　3D 产品快速设计模型

随着计算机硬件的迅猛发展,许多原来基于计算机工作站开发的大型 CAD/CAM 系统已经移植于个人计算机上,也反过来促进了 CAD/CAM 软件的普及。

新产品开发过程中的另一条重要路线就是样件的反求。反求工程(Reverse Engi- neering, RE)技术又称逆向工程技术,是 20 世纪 80 年代末期发展起来的一项先进制造技术,是以产品及设备的实物、软件(图纸、程序及技术文件等)或影像(图片、照片等)等作为研究对象,反求出初始的设计意图,包括形状、材料、工艺、强度等诸多方面。简单地说,反求就是对存在的实物模型或零件进行测量,并根据测量数据重构出实物的 CAD 模型,进而对实物进行分析、修改、检验和制造的过程。反求工程主要用于已有零件的复制、损坏或磨损零件的还原、模型精度的提高及数字化模型的检测等。

1. 构建 3D 模型

目前产品设计已经大面积地直接采用计算机辅助设计软件来构造产品三维模型,也就是说,产品的现代设计已基本摆脱传统的图纸描述方式,而直接在三维造型软件平台上进行。目前,几乎尽善尽美的商品化 CAD/CAM 一体化软件为产品造型提供了强大的空间,使设计者的概念设计能够随心所欲,且特征修改也十分方便。目前,应用较多的具有三维造型功能的 CAD/CAM 软件主要有 Unigraphics、Pro/ENGINEER、CATIA、Cimatron、Delcam、Solid Edge/MDT 等。

2. 打印模型的数据处理

快速成型制造设备目前能够接受如 STL、SLC、CLI、RPI、LEAF、SIF 等多种数据格式。其中,由美国 3DSystems 公司开发的 STL 文件格式可以被大多数快速成型机所接受,因此被工业界认为是目前快速成型数据的标准,几乎所有类型的快速成型制造系统都采用 STL 数据格式。

STL 文件的主要优势在于表达简单清晰,文件中只包含相互衔接的三角形面节点坐标及其外法矢。STL 数据格式的实质是用许多细小的空间三角形面来逼近还原 CAD 实体模型,这类似于实体数据模型的表面有限元网格划分。STL 模型的数据是通过给出三角形法向量的三个分量及三角形的三个顶点坐标来实现的。STL 文件记载了组成 STL 实体模型的所有三角形面,它有二进制(BINARY)和文本文件(ASCII 码)两种形式。

STL 文件的数据格式是采用小三角形来近似逼近三维实体模型的外表面,小三角形数量的多少直接影响着近似逼近的精度。显然,精度要求越高,选取的三角形应该越多。但是,就本身面向快速成型制造所要求的 CAD 模型的 STL 文件,过高的精度要求也是不必要的。因为过高的精度要求可能会超出快速成型制造系统所能达到的精度指标,而且三角形数量的增多会引起计算机存储容量的加大,同时带来切片处理时间的显著增加,有时截面的轮廓会产生许多小线段，不利于激光头的扫描运动，导致生产效率低和表面不光洁。所以，从 CAD/CAM 软件输出 STL 文件时，选取的精度指标和控制参数应该根据 CAD 模型的复杂程度以及快速原型精度要求的高低进行综合考虑。

不同的 CAD/CAM 系统输出 STL 格式文件的精度控制参数是不一致的，但最终反映 STL 文件逼近 CAD 模型的精度指标，表面上是小三角形的数量，实质上是三角形平面逼近曲面时的弦差的大小。弦差指的是近似三角形的轮廓边与曲面之间的径向距离。从本质上看，用有限的小三角形平面的组合来逼近 CAD 模型表面，是原始模型的一阶近似，它不包含邻接关系信息，不可能完全表达原始设计的意图，离真正的表面有一定的距离，而在边界上有凸凹现象，所以无法避免误差。

3. STL 文件的纠错处理

1) STL 文件的基本规则

(1) 取向规则。STL 文件中的每个小三角形平面都是由三条边组成的，而且具有方向性。三条边按逆时针顺序由右手定则确定面的法矢指向所描述的实体表面的外侧。相邻的三角形的取向不应出现矛盾，如图 5-52 所示。

(2) 点点规则。每个三角形必须也只能与它相邻的三角形共享两个点，也就是说，不可能有一个点会落在其旁边三角形的边上，图 5-53 示意了存在问题的点。因为每一个合理的实体面至少应有 1.5 条边，因此下面的三个约束条件在正确的 STL 文件中应该得到满足：① 面必须是偶数的；② 边必须是 3 的倍数；③ 2×边=3×面。

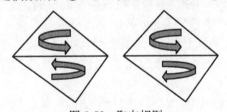

图 5-52　取向规则

图 5-53　点点规则

(3) 取值规则。STL 文件中所有的顶点坐标必须是正的，零和负数是错的。然而，目前几乎所有的 CAD/CAM 软件都允许在任意的空间位置生成 STL 文件，唯有 AutoCAD 软件还要求必须遵守这个规则。

STL 文件不包含任何刻度信息，坐标的单位是随意的。很多快速成型前处理软件是以实体反映出来的绝对尺寸值来确定尺寸的单位。STL 文件中的小三角形通常是以 z 增大的方向排列的，以便于切片软件的快速解算。

(4) 合法实体规则。STL 文件不得违反合法实体规则，即在三维模型的所有表面上，必须布满小三角形平面，不得有任何遗漏(即不能有裂缝或孔洞)，不能有厚度为零的区域，外表面不能从其本身穿过等。

2) 常见的 STL 文件错误

像其他的 CAD/CAM 常用的交换数据一样，STL 也经常出现数据错误和格式错误，其中最常见的错误如下。

(1) 遗漏。尽管在 STL 数据文件标准中没有特别指明所有的 STL 数据文件所包含的面必须构成一个或多个合理的法定实体，但是正确的 STL 文件所含有的点、边、面和构成的实体数量必须满足如下的欧拉公式：

$$F - E + V = 2 - 2H \tag{5-1}$$

式中，F(Face)、E(Edge)、V(Vertix)、H(Hole)分别为面数、边数、点数和实体中穿透的孔洞数。

(2)退化面。退化面是STL文件中另一个常见的错误。它不像上面所说的错误一样，它不会造成快速成型加工过程的失败。这种错误主要包括两种类型：①点共线；②点重合。

(3)模型错误。这种错误不是在STL文件转换过程中形成的，而是由CAD/CAM系统中原始模型的错误引起的，这种错误将在快速成型制造过程中表现出来。

(4)错误法矢面。进行STL格式转换时，会因未按正确的顺序排列构成三角形的顶点而导致计算所得法矢的方向相反。为了判断是否错误，可将怀疑有错的三角形的法矢方向与相邻的一些三角形的法矢方向加以比较。

3) STL文件浏览和编辑

由于STL文件在生成过程中以及原有的CAD模型等经常会出现一些错误，因此，为保证有效地进行快速原型的制作，对STL文件进行浏览和编辑处理是十分必要的。目前，已有多种用于观察和编辑(修改)STL格式文件及与RP数据处理直接相关的专用软件。

4) STL文件的输出

当CAD模型在一个CAD/CAM系统中完成之后，在进行快速原型制作之前，需要进行STL文件的输出。目前，几乎所有的商业化CAD/CAM系统都有STL文件的输出数据接口，而且操作和控制十分方便。

在STL文件输出过程中，根据模型的复杂程度和所要求的精度指标，可以选择STL文件的输出精度。下面以12～NX软件为例，示意STL文件的输出过程及精度指标的控制。

(1)选择File菜单中的Export命令，在其下拉菜单中选择Rapid-Prototyping操作。

(2)出现对话框后，可以选择输出格式(BINARY、ASCII码)、角度公差及拼接公差，也可以选择系统默认值，单击"OK"按钮完成。这时系统会提示输入STL头文件信息，头文件信息可以不添加，直接单击"OK"按钮完成。

(3)用鼠标左键选择要输出的实体，这时被选择的实体会改变颜色以示选中，单击"OK"按钮完成。

5.5.3　快速成型技术的应用

1. 快速成型在机械制造中的应用

在机电产品的设计中，可利用3D传感器和三维扫描仪对机电产品进行三维测量与模型重建。应用快速成型技术，进行机电产品三维形态打印生成，对外形的情况进行修改，重建模型，得出需要的数字设计建模，再通过快速成型装备实现产品数字化、智能化、集成化、柔性化制造。图5-54(a)为熔模铸造运用在电动工具的铸件，图5-54(b)为熔模铸造运用在汽车零部件的铸件，图5-54(c)为熔模铸造运用在航空发动机的铸件。图5-55为基于FDM打印的车身及进气歧管。

(a)　　　　　　　　(b)　　　　　　　　(c)

图5-54　3D打印生产熔模铸造的铸件

图 5-55　基于 FDM 打印的车身及进气歧管

2. 快速成型在航空制造中的应用

随着航空产品复杂程度的不断提高和研制周期的不断缩短，人们对复杂精密部件和大型构件的制造提出了更高要求，使传统的加工制造工艺面临着巨大挑战。具有自由成型、全数字化、无需模具、材料高利用率等特点的快速成型技术给航空制造技术提供了新的研究方向。在航空设计制造领域引进快速成型技术，通过互补协同式发展，有助于解决小批量复杂产品制造成本过高和客户个性化需求问题，能够有效缩短产品型号的研制周期。图 5-56 为澳大利亚莫纳什(Monsah)大学吴新华教授及其团队联合迪肯(Deakin)大学和澳大利亚联邦科学与工业研究组织(CSIRO)的相关人员快速成型了两台用于概念验证的喷气发动机。

图 5-56　概念验证的燃气涡轮发动机

3. 快速成型在汽车零件、无人机、模具热流道等制造领域中的应用

对于汽车零件、模具热流道、无人机等复杂结构产品，特别是首个样品生产，应用快速成型的方法，可能会降低样品的制造成本，缩短制造周期。例如，用快速成型技术打印方法生产的发动机进气歧管、模具的热流道、无人机机体分别如图 5-57(a)、(b)、(c)所示。

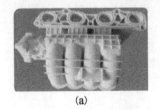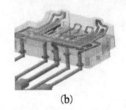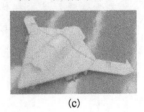

(a)　　　　　　　　　　(b)　　　　　　　　　　(c)

图 5-57　3D 打印在汽车、模具、无人机等制造中的应用

4. 快速成型在医学领域中的应用

日本筑波大学的科研团队于 2015 年 7 月宣布，已研发出用快速成型机低价制作可以看清血管等内部结构的肝脏立体模型的方法，如图 5-58(a)所示。据介绍，该方法如果投入应用，可以为每位患者定制模型，有助于术前确认手术顺序以及向患者说明治疗方法。

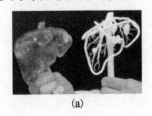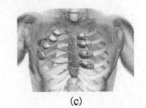

(a)　　　　　　　　　　(b)　　　　　　　　　　(c)

图 5-58　3D 打印在医学领域中的应用

2014 年 10 月，医生和科学家使用快速成型技术为英国苏格兰一名 5 岁女童装上手掌。这名女童出生时左臂就有残疾，没有手掌，只有手腕。在医生和科学家的合作下，为她设计了这种专用假肢并成功安装，如图 5-58(b)所示。

2015 年，科学家为传统的快速成型身体部件增添了一种钛制的胸骨和胸腔——快速成型胸腔，如图 5-58(c)所示。这个快速成型部件的接受者是一位 54 岁的西班牙人，他患有一种胸壁肿瘤，这种肿瘤形成于骨骼、软组织和软骨当中，医生不得不切除病人的胸骨和部分肋骨，以阻止癌细胞扩散。

图 5-59　3D 打印房屋

5. 快速成型在房屋建筑中的应用

2014 年 8 月，10 幢快速成型建筑在上海张江高新青浦园区内交付使用，如图 5-59 所示。作为当地动迁工程的办公用房，这些"打印"的建筑墙体是用建筑垃圾制成的特殊"油墨"，按照计算机设计的图纸和方案，经一台大型快速成型机层层叠加喷绘而成，10 幢小屋的建筑过程仅花费 24h。

习题与思考五

1. 简述智能制造装备的定义、特点和发展趋势。
2. 高档数控机床是如何定义的？你能举例说明某一机床是属于高档数控机床。
3. 高档数控机床的关键技术有哪些？
4. 举例说明哪些机床是精密、超精密和智能机。
5. 工业机器人是怎样分类的？
6. 工业机器人核心部件包括哪些？
7. 快速成型通常分为哪几种类型？各有什么特点？

第6章　控制电动机技术

6.1　概　　述

电动机是智能制造系统中传动以及控制的重要组成部分。随着科学技术的发展，电动机在实际应用中的重点已经开始从过去简单的传动要求向复杂的控制要求转移，尤其是对电动机的速度、位置、转矩的精准控制。电动机根据不同的应用会有不同的设计和驱动方式。

伺服电动机能将输入的电压信号转换为电动机轴上的机械输出量，拖动被控元件（如滚珠丝杠、齿轮、皮带轮、直线导轨等）运动。一般来说，伺服电动机要求电动机的转速要受所加电压信号的控制；转速能随着所加电压信号的变化而连续变化；转矩能通过控制器输出的电流开展控制；要求伺服电动机的反应速度要快，体积和控制功率要小。伺服电动机主要应用在各种运动控制中，尤其是随动控制系统。

步进电动机是一种将电脉冲信号转化为角位移的执行元件。当步进驱动器接受到一个电脉冲信号时，它就驱动步进电动机按照设定的方向转动一个固定的角度（步距角）；同时还可以通过控制脉冲频率来控制电动机的速度和加速度，从而达到调速的目的。常用的步进电动机主要包括反应式步进电动机和单相式步进电动机等。

力矩电动机是一种扁平型多极永磁直流电动机。其电枢有较多的槽数、换向片数和串联导体数，用来降低转矩脉动和转速脉动。力矩电动机有直流力矩电动机和交流力矩电动机两种。其中，直流力矩电动机的自感电抗很小，所以响应性能好；其输出力矩与输入电流成正比，与转子的速度和位置无关；它可以在接近堵转状态下直接和负载连接，低转速运行，而不用齿轮减速，所以在负载的轴上能产生很高的力矩对惯性比，并能消除由于使用减速齿轮而产生的系统误差。交流力矩电动机又可分为同步和异步两种，目前常用的是鼠笼式异步力矩电动机，它具有低转速和大力矩的特点。通常在纺织工业中经常使用交流力矩电动机，其工作原理和构造与单向异步电动机一样，但是由于其鼠笼式转子的电阻较大，所以其机械特性较软。

变频器是应用变频技术与微电子技术，通过改变电动机工作电源频率方式来控制交流电动机的电力控制设备。变频器主要由整流（交流变直流）、滤波、逆变（直流变交流）、制动单元、驱动单元、检测单元、微处理单元等组成。变频器靠内部 IGBT（绝缘栅双极型晶体管）的开、断来调整输出电源的电压和频率，根据电动机的实际需要来提供其所需的电源电压，进而达到节能、调速的目的。另外，变频器还有很多的保护功能，如过流、过压、过载保护等。随着工业自动化程度的不断提高，变频器得到越来越广泛的应用。

6.2 伺服电动机与控制技术

近年来，随着自动控制理论的发展，伺服电动机的技术逐渐趋于成熟，并得到了广泛应用。特别是伴随着微电子技术和计算机技术的飞速进步，伺服技术更是如虎添翼突飞猛进，其应用几乎遍及社会的各个领域。

伺服技术在机械制造行业中用得较多、较广，各种机床运动部分的速度控制、运动轨迹控制、位置控制，多是依靠各种伺服技术来控制的。它们不仅能完成转动控制、直线运动控制，而且能依靠多台伺服电动机控制的配合，完成复杂的空间曲线运动的控制，如仿型机床的控制、机器人手臂关节的运动控制等。高精度的伺服技术可以完成的运动精度高、速度快，并可以完成依靠人工操作不可能达到的控制。

伺服技术还大量应用在人工无法操作的场所中，例如，在冶金工业中，电弧炼钢炉、粉末冶金炉等的电极位置控制；水平连铸机的拉坯运动控制；轧钢机轧辊压下运动的位置控制等。在运输行业中，电气机车的自动调速、高层建筑中电梯的升降控制、船舶的自动操舵、飞机的自动驾驶等，都广泛应用了各种伺服控制技术。

在军事上，伺服技术用得更为普遍，如雷达天线的自动瞄准跟踪控制、高射炮和战术导弹发射架的瞄准运动控制、坦克炮塔的防摇稳定控制、防空导弹的制导控制等。

在精密仪器和计算机外围设备中，也采用了不少伺服系统，如自动绘图仪的画笔控制系统、磁盘驱动系统等。如今我国已成为世界上少有的几个能生产激光电视放像系统的国家，用激光将信息录制在光盘上，一圈信息在电视机上构成一幅画面，放像过程使用很细的激光束沿信息道读取信息，各信息具有相应的控制精度，以保证获取清晰稳定的画面。这种具有高精度伺服系统的激光电视机，已开始进入人们的家庭生活中。

6.2.1 伺服电动机

伺服电动机也称执行电动机，在自动控制系统中作为执行元件，它的作用是将输入的电压信号转换为转轴上的转速输出，输入的电压信号又称为控制信号或控制电压；改变控制电压的大小和电源极性，就可以改变伺服电动机的转速和转向。

近年来，伺服电动机的应用日益广泛，因此对它的要求也越来越高。新材料和新技术的应用，使伺服电动机的性能有了很大提高。

伺服电动机的工作条件与一般动力用电动机有很大差别，它的启动/制动和反转十分频繁，大多数时间电动机处于接近于零的低速状态和过渡过程中，因此对伺服电动机的主要要求有以下几点。

(1)无自转现象。即当控制信号消失时，伺服电动机必须自行停止转动。控制信号消失后电动机继续转动的现象称为自转现象。在自动控制系统中，不允许电动机有自转现象存在。

(2)空载始动电压低。电动机空载时，转子无论在任何位置，从静止到连续转动的最小控制电压称为始动电压。始动电压越小，电动机越灵敏。

(3)机械特性和调节特性的线性度好。即从零转速到空载转速范围内，电动机应能平滑稳定地调速。

(4)响应快速。即要求电动机的机电时间常数小,转速能随控制电压的变化而迅速变化。

常用的伺服电动机可分为直流伺服电动机和交流伺服电动机两种。直流伺服电动机通常用在功率稍大的系统中,输出功率一般为1~600W,也有的可达数千瓦;交流伺服电动机的输出功率一般为0.1~100W,其中最常用的在30W以下。下面对它们分别进行介绍。

6.2.2 直流伺服电动机及其控制

直流伺服电动机是用直流电供电的电动机,当它在机电一体化设备中作为驱动元件时,其功能是将输入的受控电压/电流能量转换为电枢轴上的角位移或角速度输出。

直流伺服电动机如图6-1所示,它由定子、转子(电枢)、整流子、电刷和机壳组成。定子的作用是产生磁场,它分为永久磁铁或铁心、线圈绕组组成的电磁铁两种形式;转子由铁心、线圈组成,用于产生电磁转矩;整流子和电刷用于改变电枢线圈的电流方向,保证电枢在磁场作用下连续旋转。

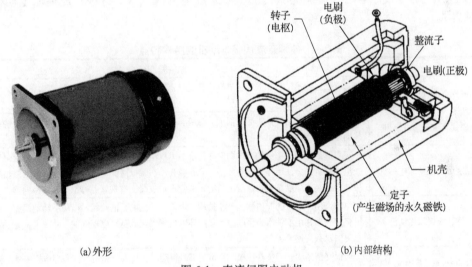

(a)外形   (b)内部结构

图 6-1   直流伺服电动机

直流伺服电动机的工作原理与普通直流电动机基本相同,给电动机定子的励磁绕组通以直流电或用永久磁铁,会在电动机中产生极性不变的磁场。当电枢绕组两端加直流控制电压 U_a 时,电枢绕组中便产生电枢电流 I_a。电枢通过导件在磁场中受到电磁力的作用,产生电磁转矩 M,驱动电动机转动起来。电动机旋转后,电枢导件切割磁场磁力线产生感应电势 E_a,其极性与 U_a 为反极性串联,称为反电势。当电动机稳定运行时,电磁转矩与空载阻转矩 M_0 和负载转矩 M_L 相平衡。当电枢控制电压 U_a 或负载转矩 M_L 发生变化时,电动机输出的电磁转矩随之发生变化,电动机将由一种稳定运行状态过渡到另一种稳定运行状态,达到一种新的平衡。

1. 直流伺服电动机的特点

(1)稳定性好。直流伺服电动机具有较好的力学性能,能在较宽的速度范围内稳定运行。

(2)可控性好。直流伺服电动机具有线性的调节特性,能使转速正比于控制电压;转向取决于控制电压的极性(或相位);控制电压为零时,转子惯性很小,能立即停止。

(3)响应迅速。直流伺服电动机具有较大的启动转矩和较小的转动惯量,在控制信号增加、减小或消失的瞬间，直流伺服电动机能快速启动、快速增速、快速减速和快速停止。

(4)控制功率低，损耗小。

(5)转矩大。直流伺服电动机广泛应用在宽调速系统和精确位置控制系统中，其输出功率一般为 1～600W，也有的达数千瓦。电压有 6V、9V、12V、24V、27V、48V、110V、220V等。转速可达 1500～1600r/min。时间常数低于 0.03。

2. 直流伺服电动机的分类与结构

直流伺服电动机的品种很多，按照激磁方式可分为电磁式和永磁式两类。电磁式直流伺服电动机大多是他激磁式直流伺服电动机；电磁式直流伺服电动机和一般永磁式直流电动机一样，用氧化铁、铝镍钴等磁材料产生激磁磁场。在结构上，直流伺服电动机分为一般电枢式、无刷电枢式、绕线盘式和空心杯电枢式等。为避免电刷换向器的接触，还有无刷直流伺服电动机。根据控制方式，直流伺服电动机可分为磁场控制方式和电枢控制方式。永磁式直流伺服电动机采用电枢控制方式，电磁式直流伺服电动机多采用电枢控制式。各种直流伺服电动机的结构特点见表 6-1。

表 6-1　各种直流伺服电动机的结构特点

分类		结构特点
普通型	永磁式直流伺服电动机	与普通直流电动机相同，但电枢铁长度与直径之比较大，气隙也较小，磁场由永久磁钢产生，无需励磁电源
	电磁式直流伺服电动机	定子通常由硅钢片冲制叠压而成，磁极和磁轭整体相连，在磁极铁心上套有励磁绕组，其他同永磁式直流电动机
低惯量型	电刷绕组直流伺服电动机	采用圆形薄板电枢结构，轴向尺寸很小，电枢由双面敷铜的胶木板制成，上面用化学腐蚀或机械刻制的方法用印刷绕组。绕组导体裸露，在圆盘两面呈放射形分布。绕组散热好，磁极轴向安装，电刷直接在圆盘上滑动，圆盘电枢表面上有裸露导体部分起着换向器的作用
	无槽直流伺服电动机	电枢采用无齿槽的光滑圆柱铁心结构，电枢制成细而长的形状，以减小转动惯量，电枢绕组直接分布在电枢铁心表面，用耐热的环氧树脂固化成型。电枢气隙尺寸较大，定子采用高电磁的永久磁钢励磁
	空心杯电枢直流伺服电动机	电枢绕组用漆包线绕在线模上，再用环氧树脂固化成杯形结构，空心杯电枢内外两侧由定子铁心构成磁路，磁极采用永久磁钢，安放在外定子上
直流力矩伺服电动机		直流力矩伺服电动机设计主磁通为径向盘式结构，长径比一般为 1：5，扁平结构宜于定子安置多块磁极，电枢选用多槽、多换向片和多串联导体。总体结构有分装式和组装式两种。通常定子磁路有凸极式和稳极式
无刷直流伺服电动机		无刷直流伺服电动机由电动机主体、位置传感器、电子换向开关三部分组成。电动机主体由一定极对数的永磁钢转子(主转子)和一个多向的电枢绕组定子(主定子)组成，转子磁钢有二极或多极结构。位置传感器是一种无机械接触的检测转子位置的装置，由传感器转子和传感器定子绕组串联，各功率元件的导通与截止取决于位置传感器的信号

直流伺服电动机大多用机座号表示机壳外径，国产直流电动机的型号命名包含四个部分。其中，第一部分用数字表示机座号，第二部分用汉语拼音表示名称代号，第三部分用数字表示性能参数序号，第四部分用数字和汉语拼音表示结构派生代号。例如，28SY03-C 表示 28 号机座永磁式直流伺服电动机、第 3 个性能参数序号的产品、SY 系列标准中选定的一种基本安装形式、轴伸形式派生为齿轮轴伸。又如，45SZ27-5J 表示 45 号机座电磁式直流伺服电动机、第 27 个性能参数序号的产品、安装形式为 K5、轴伸形式派生为键槽轴伸。下面以枢控式直流伺服电动机为例，介绍其工作原理和运行特点。

1) 枢控式直流伺服电动机的工作原理

图 6-2 为枢控式直流伺服电动机的工作原理图。图中，当励磁绕组接在恒定的励磁电压 U_f 上时，励磁绕组中便有励磁电流 I_f 流过，并产生磁通 $\varPhi$；当控制绕组（即电枢绕组）收到控制电压 U_k 时，电枢绕组中就产生电枢电流，该电流与励磁磁通 $\varPhi$ 相互作用产生电磁力，形成转矩，使枢控式直流伺服电动机转动。当控制电压 U_k 消失时，电枢电流为零，电磁转矩也为零，枢控式直流伺服电动机停转。改变控制电压 U_k 的大小和极性，

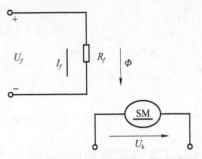

图 6-2　枢控式直流伺服电动机的工作原理

枢控式直流伺服电动机的转向和转速将随之改变，因此可使枢控式直流伺服电动机处于正转、反转或调速的运行状态。

2) 枢控式直流伺服电动机的运行特点

(1) 机械特性。与他励直流电动机相似，枢控式伺服电动机的机械特性方程式为

$$n = \frac{U_k}{C_e \varPhi} - \frac{I_a R_a}{C_e C_T \varPhi^2} T_{em} \tag{6-1}$$

式中，保持励磁磁通 $\varPhi$ 不变，当 U_k 大小不同时，电动机的机械特性 $n = f(T)$ 是一组平行直线，如图 6-3 所示。由于电枢电阻 R_a 的阻值较大，故机械特性较软。对应同一 U_k，转矩大时转速低，转矩的增加与转速的下降成正比关系。

(2) 调节特性。调节特性是指在电磁转矩 T_{em} 恒定的情况下，电动机的转速 n 与控制电压 U_k 的关系，即 $n = f(U_k)$。

由机械特性方程式 (6-1) 可知，枢控式直流伺服电动机的调节特性 $n = f(U_k)$ 也是一组平行直线，如图 6-4 所示。从图中可以看出，不同的电磁转矩 T_{em} 下，调节特性有不同的始动电压 U_k。例如，当转矩为 T_{em} 时，始动电压为 U_k。

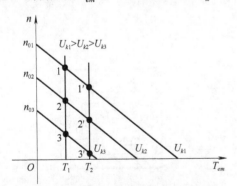

图 6-3　枢控式直流伺服电动机的机械特性

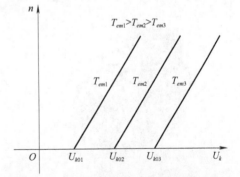

图 6-4　枢控式直流伺服电动机的调节特性

直流伺服电动机多用于阀门开环控制系统和数控设备闭环控制系统，其应用分别如图 6-5 和图 6-6 所示。

直流伺服电动机的主要优点是体积小、启动转矩大、无自转现象、线性度好、调速范围大、效率高；主要缺点是结构复杂、电刷和换向器的维护工作量大，且其接触电阻大小不稳定，影响低速运行时的稳定性。另外，运行时电刷与换向器之间的火花还会产生有害的无线电干扰。

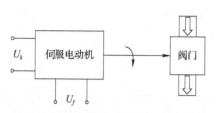

图 6-5 直流伺服电动机阀门开环控制

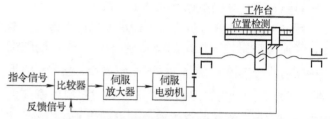

图 6-6 直流伺服电动机数控设备闭环控制

6.2.3 交流伺服电动机及其控制

交流电动机无论在数量上、装机容量上还是在应用范围方面，在拖动系统中一直占据着主导地位。这是因为交流电动机具有结构简单、维修方便、工作可靠、价廉等优点。但在调速性能方面却让位于直流拖动系统。随着功率半导体的出现，微电子技术、微型计算机技术的迅速发展，以及现代控制理论的应用，交流电动机与变频调速系统的理论和实践更加完善。特别是近年来交流调速系统迅速地取代直流调速系统而占据主导地位。

交流伺服电动机的外形如图 6-7(a) 所示。交流伺服电动机的转子有两种类型：笼形转子和非磁性杯形转子。笼形转子的结构类型同普通笼形感应电动机一样，但是为了减小其转动惯量，使其具有快速响应的特点，其转子比普通感应电动机的转子细而长。非磁性杯形转子的电动机结构除了具有和普通感应电动机一样的定子(称为外定子)，还有一个转子。内定子是由硅钢片叠成的圆柱体，其上通常没有绕组，只是代替笼形转子铁心作为磁路的一部分。非磁性杯形转子是由厚度为 0.3mm 左右的铜箔或铝箔制成的圆柱杯，安放在外定子与内定子所形成的气隙中。杯形转子可以看成无数导条并联而成的笼形转子，其工作原理与笼形转子相同，其结构如图 6-7(b) 所示。图中，1 为励磁绕组；2 为控制绕组；3 为内定子；4 为外定子；5 为转子。非磁性杯形转子的优点是：转动惯量小，快速响应性能好，运转平稳无抖动；缺点是：气隙间隙增大，从而使励磁电流增大，功率因数和效率降低。

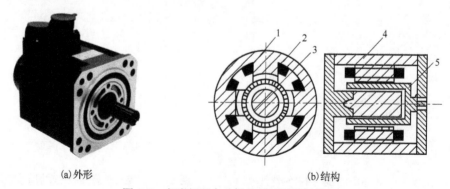

(a)外形   (b)结构

图 6-7 交流伺服电动机的外形及其结构

1. 交流伺服电动机的结构特点

交流伺服电动机采用全封闭无刷结构，其定子省去了铸件壳体，结构紧凑、外形小、重量轻。定子铁心比一般电动机开槽多且深，线圈镶嵌在定子铁心上，绝缘可靠，磁场均匀，散热效果好，因此传给机械部分的热量小，提高了整个系统的可靠性。转轴安装有高精度的脉冲编码器作为检测元件，所以交流伺服电动机以其高性能、大容量日益受到广泛的重视和应用。

2. 交流伺服电动机的控制方法

1) 异步电动机转速的基本关系式

异步电动机转速的基本关系式为

$$n = \frac{60f}{p}(1-S) = n_0(1-S) \tag{6-2}$$

式中，n 为电动机转速(r/min)；f 为电源电压频率(Hz)；p 为电动机磁极对数；$n_0 = \frac{60f}{p}$ 为

电动机定子旋转磁场转速或称同步转速(r/min)；$S = \frac{n_0 - n}{n_0}$ 为转差率。

由式(6-2)可见，改变异步电动机转速的方法有以下三种。

(1) 改变磁极对数 p 调速。一般所见的交流电动机磁极对数不能改变，磁极对数可变的交流电动机称为多速电动机。通常，磁极对数设计成 4/2、8/4、6/4、8/6/4 等。显然，磁极对数只能成对地改变，转速只能成倍地改变，速度不可能平滑调节。

(2) 改变转差率 S 调速。这种方法只适用于绕线式异步电动机，在转子绕组回路中串入电阻使电动机机械特性变软，转差率增大。串入电阻越大，转速越低，调速范围通常为 3:1。

(3) 改变频率 f 调速。如果电源频率能平滑调节，那么速度也就可能平滑改变。目前，高性能的调速系统大都采用这种方法，设计出了专门为电动机供电的变频器 VFD。

2) 变频器

三相异步电动机定子电压方程为

$$U_1 \approx E_1 = 4.44 f_i W_1 K_1 \phi_m \tag{6-3}$$

式中，U_1 为定子相电压；E_1 为定子相电势；f_i 为工作频率；W_1 为定子绕组匝数；K_1 为定子绕组基波组系数；ϕ_m 为定子与转子间气隙磁通最大值。

在方程(6-3)中，$W_1 K_1$ 为电动机结构常数。改变频率调速的基本问题是必须考虑充分利用电动机铁心的磁性能，尽可能使电动机在最大磁通条件下工作，同时必须充分利用电动机绕组的发热容限，尽可能使其工作在额定电流下，从而获得额定转矩或最大转矩。在减小 f 调速时，由于铁心有饱和量，不能同时增加 ϕ_m，增大 ϕ_m 会导致励磁电流迅速增大，从而使产生转矩的有功电流相对减小，严重时会损坏绕组。因此，降低 f 调速，只能保持 ϕ_m 恒定，要保持 ϕ_m 不变，只能降低电压 U_1 且保持

$$\frac{U_1}{f_1} = 常数$$

这种压(电压)频(频率)比的控制方式称为恒磁通方式控制，又称为压频比的比例控制。

如果用频率升高来进行调速($f_{\text{工作}} > f_{\text{额定}}$)，由于电动机的工作电压 U_1 不能大于额定工作电压 U_0，只能保持电压恒定，有

$$U_1 \propto \phi_m \propto f_i \quad 即 \quad \phi_m \propto 1/f_1$$

此种控制方式称为弱磁变频调速。

进一步分析可得出如下结论：低于电动机额定频率(基频)的调速是恒转矩变频调速，U_1/f_1

为常数；高于电动机额定频率的调速为恒功率调速，U_1＝常数，如图 6-8 所示。

我国电网频率为 50Hz，是固定不变的，而电力拖动的能源大多数取自交流电网。因此，设计一个价格低廉、工作可靠、控制方便的变频器已成为拖动系统中的一个重要研究课题。目前国内主要采用晶闸管和功率晶体管组成的静止变频器。将工频交流电压整流成直流电压，经过逆变器变换成可变频率的交流电压，这种变频器称为间接变频器或称为交-直-交变频器。另一类变频器是没有中间环节，直接从电网的工频电压变换成频率、电压可调的交流电压，称为直接变频器或称为交-交变频器、循环变频器、相控变频器。

交-直-交变频器根据中间滤波环节的主要储能元件不同，又分成电压型(电容电压输出)和电流型(电感电流输出)两类。图 6-9 为交-直-交电压型变频器主回路框图。由于电流型变频器输出电流中含高次谐波分量较大，很少采用脉宽调制方法，通常仅用于低频段，输出波形为方波、多重阶梯波或脉冲调制波。交-交变频器也分为电压型和电流型两种，输出方波或正弦波。

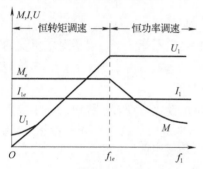

图 6-8　异步电动机变频调速性质

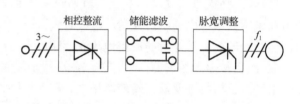

图 6-9　交-直-交电压型变频器主回路框图

3) 脉宽调制(PWM)原理

交-直-交变频器输出都有矩形波，且含有较大的谐波分量。用矩形波给电动机供电，效率将降低 5%～7%，功率因数下降 8%左右，电流增大 16%左右。若用交流滤波消除谐波分量，这不仅不经济，而且使变频器的输出特性变差，目前广泛采用 PWM 技术。PWM 变频器输出的是一系列频率可调的脉冲波，脉冲的幅值恒定，宽度可调。根据 U_1/f_1 的比值，在变频的同时改变电压，如按正弦波规律调制，就得到接近于正弦波的输出电压，从而使谐波分量大大减小，提高电动机的运行性能。

PWM 的工作原理如图 6-10 所示。图中将正弦波正半周等分成十二等份，每等份可用矩形脉冲来等效。等效是指在相对应的时间间隔内，正弦波每等份所包含的面积与矩形脉冲的面积相等，系列脉冲波就等效于正弦波。这种用相等时间间隔正弦波的面积来调制脉冲宽度的方法，称为正弦波脉宽调制(SPWM)。显然，单位周期内脉冲数越多，等效的精度越高，谐波的划分越小，输出越接近于正弦波，输出脉冲的频率与变频器开关元件和速度有关。

脉宽调制分为单极性和双极性两种。图 6-11 为单极性调制脉冲的方法。图中，u_r 为正弦波基准信号，u_T 为等幅等距的三角波信号，u_r、u_T 两波曲线的交点，即相应变流器件换流的开关点。交点间隔为被调制脉冲的宽度。可以看出，随着 u_r 幅值和频率的变化，调制出的脉冲波 u_d 也会在宽度上和频率上相应地变化，从而保证 U_1/f_1 为常数。为了获得正弦波的负半周输出，在 u_r 波形的 $\pi \sim 2\pi$ 时间内输出需进行倒相。应注意的是，只有在整个调制区间内 $u_r < u_T$，才能得到正确的开关点。

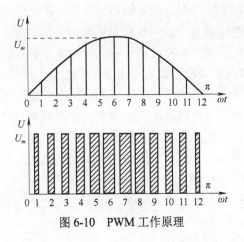

图 6-10　PWM 工作原理

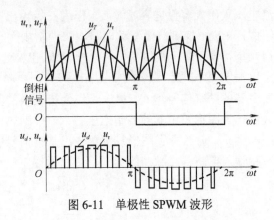

图 6-11　单极性 SPWM 波形

图 6-12 给出了三相双极性 SPWM 的波形图。图中，u_{ra}、u_{rb}、u_{rc} 为三相正弦波基波信号，u_T 为三角波信号。正弦波与三角波的交点为变流器的开关点，调制原理与单极性 SPWM 相同。u_r、u_T 均为对称的双极性波，故调制出的脉冲波也为双极性，不需要反相器。图中虚线为输出电压的等效正弦波 u_a、u_b、u_c。如果三角波的频率 f_T 与正弦波基准电压的频率 f_1 的比例为一常数（常数为 3 的倍数），则在变频时每半周中的脉冲数相等，且正负半周对称，这种调制方式称为同步式 PWM；否则，称为异步式 PWM。例如，f_T＝常数，f_1（u_r 的频率）发生变化，调制出的每周脉冲是变化的，即异步式 PWM。同步式 PWM 波正负半周对称，没有偶次谐波，电动机运行比较稳定。在高频时受开关频率限制应逐段减少每周脉冲数。额定频率以上，为提高电压利用率应采用矩形波输出，低频时谐波分量较大，控制比较复杂。异步式 PWM 三角波频率 f_T 不变，随 u_r 的频率 f_1 升高，自动减少每周脉冲数，所以控制简单。由于正负半周不对称，存在偶次谐波，输出电压波形经常改变，电动机运行不够稳定，所以在设计中可采用多种组合的配合方案，如中频段采用同步式调制、低频段采用异步式调制、额定频率以上采用不调制输出方波。

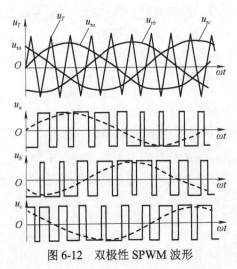

图 6-12　双极性 SPWM 波形

图 6-13 为 U_1/f_1=常数时晶体管电压变频器控制系统框图。该系统由三相整流器提供的直流电压采用大容量电容滤波后，作为三相输出电路的电源电压。三相输出电路由大功率晶体管组成，PWM 控制基极驱动电路，按调制规律开通或关断功率输出晶体管，三相电动机从而获得频率可调、电压跟随变化的电源电压。PWM 的调制信号由三角波发生器和图形发生器提供。电位器的电压作为速度设定的电压输入，一路通过电压频率转换器（V/F）输出 P_r，作为图形发生器的频率信号输入，另一路作为转换成的基准电压与电动机电压的反馈值进行比较，经放大后作为图形发生器的控制电压输入。控制电压与输入脉冲频率成比例，因为改变速度设定电压的大小，就改变了图形发生器输出基准信号的信号幅值和频率，通过 PWM 调制也就改变了三相输出电路各相脉冲的宽窄，进而就控制了电动机的转速。

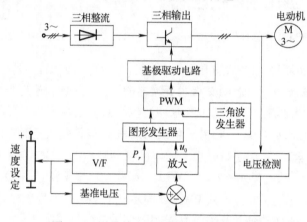

图 6-13　晶体管电压变频器控制系统框图

3. 交流伺服电动机的选择

1) 交流伺服电动机的初步选择

（1）交流伺服电动机的初选。交流伺服电动机初选时，首先要考虑电动机能够提供负载所需要的转矩和转速。从偏于安全的意义上讲，就是能够提供克服峰值负载所需要的功率。其次，当电动机的工作周期可以与其发热时间常数相比较时，必须考虑电动机的热额定问题，通常用负载的均方根功率作为确定电动机发热功率的基础。

如果要求电动机在峰值负载转矩下以峰值转速不断地驱动负载，则电动机功率为

$$P_m = (1.5 \sim 2.5)\frac{T_{LP}n_{LP}}{159\eta} \tag{6-4}$$

式中，T_{LP} 为负载峰值转矩（N·m）；n_{LP} 为电动机负载峰值转速（r/s）；η 为传动装置的效率，初步估算时取 η=0.7～0.9；1.5～2.5 为系数，属经验数据；考虑了初步估算负载转矩有可能取不全面或不精确，以及电动机有一部分功率要消耗在电动机转子上。

当电动机长期连续地工作在变负载之下时，比较合理的是按负载均方根功率来估算电动机功率，即

$$P_m = (1.5 \sim 2.5)\frac{T_{Lr}n_{Lr}}{159\eta} \tag{6-5}$$

式中，T_{Lr} 为负载均方根转矩（N·m）；n_{Lr} 为负载均方根转速（r/s）。估算出 P_m 后就可选取电动机，使其额定功率 P_N 满足

$$P_N \geqslant P_m \tag{6-6}$$

初选电动机后，一系列技术数据，如额定转矩、额定转速、额定电压、额定电流和转子转动惯量等，均可由产品目录直接查得或经过计算求得。

(2) 发热校核。对于连续工作、负载不变场合的电动机，要求在整个转速范围内，负载转矩在额定转矩范围内。对于长期连续地、周期性地工作在变负载条件下的电动机，根据电动机发热条件的等效原则，可以计算在一个负载工作周期内，所需电动机转矩的均方根值即等效转矩，并使此值小于连续额定转矩，就可确定电动机的型号和规格。在一定转速下电动机的转矩与电流成正比或接近成正比，所以负载的均方根转矩是与电动机处于连续工作时的热额定相一致的。因此，选择电动机应满足

$$T_N \geqslant T_{Lr} \tag{6-7}$$

$$T_{Lr} = \sqrt{\frac{1}{t} \int_0^t \left(T_L + T_{La} + T_{LF}\right)^2 \mathrm{d}t} \tag{6-8}$$

式中，T_N 为电动机额定转矩($\mathrm{N \cdot m}$)；T_{Lr} 为折算到电动机轴上的负载均方根转矩($\mathrm{N \cdot m}$)；t 为电动机工作循环时间(s)；T_{La} 为折算到电动机转子上的等效惯性转矩($\mathrm{kg \cdot m^2}$)；T_{LF} 为折算到电动机上的摩擦力矩($\mathrm{N \cdot m}$)。

常见的变转矩-加减速控制计算模型如图 6-14 所示。图 6-14(a)为一般伺服系统的计算模型。根据电动机发热条件的等效原则，这种三角形转矩波在加减速时的均方根转矩 T_{Lr} 近似计算为

$$T_{Lr} = \sqrt{\frac{1}{L} \int_0^{t_p} T^2 \mathrm{d}t} \approx \sqrt{\frac{T_1^2 t_1 + 3 T_2^2 t_2 + T_3^2 t_3}{3 t_p}} \tag{6-9}$$

式中，t_p 为一个负载工作周期的时间($\mathrm{\mu s}$)，即 $t_p = t_1 + t_2 + t_3 + t_4$。

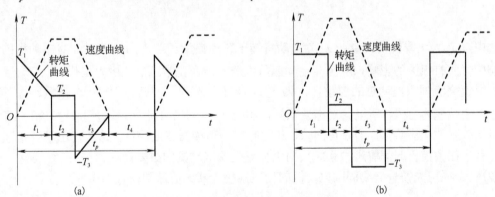

图 6-14　变转矩-加减速控制计算模型

图 6-14(b)为常用的矩形波负载转矩-加减速计算模型，其 T_{Lr} 可计算为

$$T_{Lr} = \sqrt{\frac{T_1^2 t_1 + 3 T_2^2 t_2 + T_3^2 t_3}{t_1 + t_2 + t_3 + t_4}} \tag{6-10}$$

式(6-9)和式(6-10)只有在 t_p 比温度上升热时间常数 t_{th} 小得多($t_p \leqslant \frac{1}{4} t_{th}$)且 $t_{th} = t_g$ 时才能成立，其中 t_g 为冷却时的热时间常数，通常均能满足这些条件，所以选择伺服电动机的额定转

矩 T_N 时，应使

$$T_N \geqslant K_1 K_2 T_{Lr} \tag{6-11}$$

式中，K_1 为安全系数，一般取 $K_1 = 1.2$；K_2 为转矩波形系数，矩形转矩波取 $K_2 = 1.05$，三角转矩波取 $K_2 = 1.67$。

若计算的 K_1、K_2 值比上述推荐值略小，应检查电动机的温升是否超过温度限值，不超过时仍可采用。

(3) 转矩过载校核。转矩过载校核的公式为

$$(T_L)_{\max} \leqslant (T_m)_{\max} \tag{6-12}$$

而

$$(T_m)_{\max} = \lambda T_N \tag{6-13}$$

式中，$(T_L)_{\max}$ 为折算到电动机轴上的负载转矩的最大值(N·m)；$(T_m)_{\max}$ 为电动机输出转矩的最大值(过载转矩)(N·m)；(T_N) 为电动机的额定转矩(N·m)；λ 为电动机的转矩过载系数，具体数值可向电动机的设计、制造单位了解。对直流伺服电动机，一般取 $\lambda \leqslant 2.0$；对交流伺服电动机，一般取 $\lambda \leqslant 1.5$。

在转矩过载校核时需要已知总传动速比，再将负载力矩向电动机轴折算，这里可暂取最佳传动速比进行计算。需要指出的是，电动机的选择不仅取决于功率，还取决于系统的动态性能要求、稳态精度、低速平稳性、电源是直流还是交流等因素。同时，应保证最大负载转矩 $(T_L)_{\max}$、持续作用时间 Δt 不超过电动机允许过载系数 λ 的持续时间范围。

2) 伺服系统惯量匹配原则

实践与理论分析表明，J_e / J_m 比值的大小对伺服系统性能有很大的影响，且与交流伺服电动机种类及其应用场合有关，通常分为以下两种情况。

(1) 对于采用惯量较小的交流伺服电动机的伺服系统，其比值通常推荐为

$$1 < \frac{J_e}{J_m} < 3 \tag{6-14}$$

式中，J_e 为负载转动惯量；J_m 为电动机转子转动惯量。当 $J_e / J_m > 3$ 时，对电动机的灵敏度与响应时间有很大的影响，甚至会使伺服放大器不能在正常调节范围内工作。

小惯量交流伺服电动机的惯量低，为 $J_m \approx 5 \times 10^{-5} \text{kg·m}^2$，其特点是转矩/惯量比大，时间常数小，加减速能力强，所以其动态性能好，响应快。但是，使用小惯量伺服电动机时容易发生对电源频率的响应共振，当存在间隙、死区时容易造成振荡或蠕动，这才提出了惯量匹配原则，并有了在数控机床伺服进给系统采用大惯量伺服电动机的必要性。

(2) 对于采用大惯量交流伺服电动机的伺服系统，其比值通常推荐为

$$0.25 \leqslant \frac{J_e}{J_m} \leqslant 1 \tag{6-15}$$

大惯量是相对小惯量而言的，其 $J_m = 0.1 \sim 0.6 \text{kg·m}^2$。大惯量宽调速伺服电动机的特点是惯量大、转矩大，且能在低速下提供额定转矩，常常不需要传动装置而与滚珠丝杠直接相连，而且受惯性负载的影响小，调速范围大，热时间常数有的长达 100min，比小惯量电动机的热时间常数(2~3min)长得多，并允许长时间过载，即过载能力强。由于其特殊构造使其转矩波动系数很小(<2%)，因此采用这种电动机能获得优良的低速范围的速度刚度和动态性能，在现代数控机床中应用较广。

6.3　步进电动机与控制技术

6.3.1　步进电动机的工作原理、特点及运动特性

1. 步进电动机的工作原理

步进电动机是将电脉冲控制信号转换成机械角位移的执行元件。步进电动机每接收一个电脉冲，在驱动电源的作用下，转子就转过一个相应的步距角。转子角位移的大小及转速分别与输入的控制电脉冲数及其频率成正比，并在时间上与输入脉冲同步，只要控制输入电脉冲的数量、频率以及电动机绕组通电相序即可获得所需的转角、转速及转向，所以用计算机很容易实现步进电动机的开环数字控制。

图 6-15 为反应式步进电动机结构简图。它的定子有六个均匀分布的磁极，每两个相对磁极组成一相，即有 U–U、V–V、W–W 三相，磁极上缠绕励磁绕组。

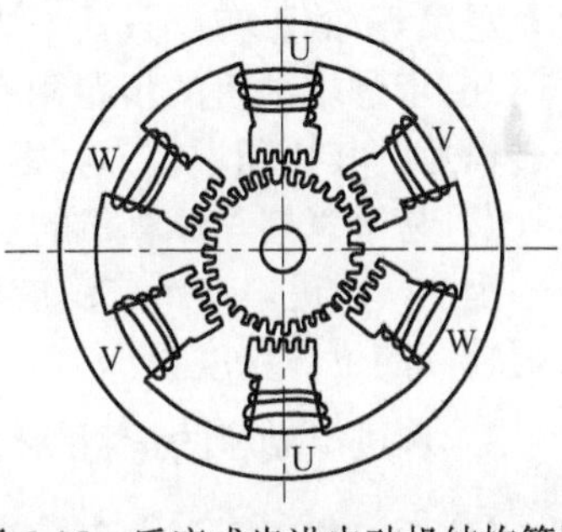

步进电动机的工作原理如图 6-16 所示，假定转子具有均匀分布的 4 个齿，齿宽及间距一致，故齿距为 $360°/4 = 90°$，三对磁极上的齿（即齿距）为 $90°$ 均布，但在圆周方向依次错过 1/3 齿距（$30°$）。如果先将电脉冲加到 U 相励磁绕组，定子 U 相磁极就产生磁通，并对转子产生磁吸力，转子离 U 相

图 6-15　反应式步进电动机结构简图

磁极最近的两个齿与定子的 U 相磁极对齐，V 相磁极上的齿相对于转子齿在逆时针方向错过了 $30°$，W 相磁极上的齿将错过 $60°$。当 U 相断电时，再将电脉冲电流通入 V 相励磁绕组，在磁吸力的作用下，使转子与 V 相磁极靠得最近的另外两个齿与定子的 V 相磁极对齐。由图 6-16

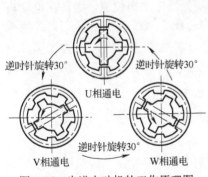

图 6-16　步进电动机的工作原理图

可以看出，转子沿着逆时针方向转过了 $30°$ 角。给 W 相通电，转子逆时针再转过 $30°$ 角；如此按照 $U \rightarrow V \rightarrow W \rightarrow U$ 的顺序通电，转子则沿逆时针方向一步步地转动，每步转过 $30°$，这个角度就称为步距角。显然，单位时间内通入的电脉冲数越多，即电脉冲频率越高、电动机转速越高。如果按照 $U \rightarrow W \rightarrow V \rightarrow U$ 的顺序通电，步进电动机则沿顺时针方向一步步地转动。从一相通电换到另一相通电称为一拍，每一拍转子转动一个步距角。像上述的步进电动机，三相励磁绕组依次单独通电运行，换接三次完成一个通电循环，称为三相单三拍通电方式。

如果使两相励磁绕组同时通电，即按 $UV \rightarrow VW \rightarrow WU \rightarrow UV \rightarrow \cdots$ 顺序通电，这种通电方式称为三相双三拍，其步距角仍为 $30°$。步进电动机还可以按三相六拍通电方式工作，即按 $U \rightarrow UV \rightarrow V \rightarrow VW \rightarrow W \rightarrow WU \rightarrow U \cdots$ 顺序通电，换接六次完成一个通电循环。这种通电方式的步距角为 $15°$，是三拍通电时的一半。步进电动机的步距角越小，意味着所能达到的位置控制精度越高。

2. 步进电动机的特点

根据上述工作原理，可以看出步进电动机具有以下几个基本特点。

(1)步进电动机受数字脉冲信号控制，输出角位移与输入脉冲数成正比，即

$$\theta = N\beta \tag{6-16}$$

式中，θ 为电动机转过的角度；N 为控制脉冲数；β 为步距角。

(2)步进电动机的转速与输入的脉冲频率成正比，即

$$n = \frac{\beta}{360} \times 60f = \frac{\beta f}{6} \tag{6-17}$$

式中，n 为电动机转速（r / min）；f 为控制脉冲频率（Hz）。

(3)步进电动机的转向可以通过改变通电顺序来改变。

(4)步进电动机具有自锁能力，一旦停止输入脉冲，只要维持绕组通电，电动机就可以保持在该固定位置。

(5)步进电动机工作状态不易受各种干扰因素(如电源电压的波动、电流的大小与波形的变化、温度等)的影响，只要干扰未引起步进电动机产生"丢步"，就不会影响其正常工作。

(6)步进电动机的步距角有误差，转子转过一定步数以后也会出现累积误差，但转子转过一转以后，其累积误差为"零"，不会长期积累。

(7)易于直接与计算机的 I/O 接口构成开环位置伺服系统。

因此，步进电动机广泛应用于开环控制结构的机电一体化系统，能使系统简化，并可靠地获得较高的位置精度。

3. 步进电动机的运行特性及性能指标

(1)步距角。在一个电脉冲作用下，电动机转子转过的角位移称为步距角。步距角越小，分辨力越高。常见步距角有 0.6°/1.2°、0.75°/1.5°、0.9°/1.8°、1°/2°、1.5°/3°。

(2)静态特性。步进电动机的静态特性是指它在稳定状态时的特性，包括静转矩、矩-角特性及静态稳定区。在空载状态下，给步进电动机某相通以直流电流，转子齿的中心线与定子齿的中心线相重合，转子上没有转矩输出，此时的位置为转子初始稳定平衡位置。如果在电动机转子轴上加一负载转矩 T_L，则转子齿的中心线与定子齿的中心线将错过一个角度 θ_e，才能重新稳定下来。此时转子上的电磁转矩 T_j 与负载转矩 T_L 相等。该 T_j 为静态转矩，θ_e 为失调角，当 $\theta_e = \pm 90°$ 时，其静态转矩 $T_{j\max}$ 为最大静转矩。静态转矩越大，自锁力矩越大，静态误差就越小。一般产品说明书中标示的最大静转矩就是指在额定电流下的 $T_{j\max}$。

当失调角 θ_e 在 $-\pi \sim \pi$ 时，若去掉负载转矩 T_L，转子仍能回到初始稳定平衡位置。因此，$-\pi < \theta_e < \pi$ 的区域称为步进电动机的静态稳定区。

(3)动态特性。步进电动机的动态特性将直接影响到系统的快速响应及工作的可靠性，在运行状态的转矩即动态转矩，它随控制脉冲频率的不同而改变。脉冲频率增加，动态转矩变小，动态转矩与脉冲频率的关系称为矩-频特性。

6.3.2 步进电动机的驱动控制

步进电动机的运行特性与配套使用的驱动电源有密切关系。驱动电源由环形脉冲分配器、功率驱动器组成，如图 6-17 所示。驱动电源是将变频信号源(计算机或数控装置等)送来的脉冲信号及方向信号按照要求的配电方式自动地循环供给电动机各相绕组，以驱动电动机转子正反向旋转。从计算机输出口或环形脉冲分配器输出的信号脉冲电流一般只有几毫安，不能直接驱动步进电动机，必须采用功率驱动器将脉冲电流进行放大，使其增加到几安培至十几安培，

从而驱动步进电动机运转。因此，只要控制输入电脉冲的数量和频率就可精确控制步进电动机的转角和速度。

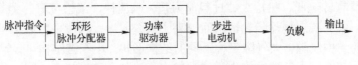

图 6-17　步进电动机的驱动控制原理

选用步进电动机时，首先根据机械结构草图计算机械传动装置及负载折算到电动机轴上的等效转动惯量，然后分别计算各种工况下所需的等效力矩，最后根据步进电动机最大静转矩和启动、运行矩-频特性选择合适的步进电动机。

1. 转矩和惯量匹配条件

为了使步进电动机具有良好的启动能力及较快的响应速度，通常推荐

$$T_L/T_{max} \leqslant 0.5 \text{ 及 } J_L/J_m \leqslant 4 \tag{6-18}$$

式中，T_{max} 为步进电动机的最大静转矩（N·m）；T_L 为换算到电动机轴上的负载转矩（N·m）；J_m 为步进电动机转子的最大转动惯量（kg·m²）；J_L 为折算步进电动机转子上的等效转动惯量（kg·m²）。

根据上述条件，初步选择步进电动机的型号，然后根据动力学公式检查其启动能力和运动参数。

由于步进电动机的启动矩-频特性曲线是在空载下做出的，检查其启动能力时应考虑惯性负载对启动转矩的影响，即从启动矩-频特性曲线上找出带惯性负载的启动频率，然后查其启动转矩和计算启动时间。当在启动矩-频特性曲线上查不到带惯性负载时的最大启动频率时，可近似计算为

$$f_L = \frac{f_m}{\sqrt{1 + J_L/J_m}} \tag{6-19}$$

式中，f_L 为带惯性负载的最大启动频率（Hz 或 p/s）；f_m 为电动机本身的最大空载启动频率（Hz 或 p/s）；J_m 为电动机转子转动惯量（kg·m²）；J_L 为换算到电动机轴上的转动惯量（kg·m²）。

当 $J_L/J_m = 3$ 时，$f_L = 0.5 f_m$。不同 J_L/J_m 下的矩-频特性不同。由此可见，J_L/J_m 比值增大，自启动最大频率减小，其加减速时间将会延长，这就失去了快速性，甚至难于启动。

2. 步矩角的选择和精度

步矩角的选择是由脉冲当量等因素来决定的。步进电动机的步距角精度将会影响开环系统的精度。电动机的转角 $\theta = N\beta \pm \Delta\beta$，其中 $\Delta\beta$ 为步矩角精度，它是在空载条件下，在 0～360° 范围内转子从任意位置步进运行时，每隔指定的步数，测定其实际角位移与理论角位移之差，称为静止角度误差，并用正负峰值之间的 1/2 来表示。其误差越小，电动机精度越高，一般为 β 的 ±（3%～5%），它不受 N 值大小的影响，也不会产生累积误差。

6.4　力矩电动机

力矩电动机的主要特点是具有软的机械特性，可以堵转。当负载转矩增大时能自动降低转速，同时加大输出转矩。当负载转矩为一定值时改变电动机端电压便可调速。力矩电动机是在

电动机轴上加一测速装置及控制器，利用测速装置输出的电压和控制器给定的电压相比，来自动调节电动机的端电压，使电动机稳定。

力矩电动机具有转速低、扭矩大、过载能力强、响应快、线性度好、力矩波动小等特点，可直接驱动负载，省去减速传动齿轮，从而提高了系统的运行精度。为取得不同性能指标，该类电动机有小气隙、中气隙、大气隙三种不同的结构形式。小气隙结构可以满足一般使用精度要求，优点是成本较低；大气隙结构由于气隙增大，消除了齿槽效应，减小了力矩波动，基本消除了磁阻的非线性变化，电动机线性度更好，电磁气隙加大，电枢电感小，电气时间常数小，但是制造成本偏高；中气隙结构的性能指标略低于大气隙结构电动机，但远高于小气隙结构电动机，而体积小于大气隙结构电动机，制造成本低于大气隙结构电动机。

采用力矩电动机拖动负载与采用高速的伺服电动机经过减速装置拖动负载相比有很多优点，如响应快、精度高、转矩与转速波动小、能在低速场合下长期稳定运行、机械特性和调节特性的线性度好等，尤其突出表现在低速运行时，转速可低至 0.00017r/min（4 天才转一圈），其调速范围可以高达每分钟几万次甚至几十万次，特别适用于高精度的伺服系统。

力矩电动机也分为直流和交流两大类，其结构特点是轴向长度短、径向长度长，通常为扁平式结构，且极数较多。由于直流力矩电动机应用较广泛，下面主要对它进行介绍。

直流力矩电动机的总体结构形式有分装式和内装式两种。分装式结构包括定子、转子和刷架三大部件，转子直接套在负载轴上，机壳和转轴由用户根据安装方式，自行选配。

直流力矩电动机的工作原理与他励直流电动机的工作原理相同，只是在结构和外形尺寸的比例上有所不同，其电枢形状一般为圆盘状。下面用图 6-18 和图 6-19 所示的简单模型来简略说明外形尺寸变化对转矩和转速的影响。根据电磁转矩公式，对图 6-18 有

$$T_{ema} = \frac{1}{2} D_a F_a = \frac{1}{2} D_a N_a B_{av} l_a I_a \tag{6-20}$$

式中，N_a 为电枢绕组的总导体数；B_{av} 为一个磁极下的平均磁通密度；l_a 为导体在磁场中的长度；I_a 为电枢导体中的电流；D_a 为电枢直径。

由于电枢体积的大小在一定程度上反映了整个电动机的体积，因此可以在电枢体积不变的条件下，比较不同电枢直径时所产生的转矩。

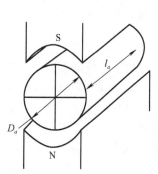

图 6-18　直流力矩电动机小直径

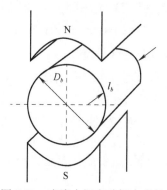

图 6-19　直流力矩电动机大直径

如果把图 6-18 中电枢的直径增大一倍，而体积保持不变，此时电动机的形状如图 6-19 所示，即 $D_b = 2D_a$，则电枢长度 $l_b = l_a / 4$。假定在这两种情况下，电枢导体的电流大小一样，并且导体的直径也一样，则由于图 6-19 中的电枢铁心截面积增大到图 6-18 中的 4 倍，所以 $N_b = 4N_a$，则图 6-19 中的电磁转矩为

$$T_{emb} = \frac{1}{2}D_b F_b = \frac{1}{2}D_b N_b B_{av}l_b I_b = \frac{1}{2}2D_a N_a B_{av}\frac{l_a}{4}I_a = 2T_{emb} \tag{6-21}$$

式 (6-21) 说明，直流电动机在体积、气隙平均磁通密度、导体电流都相同的条件下，如果把电枢直径增大一倍，则电磁转矩也将增大一倍，即电磁转矩近似与电枢直径成正比。

若设电枢总导体数为 N，导体长度为 l，电枢铁心直径为 D，电动机转速为 v，磁极下的平均磁通密度为 B_{av}，一对电刷间并联的支路数为 2ζ（则一对电刷间串联的总导体数为 $N/2$），则一对电刷间的电动势为

$$E_a = \frac{N}{2}B_{av}lv\frac{\pi Dn}{60} = \frac{1}{120}B_{av}lN\pi Dn \tag{6-22}$$

在理想空载运行时，设电动机转速为 n_0，此时电枢电压 U_a 和反电动势 E_a 相等，则由式 (6-22) 可得

$$n_0 = \frac{120U_a}{B_{av}lN\pi Dn} \tag{6-23}$$

式 (6-23) 说明，在电枢铁心的体积和电枢导体的直径不变（即 ND 的乘积近似不变）的条件下，若电枢电压和气隙平均磁通密度也不变，则理想空载转速与电枢直径近似成反比，即电枢直径越大，电动机的理想空载转速就越低。

由以上分析可知，在其他条件相同时，增大电动机直径，减小其轴向长度，有利于增加电动机的转矩和降低空载转速，这就是力矩电动机做成圆盘状的原因。电动机加压后，转速为零时的电磁转矩称为堵转转矩，转速为零的运行状态称为堵转状态。一般电动机不能长时间运行于堵转状态，但力矩电动机经常运行于低速和堵转状态。电动机长时间堵转时，稳定温升不超过允许温升时输出的最大堵转转矩称为峰值堵转转矩，相应的电枢电流称为峰值堵转电流，一般在力矩电动机的技术数据中给出。如果电枢电流超过峰值堵转电流，会使永磁式直流力矩电动机的永久磁钢去磁。

6.5　直线电动机

在智能制造过程中有不少做直线运动的机构或装置。目前为止，这些直线运动大多数采用旋转式电动机，通过齿轮、带、滚珠丝杆等传动装置进行力矩、速度、运动方式的变换。由于有中间传动装置，所以整部机器存在着体积大、效率低、精度差等问题。

在要求产品高精度、高密度、小型化的今天，人们要求生产机械及测量装置中所用的驱动器能高速运行，并具有高的定位精度等。例如，表面贴装设备、高精度三维测量器、OA 机器、以机器人为代表的 FA 机器等都要求驱动器具有微米级定位精度，这就促进了人们对直接驱动器的研究和应用。

目前直线电动机主要应用的机型有直线感应电动机、直线直流电动机和直线步进电动机三种。与旋转电动机传动相比，直线电动机传动主要具有下列优点。

(1) 直线电动机不需要中间传动机械，因而整个机械得到简化，提高了精度，减少了振动和噪声。

(2) 快速响应。用直线电动机驱动时，由于不存在中间传动机构惯量和阻力矩的影响，因此加速和减速时间短，可实现快速启动和正反向运行。

（3）仪表用的直线电动机可以省去电刷和换向器等易损零件，提高可靠性，延长寿命。

（4）直线电动机由于散热面积大，容易冷却，所以允许较高的电磁负荷，可提高电动机的容量定额。

（5）装配灵活性大，往往可将电动机和其他机件合成一体。

直线电动机的种类如表 6-2 所示。现在使用较为普遍的是直线感应电动机（LIM）、直线直流电动机（LSM）和直线步进电动机（LDM）三种。

表 6-2　直线电动机的种类

名称	缩写	英文名	名称	缩写	英文名
直线脉冲电动机	LPM	Linear Pulse Motor	直线振荡驱动器	LOM	Linear Oscillation Actuator
直线感应电动机	LIM	Linear Induction Motor	直线电泵	LIP	Linear Electric Pump
直线直流电动机	LDM	Linear DC Motor	直线电磁螺旋管	LES	Linear Electric Solenoid
直线步进电动机	LSM	Linear Synchronous Motor	直线混合电动机	LHM	Linear Hybrid Motor

6.5.1　直线感应电动机

直线感应电动机最初用于超高速列车。LIM 的研究近来得到发展，LIM 具有高速、直接驱动、免维护等优点，现多用于工厂自动化（FA）装置，主要用于自动搬运装置。

其他类型的直线电动机可根据用途和目的来选择。

直线感应电动机可以看作由普通的旋转感应电动机直接演变而来。图 6-20（a）表示一台旋转感应电动机，设想将它沿径向剖开，并将定、转子沿圆周方向展成直线，如图 6-20（b）所示，这就得到了最简单的平板型直线感应电动机。由定子演变而来的一侧称为初级，由转子演变而来的一侧称为次级。直线感应电动机的运动方式可以是固定初级而让次级运动，此称为动次级；相反地，也可以固定次级而让初级运动，则称为动初级。

直线感应电动机的工作原理如图 6-21 所示。当初级的多相绕组中通入多相电流后，会产生一个气隙基波磁场，但是这个磁场的磁通密度波 B_δ 是直线移动的，故称为行波磁场。显然，行波的移动速度与旋转磁场在定子内圆表面上的线速度是一样的，即为 v_s，称为同步速度，且

$$v_s = 2f\tau \tag{6-24}$$

式中，τ 为极距（mm）；f 为电源频率（Hz）。

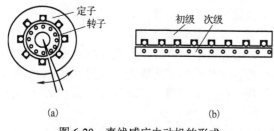

（a）　　　　　　　　　　　（b）

图 6-20　直线感应电动机的形成

图 6-21　直线感应电动机的工作原理

在行波磁场切割下，次级导条将产生感应电势和电流，所有导条的电流和气隙磁场相互作用，便产生切向电磁力。如果初级是固定不动的，那么次级就顺着行波磁场运动的方向做直线运动。若次级移动的速度用 v 表示，则滑差率为

$$s = \frac{v_s - v}{v_s} \tag{6-25}$$

次级移动速度为

$$v = (1-s)v = 2f\tau(1-s) \tag{6-26}$$

式(6-26)表明直线感应电动机的速度与电动机极距及电源频率成正比，因此改变极距或电源频率都可改变电动机的速度。与旋转感应电动机一样，改变直线感应电动机初级绕组的通电相序，可改变电动机运动的方向，因此可使直线感应电动机做往复直线运动。

图 6-20 中直线感应电动机的初级长度和次级长度是不相等的。因为初、次级要做相对运动，假定在开始时初、次级正好对齐，那么在运动过程中，初、次级之间的电磁耦合部分将逐渐减少，影响正常运行。因此，在实际应用中必须把初、次级做得长短不等。根据初、次级间相对长度，可把平板型直线感应电动机分成短初级和短次级两类，如图 6-21 所示。由于短初级结构比较简单，且制造成本和运行成本较低，故一般常用短初级，只有在特殊情况下才采用短次级。

图 6-22 所示的平板型直线感应电动机仅在次级的一侧具有初级，这种结构形式称为单边型。单边型除了产生切向力，还会在初、次级间产生较大的法向力，这在某些应用中是不希望的。为了更充分地利用次级和消除法向力，可以在次级的两侧都装上初级，这种结构形式称为双边型，如图 6-23 所示。

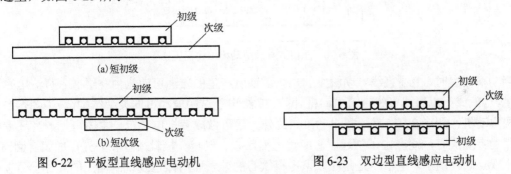

（a）短初级

（b）短次级

图 6-22 平板型直线感应电动机 　　　　　图 6-23 双边型直线感应电动机

除了上述的平板型直线感应电动机，还有管型直线感应电动机。如果将图 6-24(a)所示的平板型直线感应电动机的初级和次级以箭头方向卷曲，就成为管型直线感应电动机，如图 6-24(b)所示。

此外，还可把次级做成一片铝圆盘或铜圆盘，并将初级放在次级圆盘靠近外径的平面上，如图 6-25 所示。次级圆盘在初级移动磁场的作用下，形成感应电流，并与磁场相互作用产生电磁力，使次级圆盘能绕其轴线做旋转运动。这就是圆盘型直线感应电动机的工作原理。

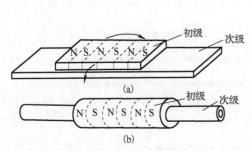

（a）

（b）

图 6-24 管型直线感应电动机的形成

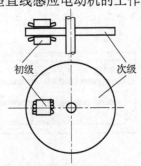

图 6-25 圆盘型直线感应电动机结构简图

6.5.2 直线直流电动机

直线直流电动机(LDM)主要有两种类型：永磁式和电磁式。永磁式推力小，但运行平稳多用在音频线圈和功率较小的自动记录仪表中，如记录仪中笔的纵横走向的驱动、摄影机中快门和光圈的操作机构、电表试验中探测头、电梯门控制器的驱动等，电磁式驱动功率较大，但运动平稳性不好，一般用于驱动功率较大的场合。

作为LDM，以永磁式、长行程的直线直流无刷电动机(LDBLM)为代表。因为这种电动机没有整流子，具有无噪声、无干扰、易维护、寿命长等优点。永磁式直线电动机结构如图6-26所示。在线圈的行程范围内，永久磁铁产生的磁场强度分布很均匀。当可动线圈中通入电流后，载有电流的导体在磁场中就会受到电磁力的作用。这个电磁力可由左手定则来确定。只要线圈受到的电磁力大于线圈支架上存在的静摩擦力，就可使线圈产生直线运动。改变电流的大小和方向，即可控制线圈运动的推力和方向。

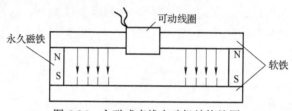

图 6-26　永磁式直线电动机结构简图

当功率较大时，上述直线电动机中的永久磁铁所产生的磁通可改为由绕组通入直流电励磁所产生，这就成为电磁式直线直流电动机。图6-27给出了这种电动机的典型结构，其中图6-27(a)是单极电动机；图6-27(b)是两极电动机。此外，还可做成多极电动机。由图可见，当环形励磁绕组通上电流时，便产生了磁通，它经过电枢铁心、气隙、极靴端板和外壳形成闭合回路，如图中双点画线所示。电枢绕组是在管型电枢铁心的外表面用漆包线绕制而成的。对于两极电动机，电枢绕组应绕成两半，两半绕组绕向相反，串联后接到低压电源上。当电枢绕组通入电流后，载流导体与气隙磁通的径向分量相互作用，在每极上便产生轴向推力。若电枢被固定不动，磁极就沿着轴线方向做往复直线运动(图示的情况)。当把这种电动机应用于短行程和低速移动的场合时，可省掉滑动的电刷；但若行程很长，为了提高效率，应与永磁式直线电动机一样，在磁极端面上装上电刷，使电流只在电枢绕组的工作段流过。

图6-27所示的电动机可以看作管型的直流直线电动机。这种对称的圆柱形结构具有很多优点。例如，它没有线圈端部，电枢绕组得到完全利用；气隙均匀，消除了电枢和磁极间的吸力。

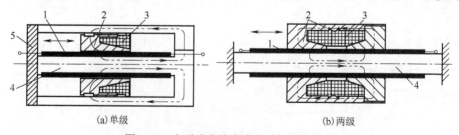

(a)单级　　　　　　　　　　　　　(b)两级

图 6-27　电磁式直线直流电动机结构简图

1-电阻线组；2-极靴；3-励磁线组；4-电枢铁心；5-非磁性端板

6.6 变 频 器

6.6.1 变频器发展及分类

变频器(Variable Frequency Drive，VFD)是应用变频技术与微电子技术，通过改变电动机工作电源频率方式来控制交流电动机的电力控制设备。变频器主要由整流(交流变直流)、滤波、逆变(直流变交流)、制动单元、驱动单元、检测单元、微处理单元等组成。变频器靠内部 IGBT 的开断来调整输出电源的电压和频率，根据电动机的实际需要来提供其所需要的电源电压，进而达到节能、调速的目的。另外，变频器还有很多保护功能，如过流保护、过压保护、过载保护等。随着工业自动化程度的不断提高，变频器也得到了非常广泛的应用。

在变频器出现之前，要调整电动机转速的应用需透过直流电动机才能完成，不然就要透过利用内建耦合机的电动机，在运转中用耦合机使电动机的实际转速下降，变频器简化了上述的工作，缩小了设备体积，大幅度降低了维修率。不过变频器的电源线及电动机线上面有高频切换的信号，会造成电磁干扰，而变频器输入侧的功率因素一般不佳，会产生电源端的谐波。

变频器的应用范围很广，从小型家电到大型的矿场研磨机及压缩机。全球约 1/3 的能量是消耗在驱动定速离心泵、风扇及压缩机的电动机上，而变频器的市场渗透率仍不算高。能源效率的显著提升是使用变频器的主要原因之一。

变频器技术与电力电子有密切关系，包括半导体切换元件、变频器拓扑、控制及模拟技术，以及控制硬件及固件的进步等。

1. 变频器技术发展历史

变频技术诞生背景是交流电动机无级调速的广泛需求。传统的直流调速技术因体积大、故障率高而应用受限。

20 世纪 60 年代以后，电力电子器件普遍应用了晶闸管及其升级产品，但其调速性能远远无法满足需要。

20 世纪 70 年代开始，脉宽调制变压变频(PWM-VVVF)调速的研究得到突破，80 年代以后微处理器技术的完善使得各种优化算法容易实现。

20 世纪 80 年代中后期，美、日、德、英等发达国家的 VVVF 变频器技术实用化，商品投入市场，得到了广泛应用。最早投入市场的变频器是日本人购买了英国专利研制而成的，但之后美国和德国凭借电子元件生产和电子技术的优势，其高端产品迅速抢占了市场。

步入 21 世纪后，国产变频器逐步崛起，现已逐渐抢占高端市场。上海和深圳成为国产变频器发展的前沿阵地，涌现出了如汇川变频器、英威腾变频器、安邦信变频器、欧瑞传动变频器等一批知名国产变频器。其中，深圳市安邦信电子有限公司成立于 1998 年，是我国第一批生产变频器的厂家之一，该企业较早通过 TUV 机构 ISO9000 质量体系认证，被授予"国家级高新技术企业"，多年被评为"中国变频器用户满意十大国内品牌"。

2. 变频器分类

1)单元串联型变频器

单元串联型变频器是近几年才发展起来的一种电路拓扑结构，它主要由输入变压器、功率单元和控制单元三大部分组成。采用模块化设计，由于采用功率单元相互串联的方法解决了高压的难题而得名，可直接驱动交流电动机，无需输出变压器，更不需要任何形式的滤波器。

整套变频器共有 18 个功率单元，每相由 6 台功率单元相串联，并组成 Y 形连接，直接驱动电动机。每台功率单元的电路、结构完全相同，可以互换，也可以互为备用。

变频器的输入部分是一台移相变压器，原边 Y 形连接，副边采用沿边三角形连接，共 18 副三相绕组，分别为每台功率单元供电。它们被平均分成 I、II、III 三大部分，每部分具有 6 副三相小绕组，它们之间均匀相位偏移10°。

单元串联型变频器的特点如下。

(1)采用多重化 PWM 方式控制，输出电压波形接近正弦波。

(2)整流电路的多重化，脉冲数多达 36，功率因数高，输入谐波小。

(3)模块化设计，结构紧凑，维护方便，增强了产品的互换性。

(4)直接高压输出，无需输出变压器。

(5)极低的 dV/dt 输出，无需任何形式的滤波器。

(6)采用光纤通信技术，提高了产品的抗干扰能力和可靠性。

(7)功率单元采用自动旁通电路，能够实现故障不停机功能。

现代电力电子技术及计算机控制技术的迅速发展，促进了电气传动的技术革命。交流调速取代直流调速、计算机数字控制取代模拟控制已成为发展趋势。交流电动机变频调速是当今节约电能、改善生产工艺流程、提高产品质量，以及改善运行环境的一种主要手段。变频调速以其高效率、高功率因数，以及优异的调速和启制动性能等诸多优点而被国内外公认为是最有发展前途的调速方式。

以前的高压变频器由可控硅整流、可控硅逆变等器件构成，缺点很多，谐波大，对电网和电动机都有影响。近年来，发展起来的一些新型器件将改变这一现状，如 IGBT、IGCT、SGCT 等。由它们构成的高压变频器的性能优异，可以实现 PWM 逆变，甚至是 PWM 整流，不仅谐波小，功率因数也有很大程度的提高。

2)按变换的环节分类

(1)交-直-交变频器，则是先把工频交流通过整流器变成直流，再把直流变换成频率电压可调的交流，又称间接式变频器，是目前广泛应用的通用型变频器。

(2)交-交变频器，即将工频交流直接变换成频率电压可调的交流，又称直接式变频器。

3)按直流电源性质分类

(1)电压型变频器。电压型变频器的特点是中间直流环节的储能元件采用大电容，负载的无功功率将由它来缓冲，直流电压比较平稳，直流电源内阻较小，相当于电压源，故称电压型变频器，常用于负载电压变化较大的场合。

(2)电流型变频器。电流型变频器的特点是中间直流环节采用大电感作为储能环节，缓冲无功功率，即扼制电流的变化，使电压接近正弦波，由于该直流内阻较大，故称为电流源型变频器(电流型)。电流型变频器的特点(优点)是能扼制负载电流频繁而急剧的变化，常用于负载电流变化较大的场合。

4)按工作原理分类

(1)U/F 控制变频器(VVVF 控制)。

(2) SF 控制变频器(转差频率控制)。

(3) VC 控制变频器(Vectory Control，矢量控制)。

5) 按国际区域分类

(1) 国产变频器：普传变频器、安邦信变频器、浙江三科变频器、欧瑞传动变频器、森兰变频器、英威腾变频器、蓝海华腾变频器、迈凯诺变频器、伟创变频器、美资易泰帝变频器、香港变频器、台湾台达变频器。

(2) 国外变频器：ABB 变频器、西门子变频器、日本变频器(如富士变频器、三菱变频器)、韩国变频器。

6) 按电压等级分类

(1) 高压变频器：3kV、6kV、10kV。

(2) 中压变频器：660V、1140V。

(3) 低压变频器：220V、380V。

常见变频器如图 6-28～图 6-31 所示。

图 6-28　西门子变频器

图 6-29　三菱变频器

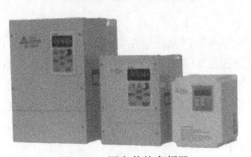

图 6-30　国产普传变频器

图 6-31　国产汇川变频器

6.6.2　变频器工作原理

主电路是给异步电动机提供调压调频电源的电力变换部分，变频器的主电路大体可分为两类：电压型是将电压源的直流变换为交流的变频器，其直流回路的滤波是电容；电流型是将电流源的直流变换为交流的变频器，其直流回路的滤波是电感。它由三部分构成，即将工频电源变换为直流功率的"整流器"、吸收在变流器和逆变器产生的电压脉动的"平波回路"，以及将直流功率变换为交流功率的"逆变器"。图 6-32 为一个电压型变频器的工作原理。另外，在现代的变频器产品中绝大多数都有一个嵌入式系统。

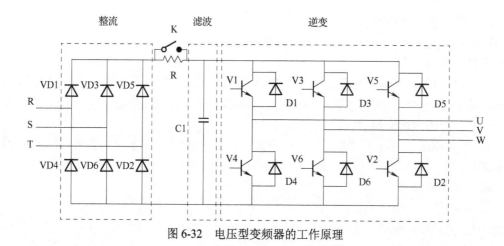

图 6-32　电压型变频器的工作原理

1) 整流器

整流器是一个整流装置，简单地说就是将交流电转化为直流电的装置。整流器包括大功率二极管或晶闸管两种基本类型。

2) 平波回路

在整流器整流后的直流电压中，含有电源 6 倍频率的脉动电压。此外，逆变器产生的脉动电流也使直流电压变动。为了抑制电压波动，采用电感和电容吸收脉动电压（电流）。装置容量小时，如果电源和主电路构成的器件有余量，可以省去电感采用简单的平波回路。

3) 逆变器

同整流器相反，逆变器是将直流功率变换为所要求频率的交流功率，以确定的时间使 6 个开关器件导通、关断就可以得到三相交流输出。

4) 控制电路

控制电路是给异步电动机供电的主电路提供控制信号的回路，包括频率、电压的"运算电路"、主电路的"电压、电流检测电路"、将运算电路的控制信号进行放大的"驱动电路"、电动机的"速度检测电路"以及逆变器和电动机的"保护电路"。

(1) 运算电路：将外部的速度、转矩等指令同检测电路的电流、电压信号进行比较运算，决定逆变器的输出电压、频率。

(2) 电压、电流检测电路：与主回路电位隔离检测电压、电流等。

(3) 驱动电路：驱动主电路器件的电路。它与控制电路隔离使主电路器件导通、关断。

(4) 速度检测电路：以装在异步电动机轴机上的速度检测器的信号为速度信号，送入运算回路，根据指令和运算可使电动机按指令速度运转。

(5) 保护电路：检测主电路的电压、电流等，当发生过载或过电压等异常时，可防止逆变器和异步电动机损坏。

5) 嵌入式系统

变频器中会有一个以微处理器或数位信号处理器为核心的嵌入式系统，控制变频器的运作。相关程序则是在微处理器或者数位信号处理器的固件中。变频器会提供显示资讯、变量及与机能方块有关的参数，使用者可以通过操作器或通信信号进行修改，以监制和保护变频器与驱动电动机及设备。

6.6.3　变频器选型计算

在选用变频器时，除了要求变频器的容量适合负载，还要求选用的变频器的控制方式适合负载的特性。

1. 额定值

变频器额定值主要有输入侧额定值和输出侧额定值。

1) 输入侧额定值

I_N 值主要有三种：三相/380V/50Hz、单相/220V/50Hz 和三相/220V/50Hz。

2) 输出侧额定值

变频器输出侧额定值主要有额定输出电压 U_{CN}、额定输出电流 I_{CN} 和额定输出容量 S_{CN}。

(1) 额定输出电压 U_{CN}。变频器在工作时除了改变输出频率，还要改变输出电压。额定输出电压 U_{CN} 是指最大输出电压值，也就是变频器输出频率等于电动机额定频率时的输出电压。

(2) 额定输出电流 I_{CN}。额定输出电流 I_{CN} 是指变频器长时间使用允许输出的最大电流，它主要反映变频器内部电力电子器件的过载能力。

(3) 额定输出容量 S_{CN}。额定输出容量 S_{CN} 一般采用以下公式进行计算：

$$S_{CN} = \sqrt{3} U_{CN} I_{CN} \tag{6-27}$$

式中，S_{CN} 的单位为 kV·A。

2. 变频器的选用

在选用变频器时，一般根据负载的性质及负荷大小来确定变频器的容量和控制方式。

1) 容量选择

变频器的过载容量为 125%/60s 或 150%/60s，若超出该数值，必须选用更大容量的变频器。当过载量为 200%时，可按 $I_{CN} \geqslant (1.05 \sim 1.2) I_N$ 来计算额定电流，再乘 1.33 倍来选取变频器容量，I_N 为电动机额定电流。

2) 控制方式的选择

(1) 恒定转矩负载。恒定转矩负载是指转矩大小只取决于负载的轻重，而与负载转速大小无关的负载。例如，挤压机、油压机、桥式起重机、提升机和带式输送机等都属于恒定转矩类型。对于恒定转矩负载，若调速范围不大，并对机械特性要求不高的场合，可选用 U/f 控制方式或无反馈矢量控制方式的变频器。

若负载转矩波动较大，应考虑采用高性能的矢量控制变频器；对要求有高动态响应的负载，应选用有反馈的矢量控制变频器。

(2) 恒功率负载。恒功率负载是指转矩大小与转速成反比，而功率基本不变的负载。卷取类机械一般属于恒功率负载，如薄膜卷取机、造纸机械等。

对于恒功率负载，可选用通用型 U/f 控制变频器。对于动态性能和精确度要求高的卷取机械，必须采用有矢量控制功能的变频器。

(3) 二次方律负载。二次方律负载是指转矩与转速的二次方成正比的负载。例如，风扇、离心风机和水泵等都属于二次方律负载。

对于二次方律负载，一般选用风机、水泵专用变频器。风机、水泵专用变频器有以下特点。

① 由于风机和水泵通常不容易过载，低速时转矩较小，故这类变频器的过载能力低，一般为 120%/60s（通用变频器为 150%/60s）。当工作频率高于额定频率时，负载的转矩有可能大大超过电动机转矩而使变频器过载，因此在功能设置时最高频率不能高于额定频率。

② 具有多泵切换和换泵控制的转换功能。

③ 配置一些专用控制功能，如睡眠唤醒、水位控制/定时开关机和消防控制等。

3. 容量计算

在采用变频器驱动电动机时，先根据机械特点选用合适的异步电动机，再选用合适的变频器配接电动机。在选用变频器时，通常先根据异步电动机的额定电流（或电动机运行中的最大电流）来选择变频器，再确定变频器容量和输出电流是否满足电动机运行条件。

1) 连续运转条件下的变频器容量计算

由于变频器供给电动机的是脉动电流，其脉动值比工频供电时的电流要大，在选用变频器时，容量应留有适当的余量。此时选用变频器应同时满足以下三个条件：

$$P_{CN} \geqslant \frac{KP_M}{\eta \cos\varphi}$$

$$I_{CN} \geqslant KI_M$$

$$P_{CN} \geqslant K\sqrt{3}U_M I_M \times 10^{-3} \tag{6-28}$$

式中，P_M 为电动机输出功率；η 为机械效率（取 0.85）；$\cos\varphi$ 为功率因数（取 0.75）；U_M 为电动机的电压（V）；I_M 为电动机的电流（A）；K 为电流波形的修正系数（PWM 方式取 1.05～1.1）；P_{CN} 为变频器的额定容量（kV·A）；I_{CN} 为变频器的额定电流（A）。

2) 加减速条件下的变频器容量计算

变频器的最大输出转矩由最大输出电流决定。通常对于短时的加减速而言，变频器允许达到额定输出电流的 130%～150%，故在短时加减速时的输出转矩也可以增大；反之，若只需要较小的加减速转矩，也可降低选择变频器的容量。由于电流的脉动，此时应将变频器的最大输出电流降低 10% 后再进行选定。

3) 频繁加减速条件下的变频器容量计算

对于频繁加减速的电动机，如果按图 6-33 所示的曲线特性运行，那么根据加速、恒速、减速等各种运行状态下的电流值，可按式（6-29）确定变频器的额定值：

$$I_{CN} = \frac{I_1 t_1 + I_2 t_2 + \cdots + I_5 t_5}{t_1 + t_2 + \cdots + t_5} \tag{6-29}$$

式中，I_{CN} 为变频器额定输出电流（A）；$I_1, I_2, \cdots, I_5$ 为各运行状态下的平均电流（A）；$t_1, t_2, \cdots, t_5$ 为各运行状态下的时间。

4) 在驱动多台并联运行电动机条件下的变频器容量计算

当用一台变频器驱动多台电动机并联运行时，在一些电动机启动后，若再让其他电动机启动，由于此时变频器的电压、频率已经上升，追加投入的电动机将产生大的启动电流，因此与同时启动时相比，变频器容量需要大些。

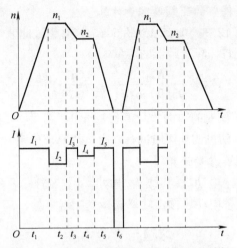

图 6-33　频繁加减速的电动机曲线运行特性

以短时过载能力为 150%/60s 的变频器为例, 若电动机加速时间在 60s 内, 应满足以下条件:

$$P_{CN} \geqslant \frac{P}{3} P_{CN_1} \left[1 + \frac{n_s}{n_T}(K_s - 1) \right]$$

$$I_{CN} \geqslant \frac{2}{3} n T I_M \left[1 + \frac{n_s}{n_T}(K_s - 1) \right] \tag{6-30}$$

若电动机加速时间在 60s 以上, 则应满足下面的条件:

$$P_{CN} \geqslant P_{CN_1} \left[1 + \frac{n_s}{n_T}(K_s - 1) \right]$$

$$I_{CN} \geqslant n T I_M \left[1 + \frac{n_s}{n_T}(K_s - 1) \right] \tag{6-31}$$

式中, n_T 为并联电动机的台数; n_s 为同时启动的台数。

在变频器驱动多台电动机时, 若其中可能有一台电动机随时挂接到变频器或随时退出运行, 此时变频器的额定输出电流可按式(6-32)计算:

$$I_{1CN} \geqslant K \sum_{i=1}^{J} I_{MN} + 0.9 I_{MQ} \tag{6-32}$$

式中, I_{1CN} 为变频器额定输出电流(A); I_{MN} 为电动机额定输入电流(A); I_{MQ} 为最大一台电动机的启动电流(A); J 为余下的电动机台数。

5) 在电动机直接启动条件下的变频器容量计算

一般情况下, 三相异步电动机直接用工频启动时, 启动电流为其额定电流的 5~7 倍。对于电动机功率小于 10kW 的电动机直接启动时, 可用下面公式计算变频器容量:

$$I_{CN} \geqslant I_K / K_s \tag{6-33}$$

式中, I_K 为在额定电压、额定频率下电动机启动时的堵转电流(A); K_s 为变频器的允许过载倍数, $K_s = 1.3 \sim 1.5$。

在运行中, 若电动机电流变化不规则, 不易获得运行特性曲线, 这时可将电动机在输出最大转矩时的电流限制在变频器的额定输出电流内进行选定。

6) 在大惯性负载启动条件下的变频器容量计算

变频器过载容量通常为 125%/60s 或 150%/60s，如果超过此值，必须增大变频器的容量。在这种情况下，可按下面公式计算变频器的容量：

$$P_{CN} \geq \frac{K_{NM}}{9550\eta\cos\varphi}\left(T_L + \frac{GD^2}{375} \times \frac{n_M}{t_A}\right) \tag{6-34}$$

式中，GD^2 为换算到电动机轴上的转动惯量值（$N \cdot m^2$）；T_L 为负载转矩（$N \cdot m$）；n_M 为电动机的额定转速（r/min）；t_A 为电动机的加速时间（s），由负载要求确定。

7) 在轻载条件下的变频器容量计算

如果电动机的实际负载比电动机的额定输出功率小，变频器容量一般可选择与实际负载相称。但对于通用变频器，应按电动机额定功率选择变频器容量。

习题与思考六

1. 步进电动机通常可分为哪三种类型？试简述反应式步进电动机的原理。

2. 步进电动机常有哪几种驱动电路？其主要特点是什么？

3. 直流伺服电动机和交流伺服电动机各有哪些特点？

4. 直流伺服控制和交流伺服控制常有哪些方式？

5. 交流伺服电动机选择的原则是什么？

6. 目前直线电动机主要应用的机型有哪些？各有什么特点？

7. 恒转矩调速和恒功率调速有何区别？如何实现这两种调速？

8. 简易数控机床的纵向（z轴）进给系统通常是采用伺服电动机驱动滚珠丝杠，带动装有刀架的拖板做往复直线运动，其工作原理如图 6-34 所示，其中工作台为拖板。已知拖板重量 W 为 2000N，拖板与贴塑导轨间的摩擦系数 μ 为 0.06，车削时最大切削负载 F_z 为 2150N（与运动方向相反），y 向切削分力 $F_y = 2F_z = 4300$N（垂直于导轨），要求导轨的进给速度 v_1 为 10～500mm/min，快速行程速度 v_2 为 300mm/min，滚珠丝杠的名义直径 d_0 为 32mm，导程 L 为 6mm，丝杠总长 l 为 1400mm，拖板最大行程为 1150mm，定位精度为 ±0.01mm，试选择合适的步进电动机，并检查其启动特性和工作速度。

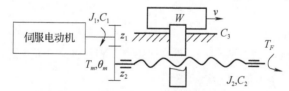

图 6-34　伺服电动机驱动滚珠丝杠传动原理

第7章 智能控制

7.1 概　　述

7.1.1 智能控制的发展和特点

1. 智能控制的发展

人工智能的英文缩写为 AI。它是研究、开发用于模拟、延伸和扩展人工智能的理论、方法和技术的科学。人工智能是计算机科学的一个分支，它企图了解智能的实质，并生产出一种新的能以人类智能相似方式做出反应的智能机器，其研究包括机器人、语言识别、图像识别、自然语言处理和专家系统等。人工智能从诞生至今，理论和技术日益成熟，应用领域也不断扩大，但是到目前为止对于人工智能还没有一个统一的定义。人工智能不是人的智能，但能像人那样思考，也可能超过人的智能。但是至今会自我思考的高级人工智能还需要科学理论和工程上的突破。

智能控制起源于 20 世纪 60 年代，是随着非线性时变复杂被控对象的挑战和计算机、人工智能的发展而产生的。智能控制的发展可以分为以下四个阶段。

(1)萌芽期。从 20 世纪 60 年代起，自动控制理论和技术的发展已经渐趋成熟，控制界学者为了提高控制系统的自学习能力，开始注意将人工智能技术与方法应用于控制系统。1966年，美国门德尔首先主张将人工智能用于空间飞行器学习控制系统的设计，并提出了人工智能控制的概念；1967 年，莱昂德斯和门德尔首先使用"智能控制"一词。1971 年，美国著名华裔科学家傅京孙从学习控制的角度正式提出了创建智能控制这个新兴的学科——这些学术研究活动标志着智能控制的思想已经萌芽。

(2)形成期。20 世纪 70 年代可以看作是智能控制的形成期。从 70 年代初开始，傅京孙等从控制论角度进一步总结了人工智能技术与自适应、自组织、自学习控制的关系，正式提出了"智能控制就是人工智能技术与控制理论的交叉"这一思想，并创立了人机交互式分级递阶智能控制的系统结构，在核反应堆、城市交通等控制方面成功地应用了智能控制系统。这些研究成果为分级递阶智能控制的形成奠定了基础。1974 年，英国工程师曼德尼将模糊集合和模糊语言用于锅炉与蒸汽机的控制，创立了基于模糊语言描述控制规则的模糊控制器，取得了良好的控制效果；1979 年，他又成功地研制出自组织模糊控制器，使得模糊控制器具有较高的智能。模糊控制的形成和发展，以及与人工智能中的专家系统思想的相互渗透，对智能控制理论的形成起到十分重要的推动作用。

(3)发展期。进入 20 世纪 80 年代以后，由于计算机技术的迅速发展及专家系统技术的逐渐成熟，智能控制和智能决策的研究及应用领域逐步扩大，并取得了一批应用成果，标志着智能控制系统已从研制、开发阶段转向应用阶段。特别应该指出的是，80 年代中后期，神经网络的研究获得了重要进展，神经网络理论和应用研究为智能控制的研究起到了重要的促进作用。

(4)兴盛期。进入 20 世纪 90 年代以来，智能控制的研究势头异常迅猛，每年都有各种以智能控制为专题的大型国际学术会议在世界各地召开，各种智能控制杂志或专刊不断涌现。智能控制研究与应用涉及众多领域，从高技术的航天飞机推力矢量的分级智能控制、空间资源处理设备的高自主控制，到智能故障诊断及重新组合控制；从轧钢机、汽车喷油系统的神经控制，到家电产品的神经模糊控制，都与智能控制联系在一起。如果说智能控制在 80 年代的研究和应用主要是面向工业过程控制，那么从 90 年代起，智能控制的应用已经扩大到面向军事、高科技和日用家电产品等多个领域。

综上所述，人工智能是研究使计算机来模拟人的某些思维过程和智能行为(如学习、推理、思考、规划等)的学科，主要包括计算机实现智能的原理，制造类似于人脑智能的计算机，使计算机能实现更高层次的应用。人工智能涉及计算机科学、心理学、哲学和语言学等学科，可以说几乎涉及自然科学和社会科学的所有学科。其范围已远远超出了计算机科学的范畴。人工智能与思维科学的关系是实践和理论的关系，人工智能是处于思维科学的技术应用层次，是它的一个应用分支。从思维观点看，人工智能不仅限于逻辑思维，还要考虑形象思维、灵感思维才能促进人工智能的突破性发展。数学常被认为是多种学科的基础科学，数学不仅在标准逻辑、模糊学等范围发挥作用，而且数学已进入人工智能领域，它们将互相促进而更快地发展。

2. 智能控制的特点

智能控制具有下列特点。

(1)同时具有以非数学广义模型表示和以数学模型(含计算智能模型与算法)表示的混合控制过程，或者是模仿自然和生物行为机制的计算智能算法。它们也往往是那些含有复杂性、不完全性、模糊性或不确定性及存在已知算法的过程，并加以知识进行推理，以启发式策略和智能算法来引导求解过程。智能控制系统的设计重点在智能模型或计算智能算法上。

(2)智能控制的核心在高层控制，即组织级。高层控制的任务在于对实际环境或过程进行组织，即决策和规划，实现广义问题求解。为了完成这些任务，需要采用符号信息处理、启发式程序设计、仿生计算、知识表示及自动推理和决策等相关技术。这些问题的求解过程与人脑的思维过程或生物的智能行为具有一定的相似性，即具有不同程度的"智能"，当然，低层控制级也是智能控制系统必不可少的组成部分。

(3)智能控制的实现，一方面要依靠控制硬件、软件和智能的结合，实现控制系统的智能化；另一方面要实现自动控制科学与计算机科学、信息科学、系统科学、生命科学及人工智能的结合，为自动控制提供新思想、新方法和新技术。

(4)智能控制是一门边缘交叉学科。实际上，智能控制涉及很多的相关学科。智能控制的发展需要各相关学科的配合与支援，同时也要求智能控制工程师是一个知识工程师。

(5)智能控制是一个新兴的研究领域。智能控制仍须不断发展，无论在理论上还是在实践上都还不够成熟、不够完善，需要进一步探索与开发。

7.1.2　智能控制的功能

随着科学技术的发展和生产的需要，自主控制，特别是用智能化的方法实现自主控制成为当今的热门研究课题。智能自主控制也是智能控制的一种形式。

1) 智能控制系统应具有的功能

智能控制系统应具有如下功能。

(1) 能自动接受控制任务、控制要求和目标，并能对任务、要求和目标自主进行分析、判断、规划和决策。

(2) 能自主感知、检测自身所处的状态信息、环境信息和干扰信息，并能自主进行融合、分析、识别、判断和决策；同时能做出能否执行任务的决策。

(3) 能根据控制任务、控制要求和控制目标，结合系统所处的当前自身状态信息、环境信息、干扰信息，自主地进行分析、综合，并做出执行任务和如何完成任务的控制决策。

(4) 能根据上述决策自主形成控制指令，自主操控系统状态的行为，并朝着完成控制任务和目标的方向运动。

(5) 上述运动过程中，如果出现任务改变，以及事先未预见的环境发生变化和自身状态发生变化，或出现系统自身损伤，系统能根据任务改变、新的环境(干扰属环境变化)信息和自身状态信息的改变，自主地做出分析、判断，并做出改变系统状态行为的指令，使系统改变自身的状态，或自主进行系统重组，以适应外界环境的变化；或自主进行系统的故障诊断、自修复，以适应完成控制任务和目标的要求，最终自主完成控制任务，达到控制的目的。

2) 智能控制系统的一般构成

智能控制按上述功能可用图 7-1 表示。方块图各功能块反映了以上所述智能自主控制的主要功能。智能自主控制的关键是用智能化的方法实现完全无人参与的控制过程，并使系统运行达到预期的目的。

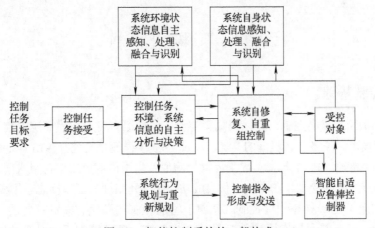

图 7-1　智能控制系统的一般构成

下面以智能控制的无人驾驶汽车为例说明其智能自主控制的过程。假定要使汽车完成由 A 地去 B 地送货的任务。智能自主控制无人驾驶系统接受这一任务后，其工作程序如下。

第一步　接受任务，分析任务，同时检测系统自身所处状态(是否处于运行准备状态)和汽车目前所处的地理坐标位置。

第二步　开启环境状态检测识别系统，确定车辆自身的环境坐标位置，即确定车身是否处于地理坐标的道路中间，车头和道路规定的行车方向是否相同。

第三步　将以上检测结果与任务要求相结合，进行决策分析。根据智能控制行车系统存储的数字地图，决策、规划出行车路线，选择好行车道路，同时根据规划出的行车路线和道路向行车智能自动驾驶系统发出行车指令，给出行车控制信号。该系统不仅能协调地启动发动机，还能控制油门、方向盘和刹车，使驾车按规划的行车路线和所选择的道路行驶。

第四步　在行车过程中，智能控制行车系统中的智能自主导航系统能不断记录行车方向、路线、行车速度和里程，确定车身重心的地理位置坐标；智能环境状态检测识别系统能确定车身相对周围环境的坐标。如果行车中的地理位置坐标偏离了规划出的行车路线，智能自主控制行车系统应能根据车身目前所处的位置，结合系统携带的数字地图重新规划出新的行车路线，并能选好行车道路。如果行车中车子偏离了行车道路中间线，或行车前方出现障碍，则智能自主控制行车系统能通过环境视觉识别系统，给出行车方向修正指令和停车指令，避免发生行车事故，保持行车任务的正常执行。

第五步　当行车到达终点 B 地时，智能自主控制行车系统的智能导航系统能根据行车规划的终点位置的地理坐标和行车当前的地理位置坐标，判断行车的终点任务是否完成。如果行车终点位置到达，则将停车任务转交给环境状态检测识别系统，由该系统搜索选择停车位置，并将此停车位置与出发前记录在系统数据库中的停车位置环境图像相匹配，若匹配无差，则命令行车智能自动驾驶系统关闭油门、发动机，并停车。

如果行车过程中，智能自主控制行车系统发生损坏，系统自身应能实现故障自动诊断、自动修复或系统自动重组。这种自动修复和系统自动重组往往要求能在车辆行进中完成。

智能控制系统的设计是一项复杂的系统工程，有关技术还在发展之中。但是，近年来随着智能传感器、图像识别处理、计算机等技术的快速发展，智能控制技术发展很快，智能自主控制的无人驾驶汽车的实际应用指日可待。

7.2　模　糊　控　制

7.2.1　模糊控制基础

模糊逻辑控制简称模糊控制，是以模糊集合论、模糊语言变量和模糊逻辑推理为基础的一种计算机数字控制技术。1965 年，美国的 L. A. Zadeh 创立了模糊集合论，1973 年他给出了模糊逻辑控制的定义和相关定理。1974 年，英国工程师曼德尼首先用模糊控制语句组成模糊控制器，并把它应用于锅炉和蒸汽机的控制，在实验室获得成功。这一开拓性的工作标志着模糊控制论的诞生。

模糊控制实质上是一种非线性控制，从属于智能控制的范畴。模糊控制的一大特点是既具有系统化的理论，又有着大量实际应用背景。20 多年来，模糊控制无论从理论上还是从技术上都有了长足的进步，成为自动控制领域中一个非常活跃而又硕果累累的分支。其典型应用的例子涉及生产和生活的许多方面。例如，在家用电器设备中，有模糊洗衣机、模糊空调、模糊照相机等；在工业控制领域中，对水净化处理、发酵过程、化学反应釜、水泥窑炉等进行模糊控制；在专用系统和其他方面，有地铁靠站停车、汽车驾驶、电梯、自动扶梯、蒸汽引擎及机器人的模糊控制等。

1. 模糊控制理论及特点

模糊控制，就是在控制方法上应用模糊集理论、模糊语言变量及模糊逻辑推理的知识来模拟人的模糊思维方法，用计算机实现与操作者相同的控制。该理论以模糊集合、模糊语言变量和模糊逻辑为基础，用比较简单的数学形式直接将人的判断、思维过程表达出来，从而逐渐得到了广泛应用。模糊控制理论的应用领域包括图像识别、自动控制、语言研究及信号处理等方面，在自动控制领域，以模糊集理论为基础发展起来的模糊控制为将人的控制经验及推理过程纳入自动控制提供了一条便捷的途径。

模糊控制的特点如下。

(1)简化系统设计，特别适用于非线性、时变、模型不完全的系统。

(2)利用控制法则来描述系统变量间的关系。

(3)不用数值而用语言式的模糊变量来描述系统，模糊控制器不必对被控制对象建立完整的数学模型。

(4)模糊控制器是一种语言控制器，使得操作人员易于使用自然语言进行人机对话。

(5)模糊控制器是一种容易控制、掌握得较理想的非线性控制器，具有较佳的适应性、鲁棒性和容错性。

2. 模糊控制的基本原理

在理论上，模糊控制由 N 维关系集表示。关系集可视为受约于 $(0，1)$ 区间的 N 个变量的函数。r 是多个 N 维关系 R_i 的组合，每个 i 代表一条规则 r_i：IF→THEN。输入 x 被模糊化为一个关系 X，对于多输入单输出(MISO)控制，X 为 $(N-1)$ 维。模糊输出 Y 可应用合成推理规则进行计算。对模糊输出 r 进行模糊判决(解模糊)，可得精确的数值输出 y。图 7-2 为具有输入和输出的模糊控制的原理图。由于采用多维函数来描述 X、Y 和 R，所以该控制方法需要许多存储器用于实现离散逼近。

图 7-2　模糊控制原理图

3. 模糊逻辑控制器的一般结构

图 7-3 给出了模糊逻辑控制器的一般结构图，它由输入设定值、模糊值、决策逻辑、去模糊化、输出值等部分组成。模糊决策过程由推理单元来实现，检测每条规则的匹配程度，并聚集各规则的加权输出。

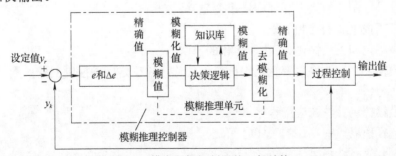

图 7-3　模糊逻辑控制器的一般结构

4. 模糊控制系统的工作原理

模糊控制系统的工作原理如图 7-4 所示。其中，模糊控制器由模糊化接口、知识库、推理机、模糊判决接口四个基本单元组成，它们的作用如下。

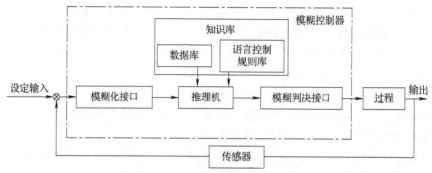

图 7-4　模糊控制系统的工作原理

（1）模糊化接口：测量输入变量（设定输入）和受控系统的输出变量，并把它们映射到一个合适的相应论域的量程，然后精确的输入数据被变换为适当的语言值或模糊集合的标识符。本单元可视为模糊集合的标记。

（2）知识库：设计应用领域和控制目标的相关知识，它由数据库和语言（模糊）控制规则库组成。数据库为语言控制规则的论域离散化和隶属函数提供必要的定义。语言（模糊）控制规则库标记控制目标和领域专家的控制策略。

（3）推理机：这是模糊控制系统的核心，以模糊概念为基础，模糊控制信息可通过模糊蕴含和模糊逻辑的推理规则来获取，并可实现拟人决策过程。根据模糊输入和模糊控制规则，以及模糊推理机求解模糊关系方程，并获得模糊输出。

（4）模糊判决接口：起到模糊控制的推断作用，并产生一个精确的或非模糊的控制作用。此精确控制作用必须进行逆定标（输出定标），这一作用是在对受控过程进行控制之前通过量程变化实现的。

7.2.2　模糊控制器设计

模糊逻辑控制器，简称模糊控制器（Fuzzy Controller）。模糊控制器的控制规则是基于模糊条件语句描述的语言控制规则，所以模糊控制器又称为模糊语言控制器。

模糊控制器的设计包括以下几项内容。

（1）确定模糊控制器的输入变量和输出变量（即控制量）。

（2）设计模糊控制器的控制规则。

（3）进行模糊化和去模糊化（又称清晰化的方法）。

（4）选择模糊控制器的输入变量及输出变量的论域并确定模糊控制器的参数（如量化因子、比例因子）。

（5）编制模糊控制算法的应用程序。

（6）合理选择模糊控制算法的采样时间。

1. 模糊控制器的结构设计

模糊控制器的结构设计是指确定模糊控制器的输入变量和输出变量究竟选择哪些变量作为模糊控制器的信息量，还必须深入研究在手动控制过程中，人如何获取、输出信息，因为模糊控制规则归根到底还是要模拟人脑的思维决策方式。

在确定性自动控制系统中，通常将具有一个输入变量和一个量（即一个控制量和一个被控制量)的系统称为单变量系统；而将多于一个输入输出系统称为多变量控制系统。在模糊控制系统中，可以类似地分别定义为单模糊控制系统和多变量模糊控制系统。所不同的是，模糊系统往往把一个被控制量(通常是系统输出量)的偏差、偏差变化及偏差变化的变化率作为模糊控制器的输入。因此，从形式上看，这时输入量应该是 3 个，但是人们也习惯于称它为单变量控制系统。

下面以单输入单输出模糊控制器为例，给出几种结构形式的控制器，如图 7-5 所示。一般情况下，一维模糊控制器用于简单被控对象，由于这种控制器的输入变量只选一个误差，它的动态性能不佳。所以，目前被广泛采用的均为二维模糊控制器，这种控制器以误差和误差的变化为输入变量，以控制量的变化为输出变量。

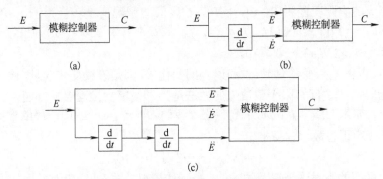

图 7-5 模糊控制系统的基本原理

理论上讲，模糊控制器的维数越高，控制越精细。但是维数模糊控制规则变得过于复杂，控制算法的实现相当困难，这或许是目前人们广泛设计和应用二维模糊控制器的原因所在。有些情况下，模糊控制器的输出变量可按两种方式给出。

等误差大时，则以绝对的控制量输出；而当误差为中或小时，以控制量的增量(即控制量的变化)为输出。尽管这种模糊控制器的结构及控制算法都比较复杂，但是可以获得较好的上升特性，改善了控制器的动态品质。

2. 精确量的模糊化方法

在确定了模糊控制器的结构之后，就需要对输入量进行采样、量化并模糊化。将精确量转化为模糊量的过程称为模糊化。图 7-4 中经计算机计算出的控制量均为精确量，需经过模糊量化处理，变为模糊量，以便实现模糊控制算法。

如果把[-6，6]之间变化的连续量分为七个档次，每个档对应一个模糊集，模糊化过程就相当简单。如果将每一精确量都对应一个模糊子集，就有无穷多个模糊子集，模糊化过程就比较复杂。

如表 7-1 所示，在[-6，6]区间的离散化了的精确量与表示模糊语言的模糊量建立一定关系，这样就可以将[-6，6]之间的任意的精确量用模糊量 y 来表示。例如，在-6 附近称为负大，用 NB 表示；在-4 附近称为负中，用 NM 表示。如果 $y=-5$，这个精确量没有在档次上，再从表 7-1 中的隶属度上选择，由于

$$\mu_{NM}(-5)=0.7,\qquad \mu_{NB}(-5)=0.8,\qquad \mu_{NB}>\mu_{NM}$$

所以，-5 也用 NB 表示。

表 7-1 模糊变量模糊量赋值表

量化等级	-6	-5	-4	-3	-2	-1	0	1	2	3	4	5	6
PB	0	0	0	0	0	0	0	0	0	0.1	0.4	0.8	1.0
PM	0	0	0	0	0	0	0	0	0.2	0.7	1.0	0.7	0.2
PS	0	0	0	0	0	0	0	0.9	1.0	0.7	0.2	0	0
NO	0	0	0	0	0	0.5	1.0	0.5	0	0	0	0	0
NS	0	0	0.2	0.7	1.0	0.9	0	0	0	0	0	0	0
NM	0.2	0.7	1.0	0.7	0.2	0	0	0	0	0	0	0	0
NB	1.0	0.8	0.4	0.1	0	0	0	0	0	0	0	0	0

如果精确量 x 的实际范围为[0，6]，将[0，6]区间的精确变量转换为[-6，6]区间变化的变量 y，容易计算出 $y=12[x-(a+b)/2]/(b-a)$。y 值若不属于整数，可以把它归为最接近于 y 的整数，如-4.8→-5、2.7→3、-0.4→0。

应该指出，实际的输入变量(如误差和误差的变化等)都是连续变化的量，通过模糊化处理，把连续量离散为[-6,6]之间有限个整数值的做法是为了使模糊推理合成方便。

一般情况下，如果把[a，b]区间的精确量 x 转换为[-n，+n]区间的离散量 y ——模糊量，其中 n 为不小于 2 的正整数，容易推出

$$y=2n[x-(a+b)/2]/(b-a) \tag{7-1}$$

对于离散化区间的不对称情况，如[-n，+m]的情况，式(7-1)变为

$$y=(m+n)[x-(a+b)/2]/(b-a) \tag{7-2}$$

3. 模糊控制规则的设计

控制规则的设计是设计模糊控制器的关键，一般包括三部分设计内容：选择描述输入和输出变量的词集、定义各模糊变量的模糊子集和建立模糊控制器的控制规则。

1)选择描述输入和输出变量的词集

模糊控制器的控制规则表现为一组模糊条件语句，在条件语句中描述输入输出变量状态的一些词汇(如"正大""负小"等)的集合，称为这些变量的词集(也称为变量的模糊状态)。对于如何选取变量的词集，可以研究一下人在日常生活中人-机系统中对各种事物和变量的语言描述。一般来说，人们总是习惯把事物分为三个等级，例如，事物的大小可分为大、中、小；运动的速度可分为快、中、慢；年龄的大小可分为老、中、轻；人的身高可分为高、中、矮；产品的质量可分为好、中、次(或一等、二等、三等)。一般都选用"大、中、小"三个词汇来描述模糊控制器的输入、输出变量的状态。由于人的行为在正、负两个方向判断基本上是对称的，将大、中、小再加上正、负两个方向并考虑变量的零状态，共有七个词汇，即

｜负大，负中，负小，零，正小，正中，正大｜

一般用英文缩写表示，为

｜NB,NM,NS,NO,PS,PM,PB｜

其中，N 表示 Negtive；B 表示 Big；M 表示 Middel；S 表示 Small；O 表示 0；P 表示 Positive。

2)定义各模糊变量的模糊子集

定义一个模糊子集，实际上就是要确定模糊子集隶属函数曲线的形状。将确定的隶属函数曲线离散化，就得到有限个点上的隶属度，便构成一个相应的模糊变量的模糊子集。如图 7-6

所示的隶属函数曲线表示论域 X 中的元素 x 对模糊变量 A 的隶属程度。

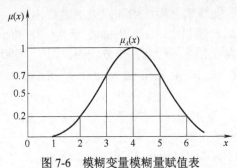

图 7-6   模糊变量模糊量赋值表

设定

$$X = \left| -6,-5,-4,-3,-2,-1,0,1,2,3,4,5,6 \right|$$

则有

$$\mu_A(2) = \mu_A(6) = 0.2 , \qquad \mu_A(3) = \mu_A(5) = 0.7 , \qquad \mu_A(4) = 1$$

论域 X 内，除 $x = 2,3,4,5,6$ 外各点的隶属度均取为零，则模糊变量 A 的模糊子集为

$$A = 0.2/2 + 0.7/3 + 1/4 + 0.7/5 + 0.2/6$$

不难看出，确定了隶属函数曲线后，就很容易定义出一个模糊变量的模糊子集。

试验研究结果表明，用正态型模糊变量来描述人进行控制活动时的模糊概念是适宜的。因此，可以分别给出误差、误差变化速率 R 及控制量 C 的七个语言值 (BN, NM, NS, NO, PS, PM, PB) 的隶属函数。

3) 建立模糊控制器的控制规则

模糊控制器的控制规则是基于手动控制策略，而手动控制策略又是人们通过学习、试验以及长期经验积累而逐渐形成的，存储在操作者头脑中的一种技术知识集合。手动控制过程一般是通过对被控对象(过程)的一些观测，操作者再根据已有的经验和技术知识，进行综合分析并做出控制决策，调整被控对象的控制作用，从而使系统达到预期的目的。控制器的控制决策是基于某种控制算法的数值运算。利用模糊集合理论和语言变量的概念，可以把用语言归纳的手动控制策略上升为数值运算，于是可以采用计算机完成这个任务，从而代替人的手动控制，实现模糊自动控制。利用语言归纳的手动控制策略的过程实际上就是建立模糊控制的控制规则的过程。手动控制策略一般都可以用条件语句加以描述。

常见的模糊控制语句及其对应的模糊关系 R 概括如下。

(1) 若 A 则 B (即 if A then B)。

$$R = A \times B$$

例句 1：若水温偏低则加大热水流量。

(2) 若 A 则 B 否则 C (即 if A then B else C)。

$$R = (A \times B) + (\bar{A} \times C)$$

例句 2：若水温高则加些冷水，否则加些热水。

(3) 若 A 且 B 则 C (即 if A and B then C)。

$$R = (A \times C) + (B \times C)$$

该条件语句还可表述为：若 A 则若 B 则 C (即 if A then if B then C)。

$$R = A \times (B \times C) = A \times B \times C$$

例句 3：若水温偏低且温度继续下降，则加大热水流量。

(4) 若 A 或 B 且 C 或 D 则 E（即 if A or B and C or D then E）。

例句 4：若水温高或偏高且温度继续上升快或较快，则加大冷水流量。

(5) 若 A 则 B 且若 A 则 C（即 if A then B and if A then E）。

$$R = (A \times B) \cdot (A \times C)$$

该条件语句还可表述为：若 A 则 B、C（即 if A then B、C）。

例句 5：若水温已到，则停止加热水、停止加冷水。

(6) 若 A_1 则 B_1 或若 A_2 则 B_2（即 if A_1 then B_1 or if A_2 then B_2）。

$$R = A_1 \times B_1 + A_2 \times B_2$$

例句 6：若水温偏高则加大冷水流量或若水温偏低则加大热水流量。

该条件语句还可表述为：若 A_1 则 B_1 否则若 A_2 则 B_2（即 if A_1 then B_1 else if A_2 then B_2）。

下面以手动操作控制水温为例，总结手动控制策略，从而给出一类模糊控制规则。

设温度的误差为正、温度的误差变化为 EC，热水流量的变化为 U。假设选取 E 及 U 的语言变量的词集均为

$$|NB, NM, NS, NO, PO, PS, PM, PB|$$

选取 EC 的语言变量词集为

$$|NB, NM, NS, O, PS, PM, PB|$$

现将操作者在操作过程中遇到的各种可能出现的情况和相应的控制策略汇总为表 7-2。

表 7-2　模糊控制规则表

U / E \ EC	NB	NM	NS	NO	PS	PM	PB
NB	PB	PB	PB	PB	PM	NO	NO
NM	PB	PB	PB	PB	PM	NO	NO
NS	PM	PM	PM	PM	NO	NS	NS
NO	PM	PM	PS	NO	NS	NM	NM
PO	PM	PM	PS	NO	NS	NM	NM
PS	PS	PS	NO	NM	NM	NM	NM
PM	NO	NO	NM	NB	NB	NB	NB
PB	NO	NO	NM	NB	NB	NB	NB

7.3　神经网络控制

7.3.1　人工神经网络特点

人工神经网络（Artificial Neural Networks，ANNs）是一种模仿动物神经网络行为特征，进行分布式并行信息处理的算法数学模型。这种网络依靠系统的复杂程度，通过调整内部大量节点之间相互连接的关系，从而达到处理信息的目的，并具有自学习和自适应的能力。

在工程与学术界人工神经网络也常直接简称为神经网络或类神经网络。神经网络是一种运算模型，主要在大量的节点(或称神经元)之间相互连接构成。每个节点代表一种特定的输出函数，称为激励函数(Activation Function)。每两个节点间的连接都代表一个对于通过该连接信号的加权值，称为权重，这相当于人工神经网络的记忆。网络的输出则依网络的连接方式、权重值和激励函数的不同而不同。而网络自身通常都是对自然界某种算法或者函数的逼近，也可能是对一种逻辑策略的表达。

人工神经网络的构筑理念是受到生物(人或其他动物)神经网络功能的运作启发而产生的。人工神经网络通常是通过一个基于数学统计学类型的学习方法得以优化，所以人工神经网络也是数学统计学方法的一种实际应用。通过统计学的标准数学方法我们能够得到大量的可以用函数来表达的局部结构空间，另外在人工智能学的人工感知领域，我们通过数学统计学的应用可以来解决人工感知方面的决定问题(也就是说，通过统计学的方法，人工神经网络能够类似人一样具有简单的决定能力和简单的判断能力)，这种方法与正式的逻辑学推理演算相比更具有优势。

人工神经网络是由大量处理单元互联组成的非线性、自适应信息处理系统。它是在现代神经科学研究成果的基础上提出的，试图通过模拟大脑神经网络处理、记忆信息的方式进行信息处理。人工神经网络具有以下四个基本特征。

(1) 非线性。非线性关系是自然界的普遍特性。大脑的智慧就是一种非线性现象。人工神经元处于激活或抑制两种不同的状态，这种行为在数学上表现为一种非线性关系。具有阈值的神经元构成的网络具有更好的性能，可以提高容错性和存储容量。

(2) 非局限性。一个神经网络通常由多个神经元广泛连接而成。一个系统的整体行为不仅取决于单个神经元的特征，而且可能主要由单元之间的相互作用、相互连接所决定。通过单元之间的大量连接模拟大脑的非局限性。联想记忆是非局限性的典型例子。

(3) 非常定性。人工神经网络具有自适应、自组织、自学习能力。神经网络不但处理的信息可以有各种变化，而且在处理信息的同时，非线性动力系统本身也在不断变化。我们经常采用迭代过程描写动力系统的演化过程。

(4) 非凸性。一个系统的演化方向，在一定条件下将取决于某个特定的状态函数。例如，能量函数的极值相应于系统比较稳定的状态。非凸性是指这种函数有多个极值，故系统具有多个较稳定的平衡态，这将导致系统演化的多样性。

人工神经网络中，神经元处理单元可表示不同的对象，如特征、字母、概念，或者一些有意义的抽象模式。网络中处理单元的类型分为三类：输入单元、输出单元和隐单元。输入单元接受外部世界的信号与数据；输出单元实现系统处理结果的输出；隐单元是处在输入单元和输出单元之间，不能有系统外部观察的单元。神经元间的连接权值反映了单元间的连接强度，信息的表示和处理体现在网络处理单元的连接关系中。

人工神经网络是并行分布式系统，它采用了与传统人工智能和信息处理技术完全不同的机理，克服了传统的基于逻辑符号的人工智能在处理直觉、非结构化信息方面的缺陷，具有自适应、自组织和实时学习的特点。

7.3.2 神经元模型

1. 生物神经元模型

人脑大约包含 1012 个神经元，分成约 1000 种类型，每个神经元与 102～104 个其他神经元相连接，形成极为错综复杂而又灵活多变的网络。每个神经元虽然都十分简单，但是大量的神经元之间如此复杂的连接却可以演化出丰富多彩的行为方式。同时，大量的神经元与外部感受器之间的多种多样的连接方式也蕴含了变化莫测的反应方式。神经元结构的模型示意图如图 7-7 所示。

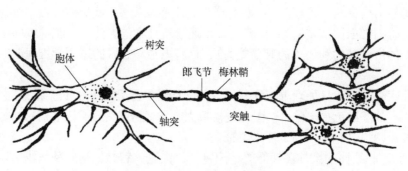

图 7-7　神经元结构的模型示意图

由图 7-7 可以看出，神经元由胞体、树突和轴突构成。胞体是神经元的代谢中心，它本身又由细胞核、内质网和高尔基体组成。内质网是合成膜和蛋白质的基础，高尔基体的主要作用是加工合成物及分泌糖类物质。胞体一般生长有许多树状突起，称为树突，它是神经元的主要接受器。胞体还延伸出一条管状纤维组织，称为轴突。轴突外面可能包有一层厚的绝缘组织，称为髓鞘(梅林鞘)，髓鞘规则地分为许多短段，段与段之间的部位称为郎飞节。轴突的作用主要是传导信息，传导的方向是由轴突的起点传向末端。通常，轴突的末端分出许多末梢，它们同后一个神经元的树突构成一种称为突触的机构。其中，前一个神经元的轴突末梢称为突触的前膜，后一个神经元的树突称为突触的后膜，前膜和后膜两者之间的窄缝空间称为突触的间隙。前一个神经元的信息由其轴突传到末梢之后，通过突触对后面各个神经元产生影响。从生物控制论的观点来看，神经元作为控制和信息处理的基本单元，具有下列一些重要的功能与特性。

(1)时空整合功能。神经元对于不同时间通过同一突触传入的神经冲动，具有时间整合功能；对于同一时间通过不同突触传入的神经冲动，具有空间整合功能。两种功能相互结合，具有时空整合的输入信息处理功能。整合，是指抑制和兴奋的受体电位或突触电位的代数和。

① 兴奋与抑制状态。神经元具有两种常规工作状态：一种是兴奋，当传入冲动的时空整合结果使细胞膜电位升高超过被称为动作电位的阈值(约为 40mV)时，细胞进入兴奋状态，产生神经冲动，由轴突输出；另一种是抑制，当传入冲动的时空整合结果使膜电位下降至低于动作电位的阈值时，细胞进入抑制状态，无神经冲动输出，满足"0-1"律，即"兴奋、抑制"状态。

② 脉冲-电位转换。突触界面具有脉冲-电位转换功能。沿神经纤维传递的电脉冲为等幅、恒宽、编码(60～100mV)的离散脉冲信号，而细胞膜电位变化为连续的电位信号。在突触接口

处进行数模转换,是通过神经介质以量子化学方式实现(电脉冲—神经化学物质—膜电位)的转换过程。

(2)神经纤维传导速度。神经冲动沿神经传导的速度为 1～150m/s,因纤维的粗细、髓鞘的有无而有所不同,有髓鞘的纤维粗,其传导速度在 100m/s 以上;无髓鞘的纤维细,其传导速度可低至每秒数米。

(3)突触延时和不应期。突触对神经冲动的传递具有延时和不应期。在相邻的两次冲动之间需要一个时间间隔,即不应期,在此期间对激励不响应,不能传递神经冲动。

(4)学习、遗忘和疲劳。由于结构可塑性,突触的传递作用可增强、减弱和饱和,所以细胞具有相应的学习功能、遗忘或疲劳效应(饱和效应)。

随着脑科学和生物控制论研究的进展,人们对神经元的结构和功能有了进一步的了解,神经元并不是一个简单的双稳态逻辑元件,而是超级的微型生物信息处理机或控制机单元。

2. 人工神经元模型

人工神经元是对生物神经元的一种模拟与简化,它是神经网络的基本处理单元。图 7-8 为一种简化的人工神经元结构。它是一个多输入、单输出的非线性元件。

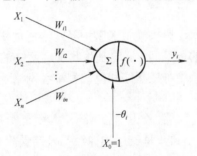

图 7-8 人工神经元结构的模型示意图

其输入-输出关系为

$$\begin{cases} I_i = \sum_{j=1}^{n} W_{ij} X_j - \theta_i \\ y_i = f(I_i) \end{cases} \tag{7-3}$$

式中, $X_j (j=1,2,\cdots,n)$ 为从其他神经元传来的输入信号; W_{ij} 为从神经元 j 到神经元 i 的连接权值; θ_i 为阈值; $f(\cdot)$ 称为输出激发函数或作用函数。

方便起见,常把 $-\theta_i$ 也看成恒等于 1 的输入 X_0 的权值,因此式(7-3)可写成

$$I_i = \sum_{j=1}^{n} W_{ij} X_j \tag{7-4}$$

式中, $W_{i0} = -\theta_i$; $X_0 = 1$ 。

输出激发函数 $f(\cdot)$ 又称为变换函数,它决定神经元(节点)的输出。该输出为 1 或 0,取决于其输入之和大于或小于内部阈值 θ_i 。 $f(\cdot)$ 函数一般具有非线性特性。表 7-3 为几种常见的非线性函数。

表 7-3　几种常见的非线性函数

名称	特征	公式	图形
阈值	不可微，类阶跃，正	$g(x)=\begin{cases}1, & x>0 \\ 0, & x\leqslant 0\end{cases}$	
阈值	不可微，类阶跃，零均	$g(x)=\begin{cases}1, & x>0 \\ -1, & x\leqslant 0\end{cases}$	
Sigmoid	可微，类阶跃，正	$g(x)=\dfrac{1}{1+e^{-x}}$	
双曲正切	可微，类阶跃，零均	$g(x)=\tanh(x)$	
高斯	可微，类脉冲	$g(x)=e^{-(x^2/\sigma^2)}$	

7.3.3　人工神经网络模型

人工神经网络是以工程技术手段来模拟人脑神经网络的结构与特征的系统。利用人工神经元可以构成各种不同拓扑结构的神经网络，它是生物神经网络的一种模拟和近似。目前已有数十种不同的神经网络模型，前馈型神经网络和反馈型神经网络是两种典型结构模型。

1) 前馈型神经网络

前馈型神经网络又称为前向网络，如图 7-9 所示，神经元分层排列，有输入层、隐含层(也称为中间层，可有若干层)和输出层，每一层的神经元只接受前一层神经元的输入。

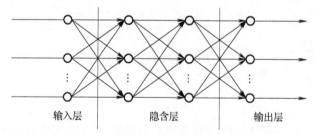

输入层　　　　隐含层　　　　输出层

图 7-9　前馈型神经网络模型示意图

从学习的观点来看，前馈型神经网络是一种强有力的学习系统，其结构简单而易于编程；从系统的观点来看，前馈型神经网络是一种静态非线性映射，通过简单非线性处理单元的复合映射，可获得复杂的非线性处理能力；但从计算的观点来看，前馈型神经网络缺乏丰富的动力学行为。大部分前馈型神经网络都是学习网络，它们的分类能力和模式识别能力一般都强于反馈型神经网络。典型的前馈型神经网络有感知器网络、BP 网络等。

2) 反馈型神经网络

反馈型神经网络如图 7-10 所示。如果总节点(神经元)数为 N，那么每个节点有 N 个输入和一个输出，所有节点都是一样的，它们之间都可相互连接。

反馈型神经网络是一种反馈动力学系统，它需要工作一段时间才能达到稳定。Hopfield 神经网络是反馈型神经网络中最简单且应用广泛的模型，它具有联想记忆的功能，如果将 Lyapunov 函数定义为寻优函数，则 Hopfield 神经网络还可以用来解决快速寻优问题。

3) 自组织网络

自组织网络结构如图 7-11 所示。Kohonen 网络是最典型的自组织网络。Kohonen 认为，当神经网络在接受外界输入时，网络将分成不同的区域，不同区域具有不同的响应特征，即不同的神经元以最佳方式响应不同性质的信号激励，从而形成一种拓扑意义上的特征图，该图实际上是一种非线性映射。这种映射是通过无监督的自适应过程完成的，所以也称为自组织特征图。

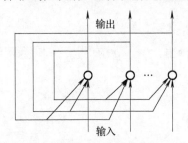

图 7-10　反馈型神经网络模型示意图

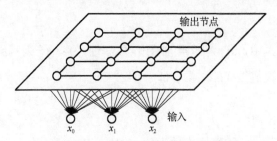

图 7-11　自组织网络结构模型示意图

7.3.4　神经网络学习算法

神经网络学习算法是神经网络智能特性的重要标志，神经网络通过学习算法，实现了自适组织和自学习的能力。

目前神经网络的学习算法有多种，按有无导师分类，可分为有导师学习(Supervised Learning)、无导师学习(Unsupervised Learning)和再励学习(Reinforcement Learning)等几大类。

在有导师的学习方式中，网络的输出和期望的输出(即导师信号)进行比较，然后根据两者之间的差调整网络的权值，最终使差异变小，如图 7-12 所示。在无导师的学习方式中，输入模式进入网络，网络按照一种预先设定的规则(如竞争规则)自动调整权值，使网络最终具有模式分类等功能，如图 7-13 所示。再励学习是介于上述两者之间的一种学习方式。下面介绍两个基本的神经网络学习算法。

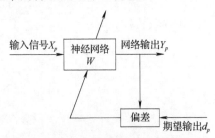

图 7-12　有导师的学习方式

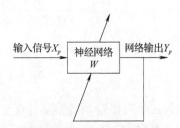

图 7-13　无导师的学习方式

1. Hebb 学习规则

Hebb 学习规则是一种联想式学习算法。生物学家 D．O．Hebbian 基于对生物学和心理学的研究，认为两个神经元同时处于激发状态时，它们之间的连接强度将得到加强，这一论述的叙述称为 Hebb 学习规则，即

$$\omega_{ij}(k+1) = \omega_{ij}(k) + I_i I_j \tag{7-5}$$

式中，$\omega_{ij}(k)$ 为连接从神经元 i 到神经元 j 的当前权值；I_i 和 I_j 分别为神经元 i 和 j 的激活水平。

Hebb 学习规则是一种无导师的学习方法，它只根据神经元连接间的激活水平改变权值，因此这种方法又称为相关学习或并联学习。

2. Delta 学习规则

假设误差准则函数为

$$E = \frac{1}{2}\sum_{p=1}^{P}(d_p - y_p)^2 = \sum_{p=1}^{P}E_p \tag{7-6}$$

式中，d_p 为期望的输出（导师信号）；y_p 为网络的实际输出，$y_p = f(W^T X_p)$，W 为网络所有权值组成的向量，即

$$W = (\omega_0, \omega_1, \cdots, \omega_n)^T \tag{7-7}$$

$$X_p = (x_{p0}, x_{p1}, \cdots, x_{pi})^T \tag{7-8}$$

其中，训练样本数为 $p = 1, 2, \cdots, P$。

神经网络学习的目的是通过调整权值 W，使误差准则函数最小。可采用梯度下降法来实现权值的调整，其基本思想是沿着正的负梯度方向不断修正 W 值，直到 E 达到最小，这种方法的数学表达式为

$$\Delta W = \eta\left(-\frac{\partial E}{\partial W_i}\right) \tag{7-9}$$

$$\frac{\partial E}{\partial W_i} = \sum_{p=1}^{P}\frac{\partial E_p}{\partial W_i} \tag{7-10}$$

其中，

$$E_p = \frac{1}{2}(d_p - y_p)^2 \tag{7-11}$$

令网络输出为 $\theta_p = W^T X_p$，则

$$y_p = f(\theta_p)$$

$$\frac{\partial E_p}{\partial W_i} = \frac{\partial E_p}{\partial \theta_p}\frac{\partial \theta_p}{\partial W_i} = \frac{\partial E_p}{\partial y_p}\frac{\partial y_p}{\partial \theta_p}X_{ip} = -(d_p - y_p)f'(\theta_p)X_{ip} \tag{7-12}$$

W 的修正规则为

$$\Delta\omega = \eta\sum_{p=1}^{P}(d_p - y_p)f'(\theta_p)X_{ip} \tag{7-13}$$

式 (7-11) 称为 δ 学习规则，又称误差修正规则。

Hebb 学习规则和 Delta 学习规则都属于传统的权值调节方法，而一种更先进的方法是通过 Lyapunov 稳定性理论来获得权值调节律。

3. 神经网络控制的结构

神经网络控制的研究随着神经网络理论研究的不断深入而不断发展起来。根据神经网络在控制器中的作用不同，神经网络控制器可分为两类：一类为神经控制，它是以神经网络为基础而成的独立智能控制系统；另一类为混合神经网络控制，它是指利用神经网络学习和优化能力

来改善传统控制的智能控制方法,如自适应神经网络控制等。

1) 神经网络监督控制

通过对传统控制器进行学习,然后用神经网络控制器逐渐取代传统控制器的方法,称为神经网络监督控制。神经网络监督控制的结构如图 7-14 所示。神经网络控制器实际上是一个前馈控制器,它建立的是被控对象的逆模型。神经网络控制器通过对传统控制器的输出进行学习,并在线调整网络的权值,使反馈控制输入 $u_p(t)$ 趋近于零,从而使神经网络控制器逐渐在控制作用中占据主导地位,最终取消反馈控制器的作用。一旦系统出现干扰,反馈控制器将重新起作用。因此,这种前馈加反馈的监督控制方法,不仅可以确保控制系统的稳定性和鲁棒性,而且可有效地提高系统的精度和自适应能力。

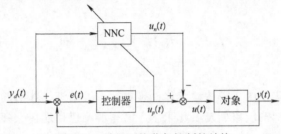

图 7-14 神经网络监督控制的结构

2) 神经网络直接逆控制

神经网络直接逆控制就是将被控对象的神经网络逆模型直接与被控对象串联起来,以便使期望输出与对象实际输出之间的传递函数为 1。因此,将此网络作为前馈控制器后,被控对象的输出为期望输出。

显然,神经网络直接逆控制的可用性在相当程度上取决于逆模型的准确精度。由于缺乏反馈,简单连接的直接逆控制缺乏鲁棒性。为此,一般应使其具有在线学习能力,即作为逆模型的神经网络连接权能够在线调整。

图 7-15 为神经网络直接逆控制的两种结构方案。在图 7-15(a)中,NN1 和 NN2 为具有完全相同的网络结构,并采用相同的学习算法,分别实现对象的逆。在图 7-15(b)中,神经网络通过评价函数进行学习,实现对象的逆控制。

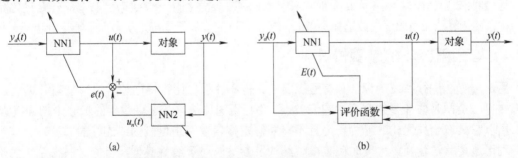

(a)   (b)

图 7-15 神经网络直接逆控制的两种结构方案

3) 神经网络间接自校正控制

神经网络间接自校正控制使用常规控制器,神经网络估计器需要较高的建模精度,其结构如图 7-16 所示。

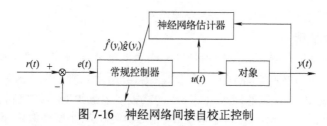

图 7-16　神经网络间接自校正控制

若利用神经网络对非线性函数 $f(y_i)$ 和 $g(y_i)$ 进行逼近，得到 $\hat{f}(y_i)$ 和 $\hat{g}(y_i)$，则常规控制为

$$u(t) = [r(t) - \hat{f}(y_i)] / \hat{g}(y_i) \tag{7-14}$$

式中，$r(t)$ 为 t 时刻的期望输出值。

7.4　遗传算法控制

遗传算法是计算数学中用于解决最佳化的搜索算法，是进化算法的一种。进化算法最初是借鉴了进化生物学中的一些现象而发展起来的，这些现象包括遗传、突变、自然选择以及杂交等。遗传算法通常的实现方式为一种计算机模拟。对于一个最优化问题，一定数量的候选解的种群向更好的解进化。传统上，解用二进制表示（即 0 和 1 的串），但也可以用其他表示方法。进化从完全随机个体的种群开始，之后一代一代发生。在每一代中，整个种群的适应度被评价，从当前种群中随机地选择多个个体（基于它们的适应度），通过自然选择和突变产生新的生命种群，该种群在算法的下一次迭代中成为当前种群。

遗传算法是一类借鉴生物界的进化规律（适者生存、优胜劣汰遗传机制）演化而来的随机化搜索方法。它是由美国 J.Holland 教授于 1975 年首先提出的，其主要特点是直接对结构对象进行操作，不存在求导和函数连续性的限定；具有内在的隐并行性和更好的全局寻优能力；采用概率化的寻优方法，能自动获取和指导优化的搜索空间，自适应地调整搜索方向，不需要确定的规则。遗传算法的这些性质，已被人们广泛地应用于组合优化、机器学习、信号处理、自适应控制和人工生命等领域。它是智能计算中的关键技术。

遗传算法也是计算机科学人工智能领域中用于解决最优化的一种搜索启发式算法，是进化算法的一种。遗传算法在适应度函数选择不当的情况下有可能收敛于局部最优，而不能达到全局最优。

7.4.1　基于遗传算法的参数辨识

用遗传算法进行系统辨识，具有适应面广、鲁棒性强、计算稳定和辨识精度高等优点。因为遗传算法是同时估计参数空间中的许多点，并利用遗传信息和适者生存的策略来指导搜索方向，所以它具有全局优化的能力，而且不需要假定搜索空间是可微的或连续的。

利用遗传算法建模，可同时确定模型结构及参数。对于线性模型，可同时获得系统的阶、时滞及参数值。只要将相关参数组合成相应的基因型，并定义好相应的适应度函数即可，实现起来方便。

这里将模型结构及参数组成染色体串，并将拟合误差转换成相应的适应度，因此系统建模问题就转化为利用遗传算法搜索最佳基因型结构问题。下面以一个线性系统的建模为例进行说明。

设模型具有如下形式：

$$y(k) = a_1 y(k-1) + \cdots + a_n y(k-n) + q^{-d}[b_0 u(k) + \cdots + b_m u(k-m)] \tag{7-15}$$

式中，n, m, d, a_i, b_i 均未知。将这些未知参数编码后串接起来，组成基因型。具体来说，基因型的结构可呈如下的形式：

$$n \quad m \quad d \quad a_1 \cdots a_n \quad b_0 \quad b_1 \cdots b_m$$

方便起见，均采用二进制编码。每个参数所占的位数可根据其取值范围或分辨率来确定。遗传算法是搜寻适应度最大的串结构，适应度函数 f_i 可通过式 (7-16) 进行变换：

$$f_i = M - |e_i|, \quad i = 1, 2, \cdots, n \tag{7-16}$$

式中，$M \geqslant \max|e_i|$。

7.4.2 遗传算法辨识系统参数

考虑描述系统的 ARMAX 模型为

$$A(q^{-1})y(k) = B(q^{-1})u(k-d) + \zeta(k) \tag{7-17}$$

其中，

$$\begin{cases} A(q^{-1}) = 1 + a_1 q^{-1} + \cdots + a_n q^{-n_a} \\ B(q^{-1}) = b_0 + b_1 q^{-1} + \cdots + b_n q^{-n_a} \end{cases}$$

式中，q^{-1} 为单位后移算子，$q^{-1}y(k) = y(k-1)$；d 为时滞；$\zeta(k)$ 为噪声。

对于第 k 次观测，实际观测值 $y(k)$ 与估计模型计算值 $\hat{y}(k)$ 之间的偏差为

$$e(k) = y(k) - \hat{y}(k) \tag{7-18}$$

式中，$e(k)$ 为残差。$\hat{y}(k)$ 由式 (7-19) 计算：

$$\hat{A}(q^{-1})\hat{y}(k) = \hat{B}(q^{-1})u(k-d) \tag{7-19}$$

式中，$\hat{A}(q^{-1})$ 中包含的 $\hat{a}_1, \hat{a}_2, \cdots, \hat{a}_n$ 和 $\hat{b}_1, \hat{b}_2, \cdots, \hat{b}_{nb}$ 为第 k 次满足下列目标函数为最小的参数估计值：

$$J = e^{\mathrm{T}} e \tag{7-20}$$

采用遗传算法辨识系统参数值，应将系统参数用二进制数串表示，假定系统参数的分量均在预定的范围 $[P_{\min ij}, P_{\max ij}]$ 内变化，那么参数串的表示值和实际参数值之间的关系为

$$P_y = P_{\min ij} + \frac{\text{binrep}}{2^i - 1}(P_{\min ij} - P_{\max ij}) \tag{7-21}$$

式中，binrep 为一个 l 位字符串所表示的二进制整数。

在遗传算法中，P_c 和 P_m 的选取非常重要，直接影响算法的收敛性。一般 P_c 为 0.5～1.0，P_m 为 0.005～0.05，针对不同的优化问题，需要反复试验来确定，但很难找到适应于每个优化问题的最佳值。在自适应 P_c 和 P_m 中，它们是根据解的适应值变化而变化。对于适应值高的解，相对应于低的 P_c 和 P_m，使该解得以保护进入下一代。而低于平均适应值的解，相对应于高的 P_c 和 P_m 被淘汰。因此，自适应 P_c 和 P_m 能够提供相对某个解的最佳 P_c 和 P_m 值，有效地提高了遗传算法的优化能力。

自适应 P_c 和 P_m 的表达式为

$$P_c = \begin{cases} K_1 (f_{\max} - f') / (f_{\max} - \bar{f}), & f' \geqslant \bar{f} \\ K_2, & f' < \bar{f} \end{cases} \tag{7-22}$$

$$P_m = \begin{cases} K_3(f_{max} - f') / (f_{max} - \overline{f}), & f' \geqslant \overline{f} \\ K_4, & f < \overline{f} \end{cases} \tag{7-23}$$

式中，K_1、K_2、K_3、K_4为小于等于 1.0 的常数；f_{max}为每一代群体的最大适应值；$\overline{f}$为每一代的平均适应值；f'为要交叉的两个串中适应值大的；f为要变异的串的适应值。

利用遗传算法来辨识系统参数的主要步骤如下。

(1)随机产生 N 个二进制字符串，每一个字符串表示一组系统参数，从而形成第 0 代群体。

(2)根据式(7-21)将各个二进制字符串译码成系统的各参数值，然后根据式(7-24)计算每一组参数的适应值：

$$F(k) = \sum_{i=0}^{m} C_{max} - [e(k-i)]^2 \tag{7-24}$$

式中，C_{max}为正常数，用于保证适应函数为非负；m为第 k 次采样之前的采样步数。

(3)应用复制、交叉、变异算子对群体进行进化操作。

(4)重复步骤(2)和(3)，直至算法收敛或达到预先设定的世代数。

(5)群体中适应度最好的字符串所表示的参数就是要辨识的系统参数。

7.5　仿人智能控制

智能控制从某种意义上说就是仿生和拟人控制，即模拟人和生物的控制结构、行为和功能所进行的控制。本节所介绍的仿人智能控制(简称仿人控制)虽未达到上述意义下的控制，但它综合了递阶控制、专家控制和基于模型控制的特点，实际上可以把它看作一种混合控制。

1. 仿人控制的原理

仿人控制的基本思想就是在模拟人的控制结构的基础上，进一步研究和模拟人的控制行为与功能，并把它用于控制系统，实现控制目标。仿人控制研究的主要目标不是被控对象，而是控制器本身如何对控制结构和行为进行模拟。大量事实表明，由于人脑的智能优势，在许多情况下，人的手动控制效果往往是自动控制无法达到的。

图 7-17 为仿人控制系统的一般结构。从图中可知，该控制系统由任务适应层、参数校正层、公共数据库和检测反馈等部分组成。在图 7-17 中，R、Y、E 和 U 分别表示仿人控制系统的输入、输出、偏差信号和控制系统的输出。因此，仿人控制是兼顾定性综合和定量分析的混合控制。

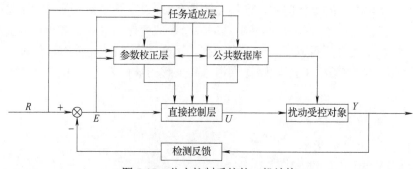

图 7-17　仿人控制系统的一般结构

仿人控制在结构和功能上具有以下基本特征。

(1)递阶信息处理和决策机构。

(2)在线特征辨识和特征记忆。

(3)开闭环结合和定性与定量结合的多模态控制。

(4)启发式和直觉推理问题求解。

仿人控制在结构上具有递阶的控制结构,遵循"智能增加而精度降低"的原则,不过它与萨里迪斯的递阶结构理论有些不同。仿人控制认为,其最底层(执行级)不仅有常规控制器结构,而且应具有一定智能,以满足实时、高速、高精度的控制要求。

2. 仿人控制器的原型算法

PID 调节器未能妥善地解决闭环系统的稳定性和准确性、快速性之间的矛盾;采用积分作用消除稳态偏差必然增大系统的相位滞后,降低系统的响应速度;采用非线性控制也只能在特定条件下改善系统的动态品质,其应用范围十分有限。基于上述分析,运用"保持"特性取代积分作用,有效地消除了积分作用带来的相位滞后和积分饱和问题。

在比例调节器的基础上,有学者提出了一种具有极值采样保持形式的调节器,并以此为基础发展成一种仿人控制器。仿人控制器的原型算法以熟练操作者的观察、决策等智能行为为基础,根据被调量、偏差及变化趋势决定控制策略,因此它接近于人的思维方式。当受控系统的控制误差趋于增大时,仿人控制器增大控制作用,等待观察系统的变化;而当误差有回零趋势,开始下降时,仿人控制器减小控制作用,等待观察系统的变化;同时,控制器不断记录偏差的极值,校正控制器的控制点,以适应变化的要求。仿人控制器的原型算法如下:

$$
u = \begin{cases} K_p e + kK_p \sum\limits_{i=1}^{n=1} e_{mi}, & e \cdot \dot{e} > 0 \bigcup \dot{e} = 0 \bigcap \dot{e} \neq 0 \\ kK_p \sum\limits_{i=1}^{n} e_{mi}, & e \cdot \dot{e} > 0 \bigcup \dot{e} \neq 0 \end{cases} \tag{7-25}
$$

式中,u 为控制输出;k 为抑制系数;e 为误差;$\dot{e}$ 为误差变化率;e_{mi} 为误差的第 i 次峰值。

根据式(7-25),可给出如图 7-18 所示的误差相平面上的特征及相应的控制模态。当系统误差处于误差相平面的第一象限与第三象限,即 $e \cdot \dot{e} > 0$ 或 $\dot{e} = 0$ 时,仿人控制器工作于保持控制模态。

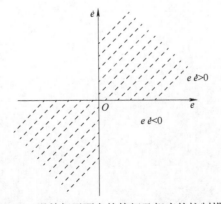

图 7-18　误差相平面上的特征及相应的控制模态

习题与思考七

1. 智能控制发展可以分为哪四个阶段？
2. 智能控制的主要特点是什么？
3. 模糊控制器由哪几部分组成？
4. 设计模糊控制器的关键一般包括哪三部分内容？
5. 人工神经网络的特点是什么？
6. 神经网络的学习算法有哪几种，各有哪些特点？
7. 简述仿人控制的基本原理及其原型算法。

第8章 大数据驱动智能制造

8.1 概　　述

　　智能制造就是面向产品全生命周期,实现感知条件下的信息化制造。智能制造的特征是互联、协同、共享和智能,核心是以大数据作为最主要的一种驱动力,利用大数据构建、整合与优化价值链和产业链。智能制造是国际制造业博弈的新领域,促进传统制造向智能制造的转型升级成为许多国家共同的战略选择。从某种意义上讲,智能制造的竞争就是大数据实力和能力的竞争,抢占大数据的制高点,就能为在竞争中赢得主动与优势创造有利的条件。大数据时代,我国制造业既迎来了新的发展机遇,同时又面对着必须采取积极有效的措施予以应对的巨大挑战。

　　2011 年,世界著名的管理咨询公司——麦肯锡(McKinsey)公司在题为"大数据:下一个创新、竞争和生产力的前沿"的报告中率先预测了大数据时代的到来,其依据是数据量的骤长和数据复杂程度的增加造成了"摩尔定律"(Moore's Law)的失效,对国民经济、社会发展产生了不可忽视的重要影响。"数据"是世界的本原,任何人都回避不了世间万物、各行各业、不同角色已经或者必将被打上"大数据化"印迹的事实,作为大数据富集区的制造业当然概莫能外。

　　与制造大数据联系最紧密的概念是"工业大数据"(Industrial Big Data),最早于 2012 年由美国通用电气公司(GE)在其发布的题为"工业大数据兴起"的报告中提出,随后许多官方机构、重要部门、学术组织都给出了相关定义。我国工业和信息化部、国家标准化管理委员会发布的《大数据系列报告之一:工业大数据白皮书(2017 版)》对工业大数据有较为全面的定义。严格而言,"工业大数据"涵盖"制造大数据",后者是前者的组成部分,前者的泛指性较强,后者更具专指性。在理论研究和制造实践中,通常把"工业大数据"和"制造大数据"互换使用,因为刻意区分二者的内涵和外延并无实际价值。

　　对制造大数据可以从三个角度理解。其一,理论角度。"数据、信息、知识、智慧"(Data,Information,Knowledge,Wisdom,DIKW)理论认为:数据与智能具有内在的逻辑关系,其中数据之间的关联形成信息,信息中的关联蕴含知识,知识的综合运用构成智慧,大数据应用于制造业就是对该理论的一种重要检验。其二,技术角度。鉴于影响产品生命周期的因素具有复杂性、突变性、不确定性,需要更有效的方法来改进决策机制,而以大数据应用为轴心的"设计—制造—运维一体化协同技术"的功能正在于此。其三,实践角度。大数据既是具有特殊价值的"流量货币"和制造资产,也是智能制造的实践工具,掌握与利用大数据是触发制造业转型升级的关键变量,是推动智能制造不断高级化的加速器。

8.1.1 大数据驱动智能制造的系统框架

　　大数据系统框架设计和平台建设是智能制造研究与实践的重点。系统是由相互联系、相互作用的要素组成的具有一定结构和功能的有机整体。智能制造的大数据系统可以分成大数据管理和大数据分析两大部分，前者包括数据采集、预处理、存储模块，后者包括数据分析和应用模块，不同的技术模块相互衔接融合构成完整的闭环体系，如图 8-1 所示。

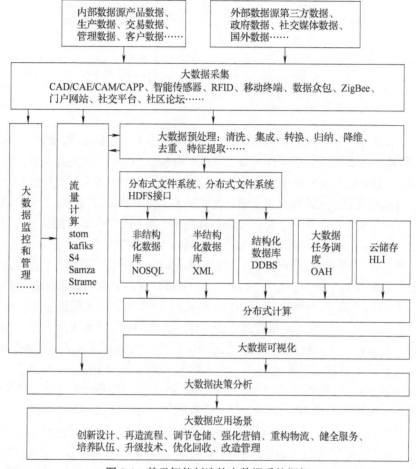

图 8-1 基于智能制造的大数据系统框架

(1)通过物联网中镶嵌于数据源的传感器、RFID、读写器、全球定位系统、机器对机器(Machine to Machine，M2M)通信等信息感知装置把人、机、物、环境等结为一体，与大数据平台互联互通，对产品生命周期数据感知和采集。为了保证来自不同传感装置的数据实现互操作，必须遵循统一的传输协议和接口标准，这是物联网感知的基础。传感设备正向着智能化、微型化、复合化方向发展，将来不仅具有"感知"的能力，更具有"认识"和"感控"的功能，实现对数据的智能感知、研判、决策和自适应。

(2)高维、海量、冗余、大噪声、多尺度和多源异构的数据会导致不可靠的输出。所以，必须对采集到的数据预处理(Data Preprocessing)，包括数据清洗、集成、转换、归纳、降维，以及数据的特征化提取、标签化操作等。数据预处理还要建立数据之间的连接，实现数据互补，以便对某个制造问题或者与制造有关现象的描述更加立体、细致和全面。

(3)数据存储已经发展到分布式存储阶段，典型的分布式文件系统有 HDFS、GFS 等。对制造云存储是制造大数据的另一种存储方式，即将数据存放在第三方托管的多台虚拟服务器中随时、随地访问和调用，既可以弹性地分配资源，又能够降低存储成本。今后，制造大数据存储技术要进一步解决非结构化、半结构化大数据的存储和移动共享、即时调用问题，以及安全和商业秘密保护等问题。

（4）大数据应用于制造场景的前提是对数据建模，通过对不同来源、类型、关系的制造数据的并行计算，挖掘数据之间的耦合、相关特性，以及有价值的动向和趋势。数据挖掘的方法包括关联、分类、聚类等。目前，一些新的高性能计算框架得到应用，如 Spark、Storm、Hadoop 等，其特征是适用于不同的分布策略，对复杂问题"分而治之"。另外，研究表明，深度学习技术由于在"端到端"的深度学习中引入注意力机制和外在记忆结构，使得系统能够更广泛地采集和利用数据，表现出优异的数据挖掘性能，受到制造业的关注。

（5）数据可视化的作用是使数据的属性得到多维表示，把隐藏的信息和规律显性化，使制造决策者能够从更宽的视野、更深入地发现、理解和利用数据。数据可视化技术不仅丰富多样（包括文本可视化技术、网络可视化技术、时空可视化技术、多维可视化技术等），而且呈现出多形式数据高分辨率展示与多视图的联动、交互、整合等发展趋势。可视化只是对数据计算结果的展示，还需要用人机交互技术开展分析，如接触交互技术、笔交互技术、自然交互技术等。

（6）大数据来源于实践，必须回到研发、生产、销售、服务、管理等具体的制造场景中，辅助智能决策。大数据驱动智能制造既是一个循环往复、不断提升的实践活动，又是持续不断的知识发现过程。所谓"知识发现"，是指从数据中鉴别出新的、可能有用的和最终可以理解的非平凡模式。或者说，知识发现就是从低层次数据中提炼出高层次知识。发现知识，积累知识，用新的更高层次的知识而不是仅凭经验解决复杂的问题，是智能制造与传统制造最重要的区别。

智慧制造（Wisdom Manufacturing，WM）是智能制造发展的重要趋势，其特征是把信息系统、物理系统和社会系统结为一体，通过对制造社会化技术、制造智能化技术、制造数字化技术、制造物联化技术的集成，实现智能制造的预测化、主动化、社会化、泛在化、协同化、知识化、服务化，这将对制造大数据系统建设提出新的高标准要求。

8.1.2　大数据关键技术概览

为了高效实时地处理巨大的数据问题，大数据技术的发展应运而生。所谓大数据技术，即针对数据集合来进行一系列收集、存储、管理、处理、分析、共享和可视化等操作的技术。目前大数据技术涉及大数据采集、大数据存储与管理、大数据计算模式与系统、大数据分析与挖掘和大数据隐私与安全等方面。

1.　大数据采集

大数据具有规模大和数据源多样化等特点，为了获取高质量数据，可将大数据采集过程分为数据清洗、数据转换和数据集成三个环节。数据清洗是指通过检测除去数据中的明显错误和不一致错误等，以达到减少人工干预和减少用户编程量的目的；数据转换是指按照已经设计好的规则对清洗后的数据进行转换来达到统一异构数据格式的目的；数据集成是指为后继流程提供统一且高质量的数据集合来达到解决"信息孤岛"现象的目的。目前常用的数据采集方法有传感器收取、手机电子渠道、传统搜索引擎如百度和谷歌等条形码技术。

2.　大数据存储与管理

针对大数据的规模性，为了降低存储成本，并行地处理数据，提高数据处理能力，采用分布式数据存储管理技术，主要存储模式为冗余存储模式，即将文件块复制存储在几个不同的存储节点上。比较有名的分布式存储技术是 Google 的 GFS(Google File System)和 Hadoop 的 HDFS(Hadoop Distributed File System),其中 HDFS 是 GFS 的开源实现。为了达到方便管理数据的目的,大数据不再采用传统的单表数据存储结构,而是采用由多维表组成的按列存储的分布式实时数据管理系统来组织和管理数据,比较有代表性的是 Google 的 Big Table 和 Hadoop 的 HBase,其中 Big Table 基于 GFS,HBase 基于 HDFS。

3. 大数据计算模式与系统

大数据计算模式指根据大数据的不同数据特征和计算特征,从多样性的大数据计算问题和需求中提炼并建立的各种高层抽象或模型。大数据计算模式多而复杂,如流式计算、批处理计算、迭代计算和图计算等,其中,由于批处理计算的 Map Reduce 技术具有扩展性和可用性,适合海量且多种类型数据的混合处理,因此大数据计算通常采用此技术。Map Reduce 技术采用"分而治之"的思想,首先将一个大而重的数据任务分解为一系列小而轻且相互独立的子任务,然后将这些子任务分发到平台的各节点并行执行,最后将各节点的执行结果汇总得到最终结果,完成对海量数据的并行计算。

4. 大数据分析与挖掘

为了从体量巨大、类型繁多、生成快速的大数据集中寻找出更高的价值,需要大数据分析与挖掘技术帮助理解数据的语义,来提高数据的质量和可信度。由于大数据时代数据的复杂特征,传统的数据分析技术如数据挖掘、机器学习、统计分析已无法满足大数据分析需求,有待进一步研究改进。目前,关键的大数据分析与挖掘技术是云计算技术和可视化技术。云计算技术中的分布式文件系统为大数据底层存储架构提供支撑,基于分布式文件系统构建的分布式数据库,通过快捷管理数据的方式来提高数据的访问速度,同时通过各种并行分析技术在一个开源平台上处理复杂数据,最终通过采用各种可视化技术将数据处理结果直观清晰地呈现出来,使用户运用更简单方便。

5. 大数据隐私与安全

大数据潜在的巨大价值吸引着无数潜在的攻击者,同时在社交网络的快速发展下,人们的隐私安全更是受到威胁,甚至影响到国家安全。鉴于此,各界人士着手大数据安全与隐私保护技术研究并取得了一定成果。现有的大数据安全与隐私保护技术有能对数据所有者进行匿名化的数据发布匿名保护技术、能隐藏用户信息和用户间关系的社交网络匿名保护技术、能确定数据来源的数据溯源技术、能够实现用户授权和简化权限管理的角色挖掘技术和将标识信息嵌入数据载体内部的数据水印技术等。

8.2 大数据采集技术

大数据采集技术是指对数据进行提取-转换-加载(Extract-Transform-Load)操作,通过对数据进行提取、转换、加载,最终挖掘数据的潜在价值,之后向用户提供解决方案或者决策参考。它是数据从数据来源端经过提取(Extract)、转换(Transform)、加载(Load)到目的端,然后进行处理分析的过程,因此大数据采集技术是获得准确数据与实现生产过程透明化的关键。

用户从数据源抽取出所需的数据,经过数据清洗,最终按照预先定义好的数据模型将数据加载到数据仓库中，最后对数据仓库中的数据进行数据分析和处理。

数据采集是位于数据分析生命周期的重要一环，它通过采集传感器数据、社交网络数据、移动互联网数据等获得各种类型的结构化、半结构化及非结构化的海量数据。

由于采集的数据种类错综复杂，因此对这些不同种类的数据进行数据分析必须采用提取技术，将复杂格式的数据转换成所需要的数据。这里可以丢弃一些不重要的字段。对于数据提取后的数据，由于数据源头的采集存在不准确的因素，因此对于不准确的数据信息需要进一步清洗，并对异常的数据进行过滤、剔除。

针对不同的应用场景，对数据进行分析的工具或者系统不同，还需要对数据进行数据转换操作，即将数据转换成不同的数据格式，最终按照预先定义好的数据仓库模型将数据加载到数据仓库中。

在实际生产过程中，数据产生的种类很多，并且不同种类的数据产生的方式不同，主要包含以下几类大数据采集技术：①无线射频识别(RFID)技术；②二维码技术；③日志采集技术；④网络数据采集系统；⑤数据库采集系统；⑥其他制造业大数据感知技术。由于篇幅所限，本节主要介绍无线射频识别技术和二维码技术。

8.2.1 无线射频识别技术

RFID 技术是一种非接触的自动识别技术，其基本原理是利用射频信号和空间耦合(电感或电磁耦合)传输特性实现识读器与标签间的数据传输。

RFID 系统一般由三部分组成(图 8-2)，即电子标签(应答器，Tag)、识读器(读头，Reader)和天线(Antenna)，部分功率要求不高的 RFID 设备将识读器与天线进行集成，统一称作识读器。在应用时，将射频电子标签黏附在被识别的物品上(或者物品内部)，当该物品移动至识读器驱动的天线工作范围内时，识读器可以无接触地把物品所携带的标签里的数据读取出来，从而实现无接触的物品识别。可读写的 RFID 设备还可以通过识读器(读写器)，在物品经过该区域满足工作条件情况下把需要的数据写入标签，从而完整地实现产品的标记与识别。

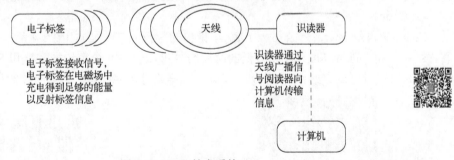

图 8-2 RFID 技术系统

RFID 技术标识物品在很多行业都已有广泛的应用，主要集中于半导体加工、电子产品及汽车装配等领域。在以上所述的 RFID 应用过程中，RFID 中间件是 RFID 系统的神经中枢，RFID 天线获取标签数据之后，中间件从识读器返回这些标签进行统计处理，进而发送至应用层的其他信息系统。

RFID 技术尚未有普遍接受的国际标准，各国家及地区基于安全、利益等考虑都在努力建立自己的 RFID 系列标准并尝试将其国际化，其中 EPCglobal 的标准由于得到欧美主要大公司的支持且其编码规范与传统的条码编码兼容，因此具有较大的影响力。其制定的 RFID 中间件标准也成为当前最主要的中间件设计标准。

RFID 技术标准决定了设备生产商的产品设计，而硬件设备需要与中间件兼容，在技术标准相对滞后的状况下各商家的硬件有各种各样的差异，但是其基本功能大致相同，这为中间件设计面向多硬件的接口提供了可能。混流制造系统的高度灵活性和多变性对中间件数据处理提出了更高的要求，因此中间件各功能模块要有针对性地建设。

8.2.2 二维码技术

二维码可以分为行排式二维码和矩阵式二维码。行排式二维码由多行一维条码堆叠在一起构成，但与一维条码的排列规则不完全相同；矩阵式二维码是深色方块与浅色方块组成的矩阵，通常呈正方形，在矩阵中深色方块和浅色方块分别用 1 和 0 表示。

1) 行排式二维码

行排式二维码又称为堆积式或层排式二维码。其形态类似于一维条码，编码机理与一维条码的编码原理类似。它在编码设计、识读方式、校验原理等方面与一维条码具有相同或类似的特点，可以用相同的设备对其进行扫描识读，但识读和译研方法与一维条码不同。行排式二维码的容量更大，校验功能有所增强，因此有些类型具有纠错功能。行排式二维码中具有代表性的有 PDF417 码和 Code 49 码。

（1）PDF417 码。

PDF417 码如图 8-3 所示，是由 Symbol Technologies 公司美籍华人王寅君博士发明的。PDF 的全称为 Portable Data File，即便携式数据文件。因为组成条码的每一个字符都由 4 个条和 4 个空，共 17 个模块构成，故称为 PDF417 码。PDF417 码在个人证件上有广泛的应用。

PDF417 码可编码全部 ASCII 字符及扩展字符，并可编码 8 位二进制数据，最多可有 80 多万不同的解释。层数可从 3 到 90 层，一个符号最多可编码 1850 个字符、2710 个数字或者 1108 个字节。PDF417 码可进行字符自校验，可选安全等级，具有纠错功能。

（2）Code 49 码。

Code 49 码是 Intermec 公司于 1987 年推出的行排式二维码，如图 8-4 所示，可编码全部 128 个 ASCII 字符。符号高度可变，最低的两层符号可以容纳 9 个字母型字符和 5 个数字字符，而最高的 8 层符号可以容纳 49 个数字、字母、字符或者数字字符。它只有校验码，无纠错功能。

图 8-3　PDF417 码

图 8-4　Code 49 码

2) 矩阵式二维码

矩阵式二维码以矩阵的形式组成，每一个模块的长与宽相同，模块与整个符号通常都以正方形的形态出现。矩阵式二维码是一种图形符号自动识别处理码制，通常都有纠错功能。具有代表性的矩阵式二维码有 Code One 码、Data Matrix 码（简称 DM 码）、QuickResponse 码（简称 QR 码）、汉信码。

（1）Code One 码。

Code One 码是由 Intermec 公司的 Ted Williams 于 1992 年发明的矩阵式二维码，如图 8-5 所示，是最早作为国际标准公开的二维码。其可编码标准和扩展 ASCII 字符集中的 256 个字符共有 10 种版本和 14 种尺寸，最大可表示 2218 个文本字符、3550 个数字或 1478 个字节。

（2）Data Matrix 码。

Data Matrix 码如图 8-6 所示，它是最早的二维码之一，1989 年由美国国际资料公司的 Dennis Priddy 和 Robert S. Cymbalski 发明。其可编码标准和扩展 ASCII 字符集中的 256 个字符，最大数据容量为 2335 个文本字符、2116 个数字或 1556 个字节。

（3）汉信码。

汉信码是 2005 年由中国物品编码中心牵头开发完成的矩阵式二维码，如图 8-7 所示。汉信码最大的优势在于汉字的编码，可编码 GB 18030 字符集中的所有文字，并具有扩展能力。汉信码有高达 84 个版本，有 4 个具备不同纠错能力的纠错等级，最多可编码 4350 个文本字符、7928 个数字、3262 个字节或者 2174 个中文常用汉字。

图 8-5　Code One 码　　　　图 8-6　Data Matrix 码　　　　图 8-7　汉信码

8.3　大数据传输技术

大数据传输技术是指数据源与数据宿之间通过一个或多个数据信道或链路、共同遵循一个通信协议而进行的数据传输。它主要是按照适当的规则，经过一条或多条链路，在数据源和数据宿之间进行多元数据汇集与传输的过程。大数据在智能制造领域中具有很大价值。传统的电路交换具有稳定的特点，但其要求足够可用的线宽；而大数据的特点是对时延的不敏感性，但其占用网络资源却很大，因此保证数据传输的实时性是数据传输过程中的核心要务。

8.3.1　工业现场总线通信技术

现场总线（Fieldbus）是 20 世纪 80 年代末 90 年代初国际上发展起来的一种把大量现场级设备和操作级设备相连的工业通信系统，用于过程自动化、制造自动化、楼宇自动化等领域的现场智能设备互联通信网络。其一般定义为：一种用于智能化现场设备和自动化系统的开放式、数字化、双向串行、多节点的通信总线。现场总线作为工厂数字通信网络的基础，沟通了生产过程现场及控制设备之间及其与更高控制管理层次之间的联系。它不仅是一种基层网络，而且是一种开放式、新型全分布控制系统。以智能传感、控制、计算机、数字通信等技术为主要内容的综合技术已经在世界范围内受到关注，成为自动化技术发展的热点，并将导致自动化系统结构与设备的深刻变革。

1. 常用现场总线

据不完全统计，国际上目前有 40 多种现场总线，但没有任何一种现场总线能覆盖所有应用面。其中，最有代表性的有 Profibus 现场总线技术、基金会现场总线（Foundation Fieldhus，FF）技术、Lonworks 现场总线技术等。

1）Profibus

Profibus 现场总线技术是由西门子公司为主的十几家德国公司、研究所共同推出的现场总线。ISO/OSI 模型也是它的参考模型。它由 Profibus-DP、Profibus-FMS 和 Profibus-PA 组成 Profibus 系列。其中，Profibus-DP 用于分散外设间的信息传输，适合于加工自动化领域的应用。FMS 是现场总线信息规范，Profibus-FMS 适用于可编程控制器、低压电器开关等基础自动化。Profibus-PA 常用于过程自动化的总线类型，它遵从 IEC1158-2 标准。

Profibus 的传输率为 9.6Kbit/s～12Mbit/s，当传输率为 1.5Mbit/s 时，最大传输距离为 400m；若用中继器可延长至 10km，其传输介质可以是双绞线或光缆。

Profibus 支持主-从系统、多主站系统、多主多从混合系统等传输方式。主站有对总线的控制权，可主动发送信息。对多主站系统，主站之间采用令牌方式传送信息，得到令牌的站点可在一个事先规定的时间内拥有总线的控制权，并事先规定好令牌在各主站中循环一周的最长时间。

2）FF

FF 现场总线技术是以美国 Fisher-Rousemount 公司为首，并联合福克斯波罗、横河、ABB 等 80 余家公司制定的 ISP 协议和以霍尼韦尔公司为首制定的 World FIP 协议在 1994 年合并成立的。FF 以 ISO/OSI 为基础，取其物理层、数据链路层、应用层为 FF 通信模型的相应层次，并在应用层上增加了用户层。

FF 分低速 H1 和高速 H2 两种通信速率。H1 的传输速率为 31.25Kbit/s，通信距离可达 1900m；H2 的传输速率为 1Mbit/s 和 2.5Mbit/s 两种，通信距离分别为 750m 和 500m。物理传输介质可支持双绞线、光缆和无线发射，协议符合 IEC1158-2 标准。

3）Lonworks

Lonworks 现场总线技术是由美国 Echelon 公司提出并联合摩托罗拉、东芝等公司共同起草于 1990 年公布而成立的。Lonworks 的特点是：它采用 ISO/OSI 模型的全部 7 层通信协议和面向对象的设计方法，通过网络变量把网络通信设计简化为参数设计。Lonworks 现场总线的通信速率最高为 1.5Mbit/s。当通信速率为 78Kbit/s 时，最大通信距离为 2.7km。该现场总线的通信介质可为双绞线、同轴电缆、光纤或无线发射等。

Lonworks 主导芯片是由美国 Echelon 公司开发，并由摩托罗拉和东芝公司大量生产。该芯片中有 3 个微处理器，既能管理通信，也具有局部输入输出功能和控制功能。第一个微处理器用于完成开放互连模型中第一层和第二层的功能，也称为媒体访问控制处理器，实现介质访问的控制与处理；第二个微处理器用来完成 3～6 层的功能，称为网络处理器，进行网络变量处理的寻址、函数路径选择、软件服务、网络管理、收发数据等；第三个微处理器是应用处理器，致力应用程序，执行操作系统服务与用户代码。主导芯片中还具有存储信息缓冲区，以实现各处理器之间的信息传送。

Lonworks 主导芯片是低成本的。Echelon 公司鼓励各初始设备制造商(OEM)用主导芯片开发自己的应用产品,从而推广 Lonworks 技术。如今 Lonworks 技术已被广泛应用在楼宇自动化、家庭自动化、保安系统、办公系统、工业过程控制等行业。

2. 现场总线的技术特点

(1)系统的开放性。通信协议公开,不同厂家的设备之间可以进行信息交换和共享。在遵守共同标准的前提下,用户可以按自己的需要和布置把不同厂家的设备组成系统。

(2)能实现系统的高度分散控制。现场总线连成的系统是一种全新的分布式控制系统的体系结构,现场设备本身已经可以完成自动控制的基本功能,这就简化了系统,提高了可靠性。

(3)现场设备的智能化与自诊断。现场总线系统的传感测量、工程量处理、补偿计算以及实时控制等功能分散到现场智能化设备中完成,即现场设备在完成自动控制基本功能的同时,可以随时诊断设备的运行状态。

(4)信息共享与互换性。现场总线的互换设备之间以及系统之间的信息可共享接口,实行点对点的通信,也可实现一点对多点的通信。不同厂家性能类似的设备可以互换、互用,减少设备的备用量。

(5)工业现场的适应性。现场总线系统作为工厂网络底层,是专为工业环境下工作而设计的。它和现场设备的前端相连接,对双绞线、同轴电缆、光纤等具有很强的抗干扰能力。

8.3.2 工业现场以太网通信技术

以太网(Ethernet)出现于 1975 年。1982 年发布了 IEEE 802.3 标准的第一版本。1990 年 2 月,该标准正式成为 ISO/IEC 8802.3 标准。在商用数据通信领域,以太网技术发展成为互联网的基础通信技术,导致了一场全球信息技术的革命。

进入 21 世纪以来,以太网技术开始应用于工业自动化控制网络,工业以太网交换是在商用以太网交换机(IEC 8802.3 标准)的基础上进行改进,以适应不同工业系统的功能和性能需求,以及各种恶劣环境的高可靠性数据交换。

2007 年 1~2 月,IEC 出版了第四版 IEC 61158 现场总线国际标准,包括 EPA 实现的以太网在内的 9 种类型的工业以太网进入新版标准。它标志着工业以太网技术为与现场总线技术并列的工业自动化控制系统网络通信解决方案。由于以太网技术标准开放性好,应用广泛,使用透明,有统一的通信协议,因此成为工业控制领域唯一的通信标准。工业以太网与商业以太网都符合 OSI 模型,但针对工业控制实时性、高可靠性的要求,工业以太网在链路层、网络层增加了不同的功能模块,在物理层增加了电磁兼容性设计,解决了通信实时性、网络安全性、抗强电磁干扰等技术问题。目前工业以太网已逐步应用于电力、交通、冶金、煤炭、石油化工等工业领域中。作为新兴产业,全球工业以太网行业目前正处于产业发展的导入期,最近十年的增长速度远高于互联网和现场总线的增长速度。以太网的成功之处在于实现了便捷的网络互联,通过以太网连接的网络和设备可以是不同类型的网络、运行不同网络协议的设备和系统,联网的设备可以方便地实现互联、互通与互操作。

工业以太网技术具有价格低廉、稳定可靠、通信速率高、软硬件产品丰富、应用广泛,以及支持技术成熟等优点,已成为最受欢迎的通信网络。近年来,随着网络技术的发展,以太网进入了控制领域,形成了新型的以太网控制网络技术,这主要是由于工业自动化系统向分布化、智能化控制方面发展,开放的、透明的通信协议是必然的要求。

8.3.3　工业现场无线网络通信技术

近年来，以太网、互联网等网络架构已越来越广泛地应用于自动化工业领域，取代传统的串口通信将成为自动化系统通信的主流。无线网络利用无线电波来为智能现场设备、移动机器人以及各种自动化设备之间的通信提供高带宽的无缆数据链路和灵活的网络拓扑结构，在一些特殊环境下有效地弥补了有线网络的不足，进一步完善了工业控制网络的通信性能，是现代数据通信系统发展的一个重要方向。

无线网络通信技术在工业控制中的应用主要包括数据采集、视频监控等，可以帮助用户实现移动设备与固定网络的通信或移动设备之间的通信，且坚固、可靠、安全。它适用于各种工业环境，即使在极恶劣的情况下也能够保证网络的可靠性和安全性。目前，在工业自动化领域中的无线通信技术协议主要是：对于可用于现场设备层的无线短程网，采用的主流协议是 IEEE 802.15.4；对于适应较大传播覆盖面和较大信息传输量的无线局域网，采用的是 IEEE 802.11 系列；对于较大数据容量的短程无线通信，工业界广泛采用的是蓝牙标准。可将无线网络通信技术分为无线传感器网络(Wireless Sensor Networks)通信技术、无线局域网络(Wireless Local Area Network，WLAN)通信技术、蓝牙(Blue Tooth)通信技术等。

1. 无线传感器网络通信技术

计算机网络技术、无线技术以及智能传感器技术的相互渗透、结合，产生了基于无线技术的网络化智能传感器的全新概念。这种基于无线技术的网络化智能传感器，使得工业现场的数据能够通过无线链路直接在网络上传输、发布和共享。这些智能化的传感器与 PLC、读卡器或其他设备之间互相连接，形成一个无线传感器控制网络，作为信息系统内管理和收集数据的工具。IEEE 802.15.4 是描述低速率无线个人局域网的物理层和媒体接入控制协议，目前 ZigBee、WirelessHART 和 MiWi 是遵循该协议的三项短程通信技术。

无线传感器与自组网的主要区别有以下几点。

(1)传感器网络是集成了监测、控制以及无线通信的网络系统，节点数目更为庞大(上千甚至上万)，节点分布更为密集。

(2)由于环境的影响和能量的消耗，节点更易出现故障，环境干扰和节点故障容易造成网络拓扑结构的变化，通常情况下，大多数传感器节点是固定不变的。

(3)传感器节点具有的能量、处理能力、存储能力和通信能力都是十分有限的，传统网络的首要设计是提供高服务质量和高效的带宽利用率，其次才是考虑能源；而传感器网络的首要目标是能源的高效利用，这也是传感器网络和传统网络的重要区别之一。

2. 无线局域网络通信技术

计算机局域网是把分布在数公里范围内的不同物理位置的计算机设备连在一起，在网络软件的支持下可以相互通信和资源共享的网络系统。通常计算机组网的传媒界主要依靠同缆或光缆，构成有线局域网。但有线网络在某些场合要受到布线的限制：布线改线工程量大；线路容易损坏；网中的各节点不可移动。特别是当要把相离较远的节点瞬间连接起来时，敷设专用通信线路的布线施工难度之大、费用之高、耗时之多，令人生畏。这些问题都对正在迅速扩大的联网需求形成了严重的瓶颈阻塞，限制了用户联网。

WLAN 就是为解决有线网络以上问题而出现的。WLAN 利用电磁波在空中发送/接收数据，而无需线缆介质。WLAN 的数据传输速率现在已经能够达到 54Mbit/s(Agere 公司的非标技术甚至高达 162Mbit/s），传输距离可远至 2km 以上。无线联网方式是对有线联网方式的一种补充和扩展，使网上的计算机具有可移动性，能快速、方便地解决有线方式不易实现的网络联通问题。

与有线网络相比，WLAN 具有以下优点。

(1) 安装便捷：一般在网络建设当中，施工周期最长、对周边环境影响最大的就是网络布线的施工。在施工过程中，往往需要破墙掘地、穿线架管。而 WLAN 最大的优势就是免去或减少了这部分繁杂的网络布线的工作量，一般只要再安放一个或多个接入点(Access Point)设备就可建立覆盖整个建筑或地区的局域网络。

(2) 使用灵活：在有线网络中，网络设备的安放位置受网络信息点位置的限制。而一旦 WLAN 建成后，在无线网的信号覆盖区域内任何一个位置都可以接入网络，进行通信。

(3) 经济节约：由于有线网络中缺少灵活性，这就要求网络的规划者尽可能地考虑未来的发展需要，这往往导致需要预设大量利用率较低的信息点，而一旦网络的发展超出了设计规划时的预期，又要花费较多费用进行网络改造。而 WLAN 可以避免或减少以上情况的发生。

(4) 易于扩展：WLAN 有多种配置方式，能够根据实际需要灵活选择。这样，WLAN 能够胜任只有几个用户的小型局域网到上千用户的大型网络，并且能够提供像“漫游”(Roaming)等有线网络无法提供的特性。

由于 WLAN 具有多方面的优点，其发展十分迅速。在最近几年里，WLAN 已在各个领域获得了广泛应用，并且正在与移动通信业务进行结合，诞生了高速移动数据业务，从而使移动办公真正成为现实。

8.3.4 5G 技术

5G 技术和工业互联网同为当今的前沿技术，虽然分别服务于通信领域和工业领域，但技术的关联性仍然会使它们紧密相连。工业互联网依赖于高速发展的互联网技术，性能优异的 5G 网络将会有力促进互联网应用的高速发展，也必将对工业互联网的应用产生深远的影响。

工业互联网的重要标志是网络化和智能化，其中的网络化承载着工业制造中的数据流通，智能化支撑着工业制造中的生产过程。网络化依赖于网络的畅通和管理，智能化依赖于像 3D 打印一样的智能加工与成型，但这些都明显地表示出工业互联网应用仅仅局限于行业圈内。工业互联网应用需要走出制造界，使工业互联网成为移动互联网中的一个环节，通过移动互联网和电子商务系统与消费者互联。只有这样才有能力使工业互联网为客户量身定制，满足多样化和个性化发展趋势和工业品制造市场的需求，才有能力使工业互联网制造实现高品质、高速度和高利润的小批量或单批次智能化生产，5G 系统将有可能是工业互联网终极目标的重要推手。

工业大数据平台主要由企业服务、运行监测和智能分析三大系统组成，构成了数据收集到数据分析的数据驱动应用模式。

借助工业大数据平台，可以妥善解决工业数据标识困难、数据分散、应用困难等问题。以数据驱动解决方案为核心，搭建工业大数据平台已成为业内企业的重要业务模式。

目前，针对数据感知能力，国内一些企业构建了多维感知数据汇聚平台、数据管理平台、数据存储平台等。通过采集、获取、汇聚和解析各种结构化与非结构化数据，从而实现对数据的融合和关联建模。在预测性维护方面，工业大数据所起到的作用尤为重要。利用大数据对设备特征进行动态观测、重点观测及数据分析，能够实现实时监测和诊断，提早发现问题，及时部署维护方案，确保设备的正常运转，将问题风险系数降到最低。尽管如此，我国工业大数据产业的发展仍存在诸多问题,如数据不足、信噪比低、分析难度高、信息安全威胁、智能应用系统存在瓶颈等。

随着 5G 网络的商用和智能终端的完善,以及社会的发展和消费者对工业产品的多样化、个性化和人性化需求的演进、网络技术、智能技术和平台管理技术的发展,传统制造产业界以大型工厂为制造单位、以工人群体为制造主体的集中式工厂流水作业制造特征将会转变为以家庭或小型作坊为制造单位,以专业制造技师为主体的分散式个体定制作业制造特征,甚至会衍生出极富影响力的工业品制造经营平台,衍生出众多既懂商业经营,又懂工业流程,还懂制造技术的工业制造经纪人,催生出众多具有专业技术和精湛制造工艺的工业部件专门制造技师,因为 5G 平台、5G 网络和 5G 终端在消费者与工业互联网之间架起了一座畅通无阻的桥梁。

8.4　大数据存储技术

大数据是区别于传统的数据概念而提出的,它本质上也是一种普通数据,只是在数据量上已经远远突破了传统数据存储与处理工具的极限,具备新的特点。大数据的出现和应用需求要求人们必须开发出新的数据处理平台和处理模式,以满足社会发展的需求。

大数据区别于一般的数据主要在于其重要特征:大数据不仅仅是数量的巨大,而且是数据类型和数据格式的多元化。由于数据量过多、过分散,形式多样,因此其价值密度不会太高,但其本身的价值却是巨大的。大数据不仅在当前是海量的,并且每时每刻都在快速地增长,这也使得大数据的处理工作面临着巨大的困难。数据结构的多元化要求大数据处理包含着复杂的数据清洗和转换过程,大大增加了处理难度。

1. 分布式数据存储系统

数据存储是大数据应用体系的基础。在传统的数据库存储中,一般是针对结构化数据进行异步查询,当数据量级达到一定程度后,即使是当前最先进的 ORACLE 等大型关系数据库也无能为力,于是分布式存储的思想应运而生。分布式文件系统是指采用网络的形式将多台物理计算机联系起来,共同完成大量文件数据的存储与访问的计算机系统。在分布式文件系统中,任意两台计算机之间都可以建立通信并共享数据,因此分布式文件系统对网络有强烈的依赖。目前商业化的分布式文件系统主要有 GFS、GlusterFS、HDFS 和 Lustre 等。

分布式文件系统把大量数据分散到不同的节点上存储,大大减小了数据丢失的风险。分布式文件系统具有冗余性,部分节点的故障并不影响整体的正常运行,而且即使出现故障的计算机存储的数据已经损坏,也可以由其他节点将损坏的数据恢复出来。因此,安全性是分布式文件系统最主要的特征。分布式文件系统通过网络将大量零散的计算机连接在一起,形成一个巨大的计算机集群,使各主机均可以充分发挥其价值。此外,集群之外的计算机只需要经过简单的配置就可以加入分布式文件系统中,具有极强的可扩展能力。

2. Hadoop 关键技术分析

Hadoop 是一个在大数据处理领域广泛应用的分布式系统基础架构,它由著名的 Apache 软件基金会研发,受到了全球用户的青睐。在该架构下,开发者不需要对分布式底层细节进行研究即可开发自己的分布式程序,通过计算机集群的优势为高速运算和存储提供了无限的可能。

Hadoop 的核心技术包括 HDFS 和 Map Reduce 两方面。其中,HDFS 是一个分布式文件系统，为大数据存储提供了平台，而 Map Reduce 则主要用于大数据的实时高速计算。HDFS 具有很好的容错性能，在低廉的硬件系统上有着独特的优势。另外，它还可以达到很高的吞吐量，使得访问应用程序的数据可以变得非常快捷，对于涉及超大数据集的系统平台尤为适用。HDFS还允许用户通过流的形式访问后台数据。Map Reduce 可以把存储在 HDFS 中的大量数据快速提取出来并进行深入的分析，它能够从不同的存储节点提取分片数据并汇总，用户通过系统提供的指令即可完成各种数据分析工作。

3. Hadoop 在大数据存储中的应用

Hadoop 架构广泛应用于大数据存储领域，许多行业都以 Hadoop 架构为核心来创建自己的大数据存储分析系统。以电力行业为例，近年来智能电网的建设使得智能采集设备的应用范围也不断扩大，电力数据源源不断地产生，为了满足电力数据采集和处理的要求，系统采用数据库集群技术来存储电力系统的原始数量，将海量数据源源不断地存储到 HBase 数据库集群中，如图 8-8 所示。

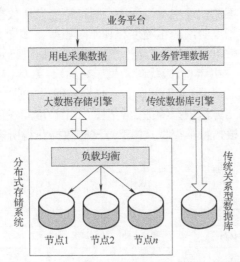

图 8-8　电力信息采集系统中的大数据分布存储

8.5　基于制造大数据的产品工艺智能规划

传统的产品工艺设计方法较多基于仿真与试验来进行，产品工艺设计与数据驱动的典型流程如图 8-9 所示。具体而言，在新的设计任务出现后，设计人员借助设计软件进行产品工艺的设计与规划；在实际生产之前试制产品并进行试验验证，确定最终设计方案后进行实际制造；在实际制造过程中，收集机器、刀具、工件等实时数据监控生产状态；对生产出来的产品进行质量检测，产生产品检测数据。制造数据的挖掘过程就是通过分析处理制造数据，探索出产品质量与工艺参数间的关系和规律；新发现的知识可运用知识库技术进行规范化表达与结构化存储，辅助设计优化决策，改进产品设计，实现产品工艺的"后向设计"。

传统的数据挖掘技术多是针对结构化数据展开的，而在海量、多源、异构的制造大数据场景下进行应用略显不足，需要运用新兴技术进行数据融合、处理和分析。为此，本节介绍如图 8-9 所示的产品工艺设计与大数据驱动流程，以发挥制造大数据在产品设计中的驱动作用。

图 8-9 产品工艺设计与大数据驱动流程图

1. 产品工艺规划数据来源

在实现工艺智能规划方案的快速生成过程中,制造特征设计数据作为输入源,主要包含特征类型、材料、尺寸规格、精度等级、粗糙度和加工阶段等,如图 8-10 所示。

在确定加工特征的设计数据后,对该特征的工艺规划数据进行定义。加工特征的工艺规划数据包括该特征的加工方法、机床(机床代码、机床名称)、刀具(刀具号、刀具名称、刀具直径和刀具材料)、工装(夹具和量具)和切削参数(主轴转速、切削速度、进给量和切削深度)等相关数据。其中,特征的加工方法根据特征的类型、加工精度和表面粗糙度综合判断来获得;确定特征的加工方法后,再根据特征类型、加工方法等数据获得所需要的机床、刀具、工艺装备和切削参数等数据。

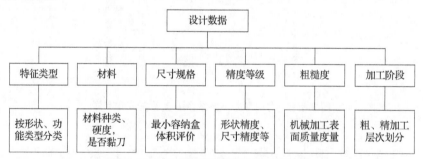

图 8-10 制造特征设计数据作为输入源

2. 基于 DELMIA 的智能机械加工工艺规划

DELMIA 是法国达索公司研制的针对制造业的 3D 数字化制造解决方案。DELMIA 服务于制造工艺优化至关重要的行业,包括汽车、航空航天、制造和装配、电气和电子、消费品、工厂和造船行业。达索公司作为 PLM 解决方案的世界领导者,研发出了一整套数字化设计、制造、维护、数据管理的 PLM 平台,提供从概念到维护的产品整个生命周期的 3D 可视化解决方案。

DELMIA 系统中,涵盖了所有在汽车零部件设计、制造以及维护过程中所需的设计工艺,让用户通过万方数据和 3D 模型设计,就可以完成产品的工艺设计与验证。DELMIA 数字制造解决方案建立在一个结构开放的产品、资源、工艺的复合模型(PPR)中,如图 8-11 所示。

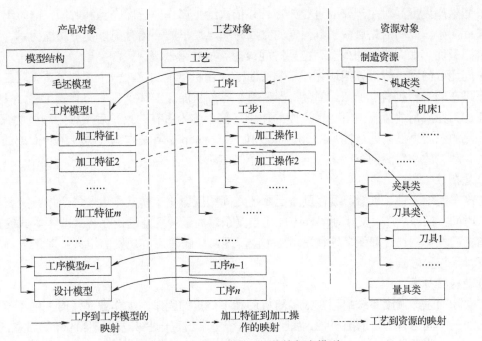

图 8-11　产品、资源、工艺的复合模型

　　该模型可以对整个产品研发过程进行持续不断的工艺编制和验证。同时，现实与 CATIA、ENOVIA、SMARTEAM、LMS 等系统进行无缝集成，可以有效利用设计好的数据，提取制造业的专业知识，让最好的产业经验得以重复利用。使用 DELMIA 产品，能够使生产效率、质量以及安全性得到最大的效益，同时降低制造成本。DELMIA 的应用能够让企业更有效地实现从"数字样机"到"数字制造"的延伸。在"数字制造"的设计早期，就可以使用人体工程学分析，来对操作与维护进行仿真和优化，用系统的方法来支持"面向维护的设计"的业务流程。

8.6　车间生产智能调度

　　车间生产调度通过合理配置有限的生产资源，使得所需要的性能指标达到最优。目前，常见的生产调度问题一般是按照一定的工艺路线，为车间工件集内的工件合理分配机床等资源，并确定工件在机床上的起止时间，在约束条件下优化某些性能指标。在实际的生产环节中，由于生产环境的动态性和随机性，加工时间、工件到达时间和机床故障率等因素会出现动态变化，因而导致调度性能指标呈现复杂波动。而利用工业大数据技术，可通过海量数据分析实现车间性能的预测，并根据车间的状态优化决策，实现预测性调度，为车间调度方法提供新思路。

8.6.1　车间生产调度问题的描述

　　调度就是在产品生产过程中对共同使用的资源实行时间分配，从而达到某一最优目的。调度任务的产生在于多项任务共享特定的资源，而有限的资源却无法以相对各个单独任务的最优状态同时满足所有任务的处理需求，同时需要寻求一种优化其中一部分或者整批任务的某种处理性能指标。

车间生产调度是对生产作业进行排序，并依次给生产作业分配资源和时间，同时满足某些约束条件，如作业间的先后关系、预定的完成时间、最早的开始时间以及资源能力等，并且使某个准则最优，如完成时间最短、拖期时间最短、成本最低等。

车间调度问题一般可以描述为：n 个工件在 m 台机器上加工，一个工件分为 k 道工序，每道工序可在若干台机器上加工。每台机器在每个时刻只能加工某个工件的某道工序，只能在上道工序加工完成后才能开始下一道工序的加工，前者称为占有约束，后者称为顺序约束。

实际的生产调度问题往往是由 Job-shop 和 Flow-shop 型等基本调度类型组合而成的，是随机性的、动态的。实际的车间调度问题有以下特点。

1) 复杂性

生产车间中工件、机器、缓存及搬运系统之间相互影响、相互作用，每个作业又要考虑它的加工时间、操作顺序、交货期等，因此相当复杂。由于调度问题是在等式或不等式约束下求性能指标的优化，在计算量上往往是 NP 完全问题，即随着问题规模的增大，对于求解最优化的计算量呈指数增长。

2) 动态随机性

在实际的生产调度系统中存在很多随机的和不确定的因素，如作业到达时间的不确定性，作业的加工时间也有一定的随机性，而且生产系统中常出现一些实发偶然事件，如设备的损坏、修复、作业交货期的改变、加入紧急订单等。

3) 多目标

实际的计划调度往往是多目标的，并且这些目标间可能发生冲突。Oraves 曾将调度目标分为基于调度费用的目标和调度性能的目标两大类，Kiran 等将调度目标分为三类：基于作业交货期的目标、基于作业完成时间的目标和基于生产成本的目标。这种多目标性导致调度的复杂性和计算量急剧增加。

4) 多约束

生产车间中资源的数量、缓存的数量、工件的加工时间和加工顺序都是约束。

此外，还有一些人为约束，如要求各机器上的负荷平衡等。

8.6.2　车间生产调度问题的求解方法

车间生产调度问题可以通过一定的调度算法进行求解，其核心问题是对调度算法的研究，即按照目标函数的要求计算出最优或近似最优的任务安排方案。研究人员经过多年的研究，提出了上百种调度算法，并随着对各类调度问题研究的深入及各种交叉学科的发展，涌现出了许多新的车间调度理论和方法，如数学规划法、启发式搜索算法、系统仿真方法、智能搜索算法等。由于篇幅所限，本节仅介绍基于遗传算法理论的车间生产调度问题求解方法。

遗传算法(Genetic Algorithms，GA)是模拟达尔文(Darwin)的遗传选择和自然淘汰(Natural Selection)的生物进化过程的计算模型，由美国 Michigan 大学的 John H. Holland 教授于 1975 年首先提出的。该算法是基于"适者生存"的一种高度并行、随机和自适应优化算法，它将问题的求解表示成"染色体"的"适者生存"问题，通过染色体群的一代代不断进化，包括复制、交叉和变异等操作，最终收敛到"最适应环境"的个体，从而求得问题的最优解或者满意解。目前，随着计算机技术的发展，遗传算法越来越得到人们的重视，并在机器学习、模式识别、图像处理、神经网络、优化控制、生产调度等领域得到广泛应用。

　　调度功能是车间管理的核心功能之一，它直接关系着车间能否在指定的时间段内合理利用有限的制造资源完成相应的加工任务。调度问题不但冲突多、求解过程相当复杂，而且在不同制造环境下所考虑的约束、达到的目的等均不相同，使得调度问题之间的差别很大，特别是对于多目标问题，求解尤其困难。

　　组合优化问题通常具有大量的局部极值点，往往是不可微的、不连续的、多维的、有约束条件的、高度非线性的 NP 完全问题，因此，精确求解组合优化问题往往是不可能的。生产调度(JSP)问题是一类典型 NP 完全问题，随着问题规模的扩大，会发生组合爆炸，算法复杂性呈指数增长。各类混合遗传算法是解决实际调度问题的最有效途径和最有前途的调度方法。

　　有效解决生产调度中的多目标问题具有动态复杂性，可以采用基于工件和机器相结合的编码遗传算法，根据多目标要求，设计相应的交叉遗传算子来提高调度效率。

1. JSP 问题描述

　　JSP 问题研究 n 个工件在 n 台机器上的加工，已知各操作的加工时间和各工件在各机器上的加工次序约束，要求确定与工艺约束条件相容的各机器上所有工件的加工时间或完成时间或加工次序，使加工性能指标达到最优，具体满足如下条件：

　　(1)同一时刻同一台机器只能加工一个工件；

　　(2)每个工件在某一时刻只能在一台机器上加工，不能中途中断每一个操作；

　　(3)不同工件的工序之间有部分联系；

　　(4)不同工件具有优先级的差别；

　　(5)每个工件相邻工序之间的间隔为零(准备时间可计入机器的加工时间)。

AOE 带权有向无环网模型是描述 JSP 调度问题的一种行之有效的方法，如图 8-12 所示。

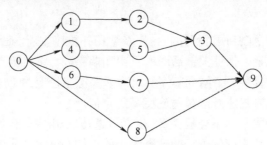

图 8-12　AOE 带权有向无环网模型

　　车间调度分为静态调度和动态调度两种。静态调度目标为在满足生产任务交货期的前提下，尽可能提高设备资源的利用率，减少调整时间，使生产周期最短。静态调度是车间可计划进入执行阶段的基础和依据，遗传算法在静态调度问题中已经有成功的应用。动态调度指在车间实际的运行过程中，存在着不可预期的被称为动态时间的随机扰动，如机器故障、订单的突然加入或取消等，因此往往需要不断地进行动态重调度。具体生产调度加工目标和解决策略如下。

　　(1)企业成本最小化、降低库存。

　　(2)按期交货订单数量最大化。考虑缩短制造周期方面，则调用完工时间最早的工序；考虑不同交货期方面，则计算不同完工提前期，根据事情紧急情况分别对待。

　　(3)资源设备均衡利用。考虑减少机器负荷方面，则调用加工时间最小的工序；考虑设备能力方面，则涉及加班、外协等问题。

（4）任务优先数的考虑。在上层决策时，充分关注市场销售、机器生产、库存等方面问题；而装配完成情况与加工次序紧密联系；动态调度时，对于缺件未能按时完工，需要优先加工，将其优先级增大。

（5）减少调整准备时间。充分考虑运输时间的问题，其中涉及设备地理位置情况、工件准备时间、刀具准备时间等方面。

2. 混合遗传算法描述

遗传算法是模拟生物在自然环境中的遗传和进化过程而形成的一种自适应全局优化算法，在许多领域中得到了成功的应用，如函数优化、旅行商问题等。利用遗传算法已经成功解决静态生产调度问题，针对动态调度中的多目标问题，采用以遗传算法为基础，结合 AOE 找寻关键路径的混合遗传算法来弥补遗传算法的局部搜索能力的不足，根据适应度的变化采用相应的交叉变异算子，避免"早熟"收敛现象发生，对于生产调度中的动态多目标问题进行有效的解决。

3. 编码方案

编码问题是算法设计的关键问题，常见编码有二进制编码、格雷码编码、实数编码、符号编码、排列编码、DNA 编码、多参数编码、矩阵编码等。解决工作车间调度问题有基于工序的编码、基于机器的编码等多种方法。采用基于工序和机器的编码，工序 a_{ij} 用 G_i 来表示，其出现的次序表示工序加工顺序；机器 m 用 J_m 表示某工序加工的机器。例如，染色体 J1G1-.J2G2-.J1G1-.J2G1 表示工件 1 第 1 道工序在机器 1 上加工，工件 2 第 1 道工序在机器 2 上加工，工件 1 第 2 道工序在机器 1 上加工，工件 1 第 3 道工序在机器 2 上加工。

4. 种子选择

首先对各工序生成的 AOE 网进行拓扑排序及逆拓扑排序判断，在该前提下求得关键路径，并对关键活动优先分配机器，保证关键活动的正常如期完成。将关键活动基因置前，后随机生成一定数量的不完全染色体种子，结合工序要求对非关键路径上的工序进行机器分配，形成最终的染色体。采用轮盘赌方法进行选择适应度高的个体。

为了保证所得到的最优个体不会被交叉、变异等遗传操作所破坏，结合使用最优保存策略，若当前群体中最优个体的适应度低于总的迄今为止的最好个体的适应度，用迄今为止的最好个体替换掉当前群体中的最差个体。

5. 适应度函数

多目标优化问题是指一个问题存在多个需要优化的性能指标，每个性能指标都有其不同的约束条件，多目标优化就是要寻求一个在满足各个约束条件下且能使各个需要优化的目标能得到优化解。

企业生产调度问题是一个典型的多目标优化问题，生产系统的效率取决于很多因素，如生产周期（市场销售）、机器生产的利用率、库存（成本）等，上层管理决策对目标的考虑权重不同也间接决定着生产调度的结果发生变化。算法在交叉变异过程中使用相关参数，进行环境适应性调整，以达到多目标综合决策要求。

（1）最小生产周期：

$$F = \frac{1}{\max[\mathrm{ET}(M_1), \mathrm{ET}(M_2), \cdots, \mathrm{ET}(M_m)]}$$

式中，F 为染色体的适应度；ET 为机器的完工时间；M_j 为机器 j；m 为总的机器数量。

（2）最小生产成本：

$$F(\cos t) = \frac{1}{\displaystyle\sum_{i=1}^{m} \mathrm{MC}_{\max}} + \sum_{i=1}^{m} \mathrm{WC}_{\min}$$

式中，F 为染色体适应度；MC 为制造成本；WC 为机器空闲成本；m 为工厂里的机器数量。

（3）加权平均生产周期和成本（WMC）：

$$F(\mathrm{WMC}) = \alpha \times F(\cos t) = F + \beta F(\cos t)$$

式中，F 为染色体的适应度；α 为生产周期的权重；β 为成本的权重；t 为单位时间到单位成本的转换系数，可在实际的排产过程中估算。

（4）交叉变异操作。

交叉算法直接决定着遗传算法的全局搜索能力，基于关键路径的交叉算子操作如下：首先根据交叉概率和适应度权重的配置选择一对父母个体，仅对后续非关键基因部分进行交叉操作；随机选择非关键活动上的一个工件，其在父母个体中对应的 X 个操作不变，父母个体剩余其他操作按顺序进行对应变换，分别得到新的两个子代个体。

变异算子决定了遗传算法的局部搜索能力，良好的算子可以有效地维持群体的多样性，防止早熟现象的出现。为了保证关键活动的顺利完成以及种群的多样性，变异操作分为两个步骤进行：首先根据变异概率对关键路径上的工序进行机器配置变异，然后对非关键工序进行局部重新定位。

（5）算法流程。

① 调度任务数据初始化；

② 建立 AOE 网，求出关键路径，随机生成初始种群；

③ 计算适应度，结合使用最优保存策略采用轮盘赌方法进行选择；

④ 基于关键路径进行交叉变异操作；

⑤ 满足终止条件，转步骤⑥，否则转步骤③；

⑥ 输出最终解集。

6. 运算实例

本节以经典调度问题为例来验证算法的有效性。某问题规模为 10 个工件、5 台机器的车间生产调度问题。

（1）参数设置。

在主界面上单击参数设置按钮，对算法所涉及的参数进行输入，包含任务参数、GA 参数。其中，任务参数包含工件数、各工件的工序数及机器数；GA 参数包含种群数量、迭代次数、交叉率及变异率。

（2）调度任务信息输入。

在对基本参数设置完毕后，需将待调度的任务信息输到系统中，即工件编号、工序号、机器编号及工序的加工时间。

(3)调度结果与仿真分析。

以最小化最大完工时间为优化目标。由运行结果可得问题的最优解为666,算法与运算结果一致,如图8-13所示。

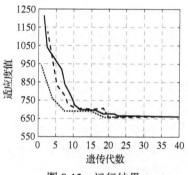

图 8-13　运行结果

8.7　产品质量智能控制

对于大多数制造企业,虽然近年来企业的信息化程度逐步提高,但是制造业质量数据分散,信息孤岛现象仍然存在,数据利用率不高,很多企业的质量控制与改进仍然以人工经验为主进行管理决策,企业面临空有数据却不知如何使用的困境。

而在大数据环境下,迫切需要一种集成的指导思想和行动框架,以全局、动态、发展的视角来研究解决生产运营管理中的各种问题,充分挖掘数据价值,并将其转化成可以被重复利用和传承的知识,将企业的产品质量控制方法从以往依赖人工经验,转向依靠数据分析获得调控依据的智能产品质量控制方法。

1. 产品质量控制的内容

产品制造阶段的质量任务包括生产过程监控与诊断、过程质量预测和生产工艺优化三个方面,实现方法主要有基于解析模型的方法、基于经验知识的方法以及基于数据分析的方法。随着工业过程自动化、网络化、智能化的发展,过程的复杂程度不断提高,数据和经验呈现几何增长的趋势,使得反映过程输入/输出关系的明确数学模型越来越难以建立;基于经验知识的方法也难以处理综合、复杂的质量问题。另外,各种信息技术在制造业中逐渐得到广泛应用,使得制造过程得以获取产生的大规模监测数据,这些数据蕴含着反映加工设备和制造过程运行状态的丰富信息,基于数据分析实现过程质量控制与改进成为当前学术界和工业界共同关注的焦点。

产品质量智能控制的方法很多,其中基于专家系统的统计质量智能控制是在休哈特所创立的质量控制图的基础上,运用数理统计的方法使质量控制数量化和科学化,从而有效预防缺陷和控制工序质量,由于统计质量控制的科学性和有效性,在全面质量管理阶段,它仍然是一种十分重要的质量控制手段,有着十分广泛的应用。在统计质量控制过程中,有关数据收集、加工分析数据、处理数据、绘制各种控制图表以及形成各种报表等工作,在现代制造系统中都可以由计算机系统来实现,然而在其他有关非数字信息处理方面,如控制图的选择、控制图点的排列模式判断、加工过程失控状态判断及提供诊断结果和改进措施等方面,由于这些问题的解决方法常常是不确定的,并且可能有多个可选方案,需要依赖专家丰富的经验知识与启发性知识,通过大量的分析、推理判断来完成,仅使用传统的过程式计算机程序是难以实现的。基于知识的专家系统这一智能决策技术为解决这一难题开辟了一条新的途径,它可以利用储存在知识库中的领域专家的知识和经验,运用其推理机制对生产过程中出现的问题进行判别和诊断,从而帮助操作者和技术人员及时采取改进措施,实现智能分析与控制。本节着重讨论统计质量控制中的几个专家系统。

2. 统计质量控制专家系统基本结构

统计质量控制专家系统是利用质量专家和工艺人员的丰富专业知识与经验,对生产过程的变异进行推理求解而找出相应改进措施的计算机程序系统。它是一种基于知识的智能控制系统,一般由知识库、综合数据库、推理机、人机接口、知识获取系统和解释系统等功能部分组成,其基本结构如图 8-14 所示。

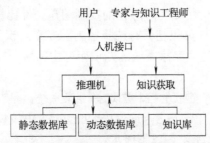

图 8-14 统计质量控制专家系统基本结构

在质量控制专家系统中,知识库存放解决生产过程出现质量问题所需的专家知识和经验,并采用适当的知识表示方法对知识库中的知识进行合理的组织,便于知识的储存和使用。静态数据库中一般存放推理过程中所需的有关产品与生产过程的信息,动态数据库中存放推理过程中的各种临时信息,以便于推理过程中的数据交换,提高推理效率。推理机利用知识库中的知识和已知过程信息进行推理,解决生产过程中出现的质量问题。知识获取系统的任务是对知识库中的知识不断更新,使专家系统适应不同的生产环境。

统计质量控制专家系统一般由多个功能模块组成,实现控制图的选择、模式识别和失控原因诊断等。与此相对应,系统的知识库也由若干相对独立的子知识库组成,以支持相应模块功能的实现,同时便于系统功能的改变与扩充,满足不同生产过程的需要,提高系统的适应性。

3. 控制图选择专家系统

质量控制图作为生产过程的一种图形化表示方式,是统计质量控制中的一个重要工具。生产中常用的控制图有单值控制图(x 控制图)、平均值与极差控制图($\bar{x}$-R 控制图)、平均值与标准差控制图($\bar{x}$-S 控制图)、中值与极差控制图($\dot{x}$-R 控制图)、单值与移动极差控制图($\tilde{x}$-R 控制图)、不合格品数控制图(x-R_x 控制图)、不合格品率控制图(p_n 控制图)、缺陷数控制图(c 控制图)、单位缺陷数控制图(u 控制图)、多元累积和控制图(CUSUIVI 控制图)、均值与多元累积和控制图($\bar{x}$-CUSUM 控制图)等。

在现实生活中，产品的种类是非常丰富的，而且产品的性质和用途也各不相同，因此质量特性的范围也是很广泛的；同时生产过程又是十分复杂的，受到许多主客观因素的影响，所以在生产中对不同的产品和不同的生产过程采用的质量控制图是不同的。对某一生产过程，质量控制图的选择是以产品质量特征的性质为基础的，一般要受到以下因素的影响。

(1) 质量特征是计量值还是计数值；

(2) 质量特征的分布；

(3) 检测类型是否是破坏性的；

(4) 检测是否经济；

(5) 是否是在线检测；

(6) 生产的批量大小；

(7) 生产中抽样的可能性；

(8) 质量特征对变化的敏感程度；

(9) 缺陷类型；

(10) 所允许的第一类误差大小等。

由此可见，要确定适合某一特定生产过程的控制图是一件比较困难的任务，需要有丰富的专业知识才能予以解决。此时，如果把具有选择控制图专家知识的专家系统应用于生产现场，就可以很好地达到这一目的。这类专家系统的知识库可由领域专家和知识工程师根据以上因素结合具体的生产过程来构造。

由 C. H. Dagli 和 R. Stacey 建立的控制图选择专家系统，是在一个基于规则的、采用反向推理方式的专家系统建造工具(Expert System Developing Shell)的基础上开发出来的，其知识库中的规则采用 IF-THEN 语句表示，如以下所示。

```
"rule-34:if chart-type=attribute
and sample-type=percent
and (sample-size=averagable or sample-size=constant)
then best-chart=p-constant"
```

同时，知识库的组织是结构化的，按照质量特征的性质是计分值还是计数值分成两大类。因为计分值和计数值有各自不同的控制图，所以这样组织规则是比较合理清晰的，而且推理时的效率也会比较高。在知识库中还包含各种控制规则，以控制系统推理过程及最终结果。

8.8　大数据驱动智能制造模数与实现技术

8.8.1　大数据驱动智能制造模式

大数据驱动的绿色智能制造服务体系构架如图 8-15 所示，该体系构架主要由技术支撑、数据收集、数据处理、大数据分析、应用服务、数据存储、数据交互与获取等部分构成。

(1) 技术支撑模块：通过智能感知等先进技术对数据处理、数据分析模块提供相关技术可行性方案，是连接真实世界和数据世界的物理要素。

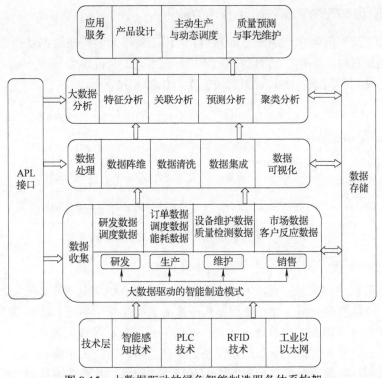

图 8-15　大数据驱动的绿色智能制造服务体系构架

(2) 数据收集模块：负责对产品研发、订单、维护、销售等各个环节的数据进行采集转换和储存。

(3) 数据处理模块：负责提供数据处理和分析相关技术，为复杂多维多噪声的数据进行降噪降维和数据可视化处理，为数据分析层提供有效数据。

(4) 大数据分析模块：负责对数据处理模块提供的有效数据进行数据挖掘和数据分析，提供决策方案与数据分析报告，具体而言可以提取销售客户和订单客户的特征刻画，生成运作系统内部智能运行情况等。

(5) 应用服务模块：作为整个服务体系的应用层和目标层负责整合服务体系的技术及决策信息，进而实现产品设计、生成调度、主动化质量预测、预先化生产等目标。

(6) 数据交互模块：通过信息接口与同行业工业以太网对接口可为各企业提供数据共享，同时也将企业的数据决策方案及数据资源分享给其他企业，进而为先验维护产品质量预测等技术提供数据支持。

(7) 数据储存模块：模块为物理支撑模块负责存储制造系统中的所有数据信息、过程信息及决策信息。

8.8.2　大数据驱动智能制造方法

依据所提出的体系框架，以产品全生命周期为主线对大数据驱动智能制造所涉及的各关键技术的实现框架和实现基本方法进行介绍。

1. 大数据驱动的产品智能制造工艺技术的研发

在产品设计方面充分考虑产品制造的特点，利用工业以太网外源数据及企业内源数据对照产品功能，智能制造得到多种智能制造工艺方案，应用人工智能综合评价方法，进行智能制造最优方案遴选，从而得到最优产品智能制造方案，如图8-16所示。

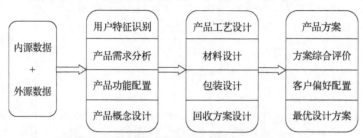

图8-16　大数据驱动的产品智能制造设计实现方法

2. 整体最优化目标下的动态生产调度与主动资源配置

生产订单的随机性和设备闲置成本是现今智能制造面临的关键问题，在大数据驱动的智能制造模式中，生产系统被分割为存在资源博弈关系的主动生产子系统和动态调度子系统，生产调度决策问题变为以整体系统利益最大化为目标的子系统资源配置问题。

在设备空闲且无订单时，制造系统以设备资源监控器和智能决策终端为技术支撑，基于历史订单和销售数据，对相关参数进行参数学习和训练。利用贝叶斯网络推理方法，预测订单资源配置和加工能耗趋势，利用优化算法对车间调度生产要素进行数学建模，并制定主动生产决策方案，变被动生产模式为主动生产，减少设备限制带来的损耗，对订单价值进行估计。集成调配生产设备生成实时调度方案如图8-17所示。

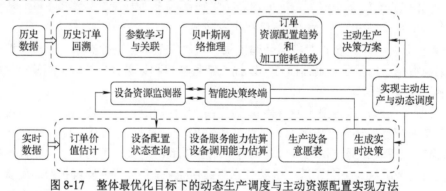

图8-17　整体最优化目标下的动态生产调度与主动资源配置实现方法

3. 面向服务的质量预测与先验维护策略

面向服务的质量预测与先验维护体系是制造系统智能化的产物。模式将质量问题与设备维护问题进行联合归纳、联合处理，具体做法如下：首先，集成制造系统中的质量监测及设备维护历史数据；然后，对质量诊断数据与设备故障数据进行匹配和关联性分析，建立产品质量与设备故障的联动维护决策模型；最后，根据产品质量诊断规则链和设备先验维护策略，从产品质量缺陷因素溯源来识别设备存在的潜在异常，并通过先验维护降低设备突发故障带来的损失风险，如图8-18所示。

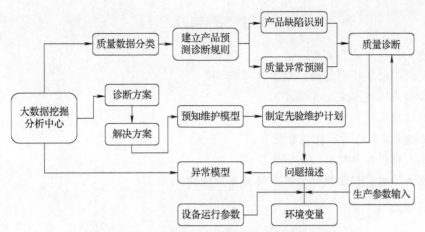

图 8-18　面向服务的质量预测与先验维护策略实现

4. 大数据驱动的智能制造模式实施方案的层次模型

实施方案设计是企业运用新制造模式的基础，其任务是确定企业实施新模式的具体内容、方法和措施。

由上述设计框架及实现方法可知，上述模式的实施方案具体可分为组织结构设计、大数据处理系统、智能产品定制研发系统、加工过程控制与资源分配系统、质量预测与设备维护系统。其中，每个一级方案又可进一步分解为二级方案，最终形成实施方案层次模型，如图 8-19 所示。该模型是制造企业实施大数据驱动的智能制造模式时的一般化参考模型，各企业在实际应用过程中需根据实际情况增减各层次子方案。

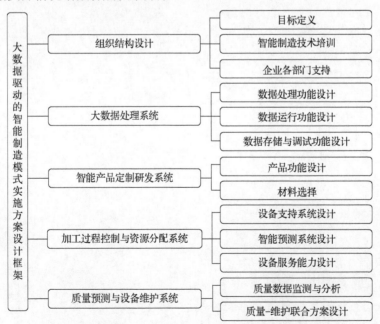

图 8-19　大数据驱动的智能制造模式实施方案的层次模型

习题与思考八

1. 简述大数据定义和类型。
2. 大数据驱动智能制造的主要方法有哪些？
3. 大数据采集技术主要有哪些？
4. 大数据传输技术主要有哪些？
5. 简述 5G 技术的特点及发展趋势。
6. 简述大数据存储技术的基本原理。
7. 简述产品质量智能控制专家系统的基本结构。

第9章 智能工厂

9.1 概 述

智能工厂是当今工厂在设备智能化、管理现代化、信息计算机化的基础上达到的新阶段，其内容不但包含上述智能设备和自动化系统的集成，还涵盖了企业管理信息系统的全部内容。智能工厂的发展是智能工业发展的新方向，其特征在制造生产上表现为系统具有自主管理能力、整体可视技术、协调重组及扩充特性、自我学习及维护能力、人机共存。对于许多复杂的智能工厂设备的控制方法，很难建立有效的数学模型，也难以用常规的控制理论去进行定量计算和分析，而必须采用定量方法与定性方法相结合的控制方式，即由机器用类似于人的智慧和经验来引导求解过程，常见的算法包括模糊算法、遗传算法、人工神经网络算法等。

1. 智能工厂的定义

随着新一轮工业革命的发展，工业转型的呼声日渐高涨。面对信息技术和工业技术的革新浪潮，德国率先提出了"工业4.0"战略，美国也出台了"先进制造业回流计划"，中国加紧推进工业化和信息化的深度融合，并发布了"中国制造2025"战略。这些战略的核心都是利用新兴信息化技术来提升工业的智能化应用水平，进而提升工业在全球市场的竞争力。

智能工厂正是在此背景下出现的新生事物，对于它的定义，目前工业界普遍可以接受的是：智能工厂是以实施智能制造为任务的现代化工厂、数字化工厂。

显然，智能工厂是在数字化工厂的基础上，利用物联网技术和监控技术加强信息管理服务，提高设备智能化、生产过程可控性、减少生产线人工干预，以及合理计划流程；同时，它集新产品、新技术于一体，并被构建成为高效、节能、绿色、环保、舒适的人性化工厂。

智能工厂已经具有自主管理能力，可采集、分析、判断、规划；通过整体可视技术进行推理预测，利用仿真及多媒体技术，将系统扩增展示设计与制造过程。智能工厂各组成部分可自行组成最佳系统结构，具备协调、重组及扩充特性，系统具备自我学习、自行维护能力。因此，智能工厂实现了人与机器的相互协调合作，其本质是人机交互。

2. 智能工厂的特征

智能工厂是一个复杂的系统工程，为客户提供个性化制造服务。从工厂建设的角度来说，数字化工厂是智能工厂的建设基础，智能化工厂包含数字化工厂的一切特点；智能工厂具有生产数据可视化、生产设备网络化、生产文档无纸化、生产过程透明化、生产现场无人化5个特征；智能工厂的智能化主要体现在系统具有预测能力、自我诊断能力，工作更有效；从数字化和智能化区分角度出发，认为智能工厂中的设备应具有自我感知、调整、控制、交互的能力，同时具备自我预测能力。根据智能工厂的概念及其框架结构，总结出智能工厂具有如下特点。

(1)生产数据可视化，利用大数据分析进行生产决策。当下信息技术渗透到了制造业的各个环节，条形码、二维码、RFID、工业传感器、工业自动控制系统、工业物联网、ERP、CAD/CAM/CAE/CAI等技术广泛应用，数据也日益丰富，对数据的实时性要求也更高。这就要求企业顺应制造的趋势，利用大数据技术，实时纠偏，建立产品虚拟模型以模拟并优化生产流程，乃至降低生产能耗与成本。

(2)生产设备网络化，实现车间物联网。物联网是指通过各种信息传感器，实时采集任何需要监控、连接、互动的物体或过程等各种需要的信息，其目的是实现物与物、物与人，所有的物品与网络的连接，方便识别、管理和控制。

(3)生产文档无纸化，实现高效、绿色制造。构建绿色制造体系，建设绿色工厂，实现生产洁净化、废物资源化、能源低碳化，是我国智能制造的重要战略之一。传统制造业在生产过程中会产生繁多的纸质文件，不仅产生大量的浪费，也存在查找不便、共享困难、追踪耗时等问题。实现无纸化管理之后，工作人员在生产现场即可快速查询、浏览、下载所需要的生产信息，大幅降低基于纸质文档的人工传递及流转，从而杜绝了文件、数据丢失，进一步提高了生产准备效率和生产作业效率，实现绿色、无纸化生产。

(4)生产过程透明化，推进制造过程智能化。通过建设智能工厂，促进制造工艺的仿真优化、数字化控制、状态信息实时监测和自适应控制，进而实现整个过程的智能管控，是"中国制造2025"的战略方向之一。在机械、汽车、航空、船舶、轻工、家用电器和电子信息等行业，企业建设智能工厂的模式为推进生产设备(生产线)智能化，目的是拓展产品价值空间，基于生产效率和产品效能的提升，实现价值增长。

(5)生产现场无人化，真正做到"无人"工厂。"中国制造2025"推动了高端数控设备、工业机器人等智能设备的广泛应用，使工厂无人化制造成为可能。在离散制造企业生产现场，数控加工中心、智能工业机器人和其他所有柔性化制造单元进行自动化排产调度，工件、物料、刀具进行自动化装卸调度，可以达到无人值守全自动化生产。在自动化生产的情况下，远程监控单元内的生产状态情况，如果生产中遇到问题可自动解决，整个生产过程无需人工参与，真正实现"无人"智能生产。

9.2　智能工厂技术基础

智能工厂代表了高度互联和智能化的数字时代，工厂的智能化通过互联互通、数字化、大数据、智能装备与智能供应链五大关键领域得以体现，典型智能工厂运作流程如图9-1所示，包括生产设备互联、物品识别定位、能耗自动检测、设备状态监测、产品远程运维、配件产品追溯、生产业绩考核以及工厂环境监测等。

目前智能工厂相比于传统工业制造，具有几个明显的技术革新。首先是智能的感知控制，通过利用智能感知技术随时随地对工业数据进行采集；其次是全面的互联互通，通过多种通信技术标准，将采集到的数据实时准确地传递出去。

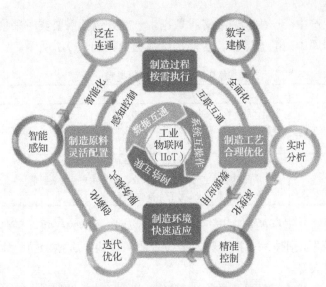

图 9-1　工业物联网引领的智能工厂运作流程示意图

智能工厂是一个以大数据技术、仿真技术、网络通信技术等为基础构建的信息物理系统（CPS）系统为基础的智能化生产有机体。智能工厂的大数据技术、虚拟仿真技术、实体工厂之间的关系如图 9-2 所示。

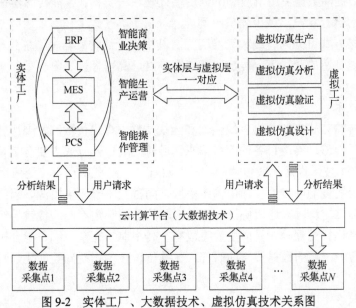

图 9-2　实体工厂、大数据技术、虚拟仿真技术关系图

1. 大数据技术

智能工厂在其运行过程中会产生大量的结构化、半结构化、非结构化的确定性和非确定性数据。大数据技术贯穿了整个智能工厂和智能制造体系，为各模块的数据采集、分析、使用等提供了解决方案。大数据技术又涉及数据采集、数据传输、数据分析等技术。

1) 数据采集技术

制造业在正常生产中会产生和需要多种数据，一部分包括需要实时采集的动态数据，另一部分包括储存在数据库中的静态数据。智能工厂数据分类如表 9-1 所示。

表 9-1 智能数据分类表

数据类型	具体数据	数据来源
动态数据	生产计划、设备运行参数、产品加工状态参数、产品工序实时加工参数、再制品数量、生产环境参数、库存数量等	智能传感器、智能机床、机器人、AGV 等
静态数据	人员、设备基础信息、供应商和客户信息、产品模型和生产环境标准参数、生产工艺指导参数、设备校正标准参数等	生产系统数据库

数据采集是建设智能工厂的第一步，其关键是对动态数据的采集。目前主要的数据采集技术有 RFID 技术、条码识别技术、视音频监控技术等，这些先进技术的载体则主要是传感器、智能机床和工业机器人等。

传感器构成了整个智能工厂采集数据的基础节点。目前传感器种类有速度、质量、长度、光强等多种。虽然传感器种类较多，但是目前仍面临着数据采集器功能单一、数目较少、采集参数少的问题。为适应智能工厂智能化需求，传感器也朝具有自我判断、自我决策能力的方向发展。通过实现传感器的智能化，传感器能够自动筛选要采集的数据，同时能够对采集到的数据进行初步加工，提高数据使用响应和降低后端处理系统负荷；智能传感器在运作过程中也能够实时判断自身的运行状况，减少停机时间。

传感器按连接方式可分为有线和无线两类。其中，无线传感器是智能传感器的发展基础。在智能工厂、智能制造的背景下，传感器朝着高精度、高可靠性、复合型、集成化、微型等方向发展。

2) 数据传输技术

现有的数据传输方式主要分为有线传输和无线传输。有线传输的发展比较完善，但有线传输方式不适合工厂内移动终端设备的连接需求。目前无线传输方式主要有 ZigBee、蓝牙、超宽频 UWB 等。RFID 技术也是无线传输的一种，目前在制造业中已有广泛应用，如制品管理、质量控制等。但无线传输可靠性差、传输速率低，同时受困于频谱资源。因此，应建立一个保障服务质量的、可靠的自适应通信协议，针对不同的数据制定不同的传输等级。数据传输可靠性是智能工厂顺利运行的保障，目前主要手段有重传机制、冗余机制、混合机制、协作传输跨层优化等。针对智能工厂的数据传输的研究，数据传输技术正趋向智能化、网络化、高可靠性等方向发展。

3) 数据分析技术

工业大数据分析是具有一定逻辑的流水线式数据流分析手段，强调跨学科技术的融合，包括数学、物理、机器学习、控制和人工智能等。智能工厂中对设备控制与维护、生产过程监控等的判断都是基于数据分析，科学有效的数据分析方法对智能工厂的智能化建设具有重要意义。

大数据技术是伴随着云计算出现而出现的。典型数据处理系统如表 9-2 所示。

表9-2 典型数据处理系统

数据处理方式	代表性系统
批量数据处理系统	GFS 系统、Map Reduce 系统、HDFS 系统
流式数据处理	LinkedIn 开发的 Kafka 系统；Twitter 开发的 Storm 系统
交互式数据处理	Berkeley 开发的 Spark 系统；Google 开发的 Dremel 系统
图数据处理	Google 开发的 Pregel 系统；Neo4j 系统；微软开发的 Trinity 系统

目前大数据分析技术主要有深度学习、知识计算。微软、Face Book 等在深度学习方面已经取得一系列重大进展。通过深度学习将数据进行层层抽象、分析，从而提高智能工厂中繁杂数据精度。知识计算的代表性知识库有 Text Runner、HELL、Konw It All、SOFIT、PRO-SPERA等。知识计算可以将片面、离散的数据进行整合分析，挖掘数据背后的隐藏价值，并将主成分分析法、核密度估计、贝叶斯网络等方法用于故障诊断、质量控制、不确定性调度优化中，提出将生产管理与数据分析有机结合。

2. 虚拟仿真技术

通过虚拟仿真技术可实现产品设计、仿真试验、生产运行仿真、三维工艺仿真、三维可视化工艺现场、市场模拟等产品的数字化管理，构建虚拟工厂。虚拟仿真技术在制造业中迎来了快速发展，不仅用于产品设计、生产和过程的试验、决策、评价，还用于复杂工程的系统分析。

为满足未来大数据时代下智能工厂的使用需求，虚拟仿真技术着重突破 MBD 技术、仿真系统架构和仿真模型 3 个环节。基于大数据技术总结出的虚拟仿真技术架构如图 9-3 所示。

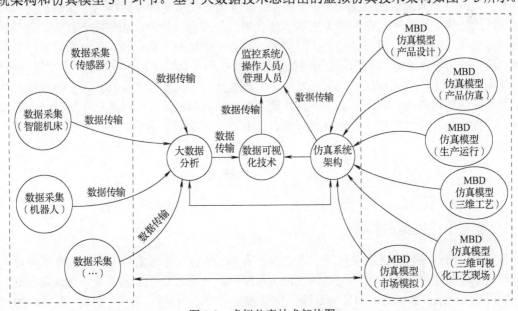

图9-3 虚拟仿真技术架构图

3. 人工智能技术

人工智能极大地促进了智能工厂的发展。在人工智能技术的配合下，智能工厂达到人机之间表现出互联互通、互相协作的关系，使得机器智能和人的智能真正集成在一起。为响应"中国制造 2025"纲领，应加强对于人工智能技术的研究与应用。

人工智能主要体现在计算智能、认知智能和感知智能三个方面。大数据技术、核心算法是助推人工智能的关键因素，驱动人工智能从计算智能向更高层的感知、认知智能发展。

在智能工厂研究中，按关键词数排前五的依次为人工智能、工业机器人、机器视觉、计算机视觉、机器学习。综合人工智能技术发展及研究，人工智能技术体系包括机器学习、自然语言处理、图像识别等三个模块。

1）机器学习

当前机器学习的研究主要围绕三个方向进行：面向任务、认识识别和理论分析研究。目前机器学习代表算法有深度学习、人工神经网络、决策树、随机森林算法、SVM 算法、Boosting 与 Bagging 算法、关联规则算法、贝叶斯学习算法、EM 算法等。主流应用的多层网络神经的深度算法包含感知神经网络、反向传递网络、自组织映射、学习矢量化等，提高了从海量数据中自行归纳数据特征的能力以及多层特征提取、描述和还原的能力。机器学习在智能工厂的使用，使得设备具有自我感知、自我分析、自我决策能力，真正实现工厂中设备的智能化。

2）自然语言处理

自然语言处理（Natural Language Processing，NLP）在于研制能有效实现自然语言通信的计算机系统，包括信息检索、信息抽取、词性标注、语音识别、语种互译和语法解析等。

目前，诸多专家学者将深度学习应用到自然语言处理，取得了较大进步。现有的自然语言处理的成果更多地出现在智能产品中，如手机、汽车等，而在实际的制造业加工中的成果却很少。

3）图像识别

对于我国当下人工智能图像识别技术来说，最常见的技术为神经网络的图像识别技术与非线性降维的图像识别技术。在图像识别学术研究中，从图像预处理、图像提取、特征分类、人脸识别深度学习算法等方面已经得到广泛使用，如公安领域的人脸识别、医学领域的心电图与超声诊断。由于基于深度学习的图像识别过于依赖数据和计算资源，限制了该技术大规模使用。

从上述智能工厂技术基础介绍可以看出，大数据技术、虚拟仿真技术和人工智能技术是智能工厂设计的技术基础。但是智能工厂具体设计涉及的内容很多，本章重点介绍智能工厂总体规划、电源配置、网络配置、物流系统规划、工业机器人配置等内容。

9.3　智能工厂总体规划

9.3.1　智能工厂模型的构建

智能工厂必然是建立在数字化工厂之上的，因为"智能"的前提是所有制造环节的数字化和自动化，包括生产工艺的数字化、制造设备和控制系统的自动化、监测系统的网络化等。

如图 9-4 所示，数字化、自动化、网络化智能工厂的本质是结合产品整个生命周期的相关信息数据，对整个生产过程进行虚拟仿真、优化计算和多知识重构的生产形式，采用三维 GIS、虚拟仿真、大数据分析、移动应用等先进信息技术，统筹规划建设期和运营期的数据资源建设、功能建设和业务建设。概括起来，数字化、自动化、网络化智能工厂的定义主要有以下三方面。

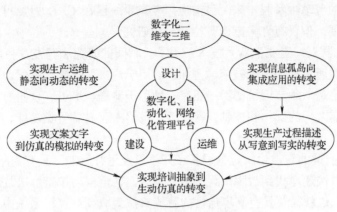

图 9-4　数字化工厂框架模型

（1）数字化工厂是由数学模型、仿真方法和软件工具构成的综合系统，体现为虚拟仿真和虚拟现实两部分，同时集成数据管理；利用计算机软件对整个生产过程进行计算、模拟、决策和优化。

（2）自动化工厂是指产品制造的全部或部分加工过程实现自动化。它的常规组成方式是将各种加工自动化设备和柔性生产线（FML）连接起来，配合计算机辅助设计（CAD）和计算机辅助制造（CAM）系统，在中央计算机统一管理下协调工作，使整个工厂的生产实现自动化。

（3）网络化是指利用通信技术和计算机技术，把分布在不同地点的计算机及各类电子终端设备互联起来，按照一定的网络协议相互通信，以达到所有用户都可以共享软件、硬件和数据资源的目的。

实现数字化、自动化和网络化工厂，只是智能工厂建设过程中的重要一步，但距离智能工厂仍有一定距离，数字化工厂只是实现了数据的采集和传递；自动化工厂只是实现了生产加工过程自动化；网络化工厂也只是利用了网络技术。德国人对智能工厂的设想是其本身可以自动运转、连接并与机器进行沟通，产品设备之间可以通信，所以他们将"工业 4.0"定义为"机器制造机器"，每台设备都具备生命力，所有系统都是自主智能的。

智能制造是一种基于人工智能的智能系统，用于制造生产流程中的分析、推理、判断和决策等，智能主要体现在知识和智力两方面，智能以知识为基础，其智力主要体现在获取和运用知识的方法与能力方面。智能制造主要包括智能制造技术和智能制造系统两方面，智能制造系统一方面在实践中不断完善自身知识体系，另一方面具有自我学习能力，能接收和分析自身信息与环境信息，判断和决策生产计划。

智能制造技术是智能制造得以实现的前提，随着时代的发展，越来越多的新技术被用于智能制造当中，如图 9-5 所示。

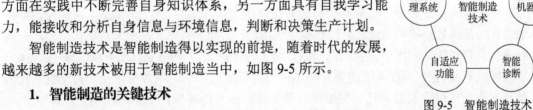

图 9-5　智能制造技术

1. 智能制造的关键技术

智能制造的关键技术有以下几个方面。

（1）智能设计：工程设计的过程需要很多专家的创造性思维用于概念设计和工艺设计，如果靠人工将大量的经验进行总结、分析，将需要很长的时间。在设计领域引入专家系统，能有效地将人们从繁重的劳动中解脱出来。目前应用专家系统已在 CAD、CAPP、CAM、CAQ 领域中取得了一定进展，但仍有许多方面有待进一步研究。

(2)智能工业机器人：工业机器人技术经历了长时间的研究和开发，目前仍然仅限用于代替某一种或一些人类所具有的劳动技能。例如，可用于焊接、喷漆、装配、上下料的固定式工业机器人，其实际上是一种专用机械手；还有一种用于输送、牵引、仓储的工业机器人，其可以自主移动，但仍需人们的操作和控制。智能工业机器人应具备听觉功能、语音功能、视觉功能和理解功能。

(3)智能诊断：所谓的智能诊断是指设备在开机以及运行状态下具有判断自身状况的能力，发生故障时，其能够快速地找到故障位置和故障原因，甚至自动排查解决故障，从而实现真正的无人化生产作业。这就需要具有高容错性的智能算法集成到计算机系统中，同时在计算机网络中考虑硬件设备的冗余设计。

(4)自适应功能：制造系统是一个动态变化的复杂系统，其在工作过程中会受到材料硬度变化、加工余量波动等的影响，这些微弱的变动都会对加工带来影响。传统制造过程中主要依靠操作人员的经验来加以控制，所以加工过程总有误差产生，产品的质量难以保证。只有解决设备在线检测和自动调整的问题，才能实现自适应功能。

(5)智能管理系统：制造企业的管理范畴不仅仅是加工过程，还包括产品生产计划、生产过程调度协调、市场需求调研分析、材料的采购等，广义的管理范畴应当包含产品的整个生命周期。未来的产品特征必然是个性化定制的，传统的批量生产终将会被小批量多批次的生产方式所替代，因此智能管理系统需要具备自动调度生产过程、自动反馈生产实况、自动整理产品资料与自动收集生产信息的功能。

智能工厂是实现智能制造的前提，解决智能制造的关键技术问题也就是解决智能工厂的建设问题。但智能工厂涉及的领域非常广泛，其中任何一项技术都需要长期的钻研和开发，所以智能工厂的实现不是一朝一夕就能完成的，它是一个漫长和日益完善的过程。

通过上面对数字化工厂和智能制造的介绍可以看出，智能工厂不单单指某一种技术或者设备，而是所有生产相关元素的有机集成。当然，智能工厂的定义并不是一成不变的，随着时代的发展和科技的进步，智能工厂的定义与形式也在与时俱进。

2. 智能制造系统数字化/网络化/智能化系统架构运作模型

智能制造系统是虚拟现实状态下实现泛在状态感知基础上的数字化、网络化、智能化制造。智能制造系统数字化/网络化/智能化系统架构运作模型如图 9-6 所示，通过构建智能制造系统数字化平台，建设包括 ERP、PLM(含 PDM 系统)、MES 及均衡生产管理系统，对研发的产品技术信息、工艺信息及相关资源信息进行数字化描述、分析、评估、决策和控制，创建产品研发与制造信息资源库。利用新一代信息技术，将人、流程、数据/信息和对象/事物连接起来，通过智能制造系统内各层级/系统的协同和各种相关资源的共享、集成与优化、再造制造业的价值链，实现生产过程的数字化、网络化、智能化制造，快速生产出客户规模化定制/个性化定制的产品。其中，ERP 系统、PDM 系统的基础数据为各个系统共享，基于 PDM 的系统集成模式与接口技术应能实现设计与工艺信息、数据向生产制造、仿真等环节传递，数据的一致性保证产品制造过程的管理与优化和质量问题的追溯。

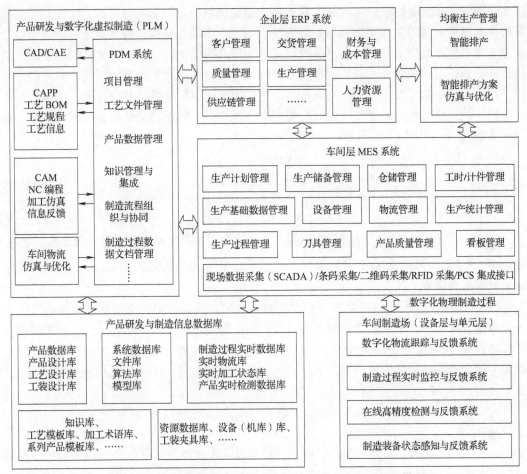

图 9-6　智能制造系统数字化/网络化/智能化系统架构运作模型

9.3.2　面向智能制造的生产车间布局

智能制造在车间层级表现为智能化生产。智能化生产本质上是一种将专家组的优秀生产经验与智能生产设备进行高度融合的新型生产模式。在这种模式中，智能设备能够依据生产订单独立识别所需生产的各产品生产流程进行自组织生产，实时收集生产过程中的现场信息，如产品生产进度、生产设备具体运行状况等，并针对出现的各种情形进行自诊断、自分析以及自决策，直至完成产品的全部生产过程。其中，涉及的识别某个产品的生产流程、生产进度调控等能力则是由人类专家组通过总结优秀的生产经验，事先在智能设备中进行相关的编程与设置，以使设备实现智能化自组织生产。

评价指标的选择与指标体系的构建是进行生产车间布局评价的基础，也是评价模型发挥重要作用的保障。对于评价指标的选择，常用的方法包括专家咨询法、文献综述法等。面向智能制造的生产车间布局评价指标有以下几个。

1) 车间运行成本与效率

(1) 物流搬运效率(E1)。物流搬运效率不仅仅是评判传统生产车间布局优劣的重要标准，同时，由于智能化生产模式强调高效率生产，而车间在生产制造过程中会涉及原材料、半成品及成品的搬运，在搬运过程中对物料位置的移动需要耗费一定的成本与时间。因此，物流搬运效率对面向智能制造的生产车间的运行效率也有着至关重要的影响。物流搬运总费用主要取决于单位物料单位距离搬运费用、物流总搬运量及物流总搬运距离。由于单位物料单位距离搬运费用往往是固定的，因此一个科学合理的布局应尽可能使搬运交互频繁的设备、库存放置区集中在一个区域，避免重复、无效的物流搬运，使总物流搬运量尽可能减少。为了实现不同企业车间数据评价的统一性，采用物流搬运总费用占生产总成本的比重来衡量物流搬运效率。具体评价公式如式(9-1)和式(9-2)所示：

$$E_1 = \frac{\sum_{i=1}^{n} n \sum_{i=1}^{n} C_{ij} Q_{ij} d_{ij}}{C} \tag{9-1}$$

$$d_{ij} = \sqrt{(x_j - x_i)^2 + (y_j - y_i)^2} \tag{9-2}$$

式中，C_{ij} 表示单位物料单位距离搬运费用；Q_{ij} 表示位置 i 到位置 j 的总物流搬运量；d_{ij} 表示位置 i 到位置 j 的距离，由式(9-2)计算得出；C 表示车间生产总成本；(x_i, y_i) 表示某一设备或库存放置区所处位置的横、纵坐标。

(2)空间利用率(E2)。对于制造企业车间布局问题，提高车间的空间利用率也是节约车间投入成本的方式之一。布局的空间利用率越高，则认为其布局更优。本节所讨论的车间空间不仅仅包括设备工作区，同时也包括生产人员休息区、搬运过道、库存放置区等必要区域。主要用布局中所有设备摆放完毕后必要区域总占地面积占车间总可用面积的比例来进行衡量，计算公式如式(9-3)所示：

$$E_2 = \sum_{i=1}^{n} \frac{s_i}{S} \times 100\% \tag{9-3}$$

式中，s_i 表示某一设备、生产人员休息区、搬运过道、库存放置区等必要区域的面积；S 表示车间总可用面积。

(3)设备平均运行效率(E3)。面向智能制造的消费需求具有多品种、小批量甚至个性化的特点，导致车间在生产加工过程中常常由于产品种类、数量的变化出现生产中断的现象，生产制造过程连贯性差、模具更换耗时长，车间设备的运行效率比较低。对此，企业为了及时响应快速变化的市场需求，满足产品生产需要，通过增加车间设备的数量来保证生产的持续性，导致车间投入费用的增加。因此，提升设备的运行效率，有助于车间更好地应对产品生产过程中种类与产量的变化，减少车间设备的布置量，进而减少制造企业在购买设备、维护设备运行以及设备使用能耗上的投入量，降低生产成本。

2)车间生产效益

(1)生产产品的质量(E4)。智能制造生产模式强调满足消费者的个性化定制，因此产品是否能够满足消费者的需求至关重要，而车间生产产品的质量将会直接影响消费者对产品的使用评价及其进行回购的可能性。因此，在生产产品的过程中，车间不仅要保证生产的及时性，还要确保产品的生产质量。本书中生产产品的质量主要由消费者对产品使用的满意度来进行定性衡量。

(2)空间可重组性(E5)。对于智能化车间，柔性制造能力直接决定车间的生产效益。只有更充分地满足消费者的需求，才能更多地占领市场份额，提高企业经济收益，而这往往离不开车间根据产品生产特点对布局的重组。空间重组主要是指针对不同产品生产时，人员、设备等制造资源能够根据不同产品的生产制造特点进行重新组合以适应不同产品的生产。因此，主要从生产人员对不同产品生产流程的熟练程度、车间内空闲区域的大小以及重组的性价比(重组成本占重组收益的比重)三个方面来定性衡量。

3) 车间布局人性化程度

(1)车间布局的安全性(E6)。作为企业生产制造活动的核心，车间的安全性尤为重要。它不仅是产品、设备的储置地，同样是生产人员工作休息的场所，因此它的安全不仅仅是资金成本管理的保障，更是确保生产人员人身安全的重中之重。综上，在衡量车间布局时，要将车间布局的安全性作为考量标准之一。对于不同类型的制造车间，通过判断是否存在消防安全、电气事故、废弃物事故和运输设备等的安全隐患来评判车间布局的安全性。

(2)生产人员对车间环境的满意度(E7)。舒适的车间环境是面向智能制造的生产车间应具备的重要特征。不同的工作区域及工作设备在进行产品的生产时，无法避免地会对周围的工作区域产生噪声、振动及烟尘影响，因此间隔距离越大，产生的影响就会越小，工作环境也会越好。综上，生产人员对车间环境的满意度主要由相邻设备间的平均间隔距离来衡量。

4) 车间时代特征适应性

(1)准时制造能力(E8)。面向智能制造的生产车间是制造企业正确预测消费者需求的基础，通过推动制造企业及时响应快速迭代的市场消费需求，不断推进大批量生产朝着大规模个性化定制升级。准时制造的核心思想是在需要之时按需要的产品数量生产需要的产品(或零部件)，其主要目的是加快半成品流通，减少库存积压，从而提高企业的生产效率。因此，要保证半成品的流转，则应使车间中各种类设备的使用率达到相对均衡，不能出现一台或一些设备超负荷使用而另一些设备大部分时间处于闲余状态的情况。只有不同设备的使用频率达到相对一致，才能更好地消除瓶颈工序对生产周期带来的影响，保证生产的快速运转。因此，采用设备运行的均衡情况作为准时制造能力的衡量标准。

(2)敏捷制造能力(E9)。面向智能制造的生产车间强调构建以信息物理系统为基础的智能化制造模块，以此加强生产车间的敏捷制造能力。敏捷制造主要是指制造系统在快速响应多样化市场消费需求的同时维持低成本生产并且确保产品的质量，因而这也对车间的模块化程度及混线生产能力提出了更高的要求。综上，将车间的模块化程度、混线生产能力作为衡量车间敏捷制造能力的标准。在布局过程中，车间可以合理配置生产加工设备、搬运设备、库存放置区等，将功能相近或生产工艺相近的设备集成在相近区域，使不同产品在车间生产过程中所经平均路径较短、平均通过时间较快，以此提高单件产品的生产速度，进而提升其混线生产能力。因此，采用产品平均生产速度来衡量车间的敏捷制造能力。

(3)绿色制造能力(E10)。在绿色制造与智能制造实施的背景下，对车间生产过程绿色性、低碳性的要求越来越高，主要以车间在生产过程中使用环保型材料与包装以及对废弃原材料、残次品的回收处理情况来衡量。

(4)智能化程度(E11)。面向智能制造的生产车间构建的核心在于实现生产车间的高度智能化。要实现智能制造中的智能化，必须建立在完备的工业互联网/物联网的基础之上。工业互联网通过为每一台设备安装 IPv6 地址，实时监测其运行状况，及时挖掘生产过程中出现的问题并进行即时定位以方便生产人员解决生产问题，将生产人员、数据与设备、原材料连接一体。因此，采用生产设备中物联网技术的应用比例来对车间智能化程度进行初步考量。

基于上述讨论分析，构建车间布局评价指标体系如表 9-3 所示。

表 9-3　面向智能制造的生产车间布局评价指标体系

一级指标	代码	二级指标	评价标准
车间运行成本与效率	E1	物流搬运效率	物流搬运总费用占生产总成本的比重
	E2	空间利用率	必备区域总占地面积占车间总可用面积的比例
	E3	设备平均运行效率	所有设备实际生产量占理论生产量比重
车间生产效益	E4	生产产品的质量	消费者对产品使用的满意度、生产人员对不同产品生产流程的熟练程度、车间中空闲区域的大小以及重组的性价比
	E5	空间可重组性	
车间布局人性化程度	E6	车间布局的安全性	各类型安全隐患发生可能性
	E7	生产人员对车间环境的满意度	相邻设备间的平均间隔距离
车间时代特征适应性	E8	准时制造能力	设备运行的均衡情况
	E9	敏捷制造能力	产品平均生产速度
	E10	绿色制造能力	废弃物回收情况
	E11	智能化程度	生产设备中物联网技术的应用比例

9.4　智能工厂的电源配置

"电力负荷"在不同的场合有着不同的含义，它可以指用电设施或者用电单位，也可以指用电设施或者用电单位的功率或电流的大小。设计供配电系统的基础就是要掌握电力负荷的基本概念，进而确定工厂的计算负荷。

设计供配电系统最基本的原始材料就是用电客户提供的用电设备安装容量，用电设备安装容量要先变成设计所需的计算负荷(计算负荷是根据已知的用电设备安装容量来确定的预期不变的最大假想负荷)，然后按照计算负荷确定变压器的容量、选择供配电系统的电气设备、确定改善功率因数的方法，选择以及整定保护设备等。所以，运算负荷是供配电设计的重要基础。负荷运算结果的准确性会很大程度上影响各类设施的经济效益。假如估算的结果超过实际情况，会在一定程度上提升供配电装置的整体容量，进而导致资金投入一定程度上增加，并让原材料没有得到良好的调配；假如估算的结果低于实际情况，则供配电系统会由于不能符合实际的负荷需求，而导致电能过多的损耗，并减少正常使用的年限，并且会对系统的稳定运行造成较大的副作用。

1. 计算负荷的方法

一般而言，电力负荷运算的过程中应用的方法较多，其中比较典型的包括需要系数法、单位面积功率法、单位指标法、利用系数法、单位产品耗电量法等。其中，需要系数法通过设备的基本参数进行运算，该方法的步骤比较简单，并且实际应用较多，能够良好地适用于变配电所的负荷计算；单位面积功率法、单位指标法多用于民用建筑；利用系数法需要求出最大系数得到计算负荷，这种方法计算过程烦琐；单位产品耗电量法主要适用于某些工业。考虑到智能工厂中电力负荷计算，本节主要介绍需要系数法对智能工厂进行电力负荷计算。

2. 基于需要系数法的工厂负荷计算

1) 单组用电设备计算负荷计算

有功计算负荷 P_{30}（单位为 kW）：

$$P_{30} = K_d P_e \tag{9-4}$$

式中，K_d 为需要系数；P_e 为设备容量。

无功计算负荷 Q_{30}（单位为 kAV）：

$$Q_{30} = P_{30} \tan \theta \tag{9-5}$$

视在计算负荷 S_{30}（单位为 kAV）：

$$S_{30} = \frac{P_{30}}{\cos \theta} \tag{9-6}$$

计算电流 I_{30}：

$$I_{30} = \frac{S_{30}}{\sqrt{3} U_N} \tag{9-7}$$

式中，U_N 为用电设备的额定电压。

2) 多组用电设备计算负荷计算

有功计算负荷（单位为 kW）：

$$P_{30} = K_{\Sigma \cdot q} \sum P_{30i} \tag{9-8}$$

式中，P_{30i} 指的是全部设备组所对应的有功计算负荷的总和；$K_{\Sigma \cdot q}$ 指的是具体的有功负荷同时系数，数值可取 0.85～0.95。

无功负荷计算：

$$Q_{30} = K_{\Sigma \cdot q} \sum Q_{30i} \tag{9-9}$$

式中，$\sum Q_{30i}$ 指的是全部设备无功 Q_{30} 的总和；$K_{\Sigma \cdot q}$ 指的是无功负荷同时系数，数值可取 0.90～0.97。

视在功率计算：

$$S_{30} = \sqrt{P_{30}^2 + Q_{30}^2} \tag{9-10}$$

工作电流计算：

$$I_{30} = \frac{S_{30}}{\sqrt{3} U_N} \tag{9-11}$$

3. 工厂智能化配电系统的设计原则

智能化配电系统能实现工厂用电系统智能化运行、系统监控与管理等功能，这样能有效地实现工厂用电的安全性和稳定性，并且能有效地提高工厂的经济效益，在工厂生产运行中电气设备出现故障时，能尽快地为故障设备进行定位和故障的处理。

工厂智能化配电系统是电力系统在生产运行中不可或缺的一个重要组成部分，该系统能为工厂的生产过程提供必要的运行数据信息保护功能和电气设备保护功能。工厂内部工作人员能够在系统上监管电气设备的生产运行，避免因动态控制环节出现故障而影响到全局操作，因此在工厂智能化配电系统的设计上需要遵循以下原则。

(1)开放性原则。

在工厂智能化配电系统的各个组成结构中，每个组成单元都需要保证其自身的完整性，也需要保证它的系统功能的实现，这就需要各个组成单元相互配合，工厂内部的各种硬件设备能和其他类型的设备相连，并且保证其可操作性。

智能工厂配电系统结合工业以太网，应用了具有高度开放性的 TCP/IP 协议，从而便于进行网络连接。此外，系统能够为 DCS 等系统的衔接提供所需的外部接口，尤其是对于实现其自动化水平有较好的促进作用。不同的系统之间不仅能够实现资源共享，还能够实现系统的通信监控一体化，有效地提高工厂自动化水平，也增强了工厂的核心竞争力。

(2)分层性原则。

工厂智能化配电系统整体而言涵盖三个层次的装置，分别是控制、网络和间隔，各个层次的设备都应该能发挥其各自的功能，并且可以把三个层次的设备很好地结合在一起，按照其配置上的灵活性，有效地保障了系统的稳定性。

(3)稳定性原则。

工厂智能化配电系统的保护测控类装置需要满足 IEC60255-25，XEC60255-22、IEC61000-4 和 IEC61000-3 标准的相关要求，对其工厂生产运行过程中的重要生产环节和关键设备可以应用冗余设计。此外，信息网络可选择双网模式，网络自身可以对故障进行判断，确定其产生原因，而后自主纠错。

(4)大容量性原则。

工厂智能化配电系统需要有大容量的数据库，才能满足在设计运行过程中能对数据大量采集的要求。

(5)实时性原则。

工厂智能化配电系统运用工业以太网，可以完成对系统保护装置的信息数据处理，并且能实现系统远程处理任务，保障系统的实时性。

(6)灵活性原则。

工厂智能化配电系统在系统配置上比较灵活，而且可以扩充，能实现对系统的简单维护和升级，操作简便。

4. 智能工厂配电系统的保护功能

保护功能是电力系统长期稳定可靠运行的核心功能，工厂配电自动化系统与配电设备原有的保护功能必须进行正确地匹配，配电自动化系统运行过程中对原有的保护功能造成任何不良影响。同时，配电自动化系统需要实时监测配电设备的保护动作情况，做好统计记录、分析等功能。保护功能需能够和系统之间体现良好的独立性，能保证系统内设备和软件、硬件等功能上的兼容，做好数据信息的记录。在工厂智能化配电系统出现系统异常的时候，保护系统能起到保护的作用。从保护功能的角度上看，包含对系统各种用电设备和线路上的保护，并且能够完成对各种监控信息的保护和记录。系统在接收监控系统对数据信息的查询时，如能正确应答，那么说明保护装置通信接口可以接收到系统发出的重要信息；如不能正确应答，或者是应答的结果不正确，或者是保护设备产生了故障，从而记录下各种故障状态下的数据信息，则表明可在断电之后也能保存这一数据信息，将监测报告传送给监控中心。通过输入信号和系统装置的检查，修改部分通信工具和通信信息。在系统通信中断的时候，通信广播能将中断的信息进行记录，然后进行修改。保护其中数据信息的稳定，然后通过不断地检查和确认，对保护装置进行修改。接收到保护信号的命令时，可以起到自动保护的功能，实现对系统功能的查询和状态分析，对系统的运行情况进行保护。工厂智能化配电系统需要和监控系统相连接，实现通信功能，并且将系统运行中的数据信息和故障信息传送到监控中心，和监控中心实现正常的通信。

5. 智能工厂配电系统监控功能

工厂智能化配电系统的监控功能是对整个工厂的配电设备运行状况进行监控的主要系统，监控功能要求工厂智能化配电系统能对电气设备的运行过程数据信息进行收集和整理，并且根据系统反馈的数据信息实现对系统的监控，保障系统的运行状态，也能保护各种数据信息不受干扰和损害。

1) 状态量采集

对电气设备上正常运行中的状态信息进行采集，数据采集基本采用的是开关量输入的方式，可以重点采集重要位置的状态信息，然后利用二级制方法表示系统的运行状态，从而反映出短路和断路的位置信息，以免因一些触点的控制出现错误，导致数据信息的错误，从而影响系统的准确性。

2) 模拟量采集

对电压参数的数值和模拟量进行采集，然后对参数频率相同的信息进行归类处理，还可以分析各类参数在系统中的应用，确定各种电量和信息交换过程中的表现，保障双方的数据信息交流正常。

3) 脉冲量采集

一般情况下工厂智能化配电系统对脉冲量的采集为电能表传输的电量值或电能值。

4) 继电保护信息收集

对继电器的维护通常来说需要保护其数据信息的完整，对整个事件的记录过程需要保障信息的准确性，并依照不同的分辨率来判断不同的状态信息，对故障进行原因的分析和处理，更好地保障系统的稳定运行。对于继电保护装置，本身就需要在监控中心实现对各种信息的控制，所以可以采取一定的保护措施，在开关部分和可调节部分，保障系统关键位置的信息能够传递通畅。

通过监控中心发出状态信息和操作信息，系统能按照这一监控信息实现对各个用电设备的调控，并确保系统的灵活性和准确性。系统将收集到的各种信息进行统一处理，然后上传到后台的监控系统中，记录整个过程的数据信息，进行保存，按照这些数据信息，可以确定每个开关状态下的电流和电压的具体数值，然后依据这些数值来判定各种故障的原因和状态。

9.5　智能工厂无线网络配置

网络化作为智能工厂的表现形式之一，伴随着近年来的信息化浪潮，它的系统集成也在向网络化、信息化迈进。从事信息化工厂系统集成设计的人员日益增多，技术的进步和不断增长的成功案例起到了相辅相成的作用，因此信息化工厂的集成度越来越高，系统集成也在向网络化、信息化迈进。随着计算机网络技术、信息技术、综合布线等技术的迅猛发展，信息化工厂的系统集成作为一种投资，如何既保持技术上不落伍，又能实现最佳的性能，获取最良好的投资收益，是每个设计人员都应该全面考虑的问题。

同时，各种信息化工具，如便携式电脑、手提终端、PDA 等通信设备的发展，顺应了信息化发展的趋势，但也对智能工厂提出了更高的要求。而无线网络的出现解决了这个问题。为了发挥高效快速、安全可靠这一信息化的特点，智能工厂的集成系统、各子系统间的协调互动也要遵循这一原则。利用现代化的计算机网络技术，结合传统有线网络和无线局域网技术的独特优势，方能构建出最具性价比的混合局域网络。

1. 智能工厂信息化网络架构

基于智能制造工厂的信息化网络规划，智能化、信息化系统架构如图 9-7 和图 9-8 所示。

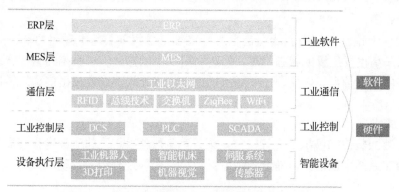

图 9-7　智能化、信息化系统架构

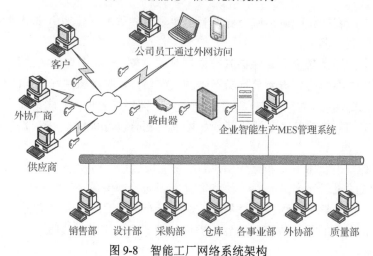

图 9-8　智能工厂网络系统架构

2. 组网的关键技术

目前组网的关键技术之争是发生在以太网和 ATM 之间的，这两种技术各有短长，具体选择可在下面进行具体的阐述并做出选择。

1) 千兆以太网技术

（1）1000BASE-LX 对应于 802.3 标准，既可以使用单模光纤也可以使用多模光纤。1000BASE-LX 所使用的光纤主要有 62.5μm 多模光纤、50μm 多模光纤和 9um 单模光纤。其中，使用多模光纤的最大传输距离为 550m，使用单模光纤的最大传输距离为 3000m。1000BASE-LX

采用 8B/IOB 编码方式。

(2) 1000BASE-SX 对应于 802.11z 标准，只能使用多模光纤。1000BASE-SX 所使用的光纤有 62.5μm 多模光纤、50μm 多模光纤。其中，使用 62.5μm 多模光纤的最大传输距离为 275m，使用 50μm 多模光纤最大传输距离为 550m。1000BASE-SX 采用 8B/1 OB 编码方式。

(3) 1000BASE-CX 对应于 802.11z 标准，使用的是铜缆。最大传输距离为 25m，使用 9 芯 D 型连接器连接电缆。1000BASE-CX 采用 8B110B 编码方式。1000BASE-CX 适用于交换机之间的连接，尤其适用于主干交换机和主服务器之间的短距离连接。

(4) 1000BASE-t 是最新的以太网技术，它是 1999 年 6 月被 IEEE 标准化委员会批准的。这项技术是设计用来在现有的 5 类铜线，这种目前被最广泛安装的 LAN (Local Area Network) 结构上提供 1000Mbit/s 的速度。它是为了在现有的网络上满足对带宽急剧膨胀的需求而提出的，这种需求是实现新的网络应用和在网络边缘增加交换机的结果。

2) ATM 技术

ATM (Asynchronous Transfer Mode) 技术顾名思义就是异步传输模式，是国际电信联盟 ITU-T 制定的标准，实际上在 20 世纪 80 年代中期，人们就已经开始进行快速分组交换的试验，建立了多种命名不相同的模型。欧洲重在图像通信，把相应的技术称为异步时分复用 (ATD)；美国重在高速数据通信把相应的技术称为快速分组交换 (FPS)。国际电信联盟经过协调研究，于 1988 年正式命名为 Asynchronous Transfer Mode (ATM) 技术，推荐其为宽带综合业务数据网 B-ISDN 的信息传输模式。

ATM 是一种传输模式，在这一模式中，信息被组织成信元，因包含来自某用户信息的各个信元不需要周期性出现，这种传输模式是异步的。

促进 ATM 技术发展的因素主要有：用户对网络带宽与对带宽高效、动态分配需求的不断增长；用户对网络实时应用需求的提高；网络的设计与组建进一步走向标准化的需要。但是，关键还是在于 ATM 技术能保证用户对数据传输服务的质量 (Quality of Service, QS) 的需求。目前的网络应用已不限于传统的语言通信与基于文本的数据传输。

在多媒体网络应用中需要同时传输语音、数字、文字、图形与视频信息等多种类型的数据，并且不同类型的数据对传输的服务要求不同，对数据传输的实时性要求也越来越高。这种应用将会增加网络突发性的通信量，而不同类型的数据混合使用时，各类数据的服务质量是不相同的。多媒体网络应用及实时通信要求网络传输的高速率与低延迟，而 ATM 技术能满足此类应用的要求。目前存在的传统的线路交换与分组交换都很难胜任这种综合数据业务的需要。线路交换方式的实时性好，分组交换方式的灵活性好，而 ATM 技术正是实现了这两种方式的结合，也能符合 B-ISDN 的需求，因此 B-ISDN 选择了 ATM 作为它的数据传输技术。

3) 千兆以太网与 ATM 的比较

千兆以太网与 ATM 的比较如表 9-4 所示。

表 9-4　千兆以太网与 ATM 的比较

功能	千兆以太网	ATM
IP	有	需要 RFG577 或 PNNI
以太网信息包	有	需要 LANE 或从信号源到包的转换
处理多媒体	有	有，但是要改变应用程序
服务质量	有 RSVP 和 801.1Q	有 SVGS

千兆以太网能完成许多 ATM 的功能，但是有价格低、更易和 LAN 结构融合的优点。千兆以太网以许多方式发送最初期望 ATM 实现的优点，而且可以更容易、更经济地执行。

9.6　智能工厂物流系统规划

智能工厂物流规划的目的，是以物流规划和运营为主线、以工厂有效运营为导向、"以终为始"进行规划，实现所有规划和资源要素的联动与联通。不考虑物流运营管理的规划都是没有"灵魂"的规划，站在未来持续经营的长久过程来看，最终都可能导致企业产生巨大的系统效率损失和改造成本。

1. 智能工厂物流规划的目的

智能工厂物流规划的目的具体体现在以下方面。

1）配合达成智能工厂规划的目的

智能工厂物流规划作为智能工厂规划中的重要构成和主线，其首要目的是配合达成智能工厂规划的目的。

2）实现智能工厂物流中心化

为了匹配越来越多的个性化需求，智能工厂需要具备大规模定制的能力，固定的产线和大规模生产模式将被颠覆，取而代之的是生产与物流高度融合的柔性化生产线或车间。智能工厂的规划更多地表现为，将智能生产设施嵌入智能物流系统中，成为流线化物流系统的一个不可缺少的环节和部分，从而实现"智能工厂物流中心化"。

3）实现制造资源联动

由于物流贯穿端到端交付的始终，通过物流的有效规划，能够联动供应商、物流设施、生产设施、物料及产品、人员等所有制造资源，实现采购、制造、销售以及人、机、料、法、环、测、数的协同联动，最终达成以客户和消费者为中心的价值型、服务型制造。

4）支持智能工厂的有效运营

在智能工厂物流规划的过程中，需要将工厂运营管理的价值导向、目标、逻辑、流程、规则等纳入其中，通过物流规划实现所有资源的联动和拉通，平衡工厂运营的效率、成本和交付，最终支持智能工厂的有效运营，具体表现为减少效率损失、提升服务水平、提高库存周转、降低运营成本等，最终达成消费者体验最佳。

2. 智能工厂物流概念设计

在需求梳理的基础上，概念设计结合智能工厂战略及价值导向、智能物流技术、智能工厂建设目标、产品及工艺特征、基础条件、战略绩效要求等，采用一系列的方法和技术，如头脑风暴与专家研讨、设计概念提炼与转化、创意设计与提纯、从感性到理性的转化、从思维到轮廓的转化、从多样到确定的转化等，最终输出物流概念设计。以物流为主线的智能工厂概念设计模型如图 9-9 所示。

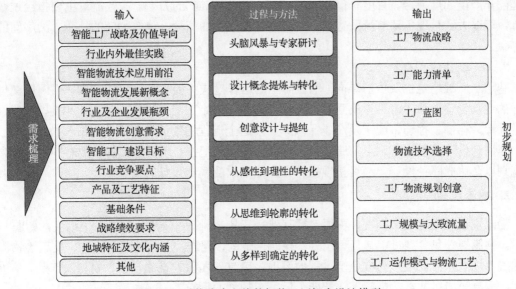

图 9-9 以物流为主线的智能工厂概念设计模型

概念设计阶段输出的主要内容包括以下部分。

1) 工厂物流战略

基于战略制定考虑的因素，按其制定步骤，形成工厂物流战略。值得说明的是，物流战略并非一个口号，可能包括可衡量的绩效指标、可操作的中长期规划等。

2) 工厂能力清单

工厂能力清单主要是指该智能工厂所具备的各类能力要素，如该工厂能快速响应客户订单、能够支持定制、具备生产柔性、具备数字化特征、具有可参观性等。

3) 工厂蓝图

工厂蓝图可以理解为工厂"长相"，如前文所述，按照物流规划维度分类，主要包括物流、基建、产品、制造、信息五个维度的轮廓。例如，物流的蓝图包括工厂物流整体运作逻辑、工厂物流能力成长路径、园区物流大致流向等，基建的蓝图包括建筑的概念业态，如园区大致的开门、建筑物数量、建筑物层数、建筑形式、建筑物间逻辑关系等要素。

4) 物流技术选择

概念设计阶段的物流技术选择，主要是指工厂关键环节等输出的物流技术概念，如来料托盘件采用堆垛机立体库、成品下线及转运采用输送线等。值得说明的是，对于同一关键环节，在概念设计阶段可能会输出两种或两种以上的物流技术。

5) 工厂物流规划创意

工厂物流规划创意主要包括工厂物流规划具有的亮点、突破点等。例如，小汽车停车方式，常规方式可能考虑地面或者地下停车，但提出楼顶停车可能是规划中的一个亮点。又如，对于某些尺寸不规则的托盘类大件，如何兼容存储是其中的一个难点，此时通过柔性化的托盘设计，最终实现多尺寸的存储兼容，可以理解为规划中的一个突破点。

6) 工厂规模与大致流量

工厂规模指基于此概念设计该智能工厂可匹配的年产能、月度峰值产能、均值产能等，如可匹配年产能 300 万台、月度峰值产能 35 万台、均值产能 25 万台。大致流量主要指经过数据概算，可以大致呈现各环节流量数据，如园区各物流门的流量、建筑物间的流量、工序间的流量等。

7) 工厂运作模式与物流工艺

基于工厂战略定位及价值导向，输出的工厂运作模式主要指工厂运作方向，强调以交付为目标的运营管理、强调信息集成互联的差异管理等。物流工艺指物料从到货、卸货、收货、检验、入库、存储、拣选、配送及产成品入库、发运全流程的物流运作大致方法和技术。

在概念设计模型的基础上，通过对概念设计过程的把控，主要包括物流战略制定、概念蓝图规划以及达成路径设计，最终呈现出符合企业需求的概念设计方案。

3. 物流规划的维度

物流规划通常有五个维度，主要包括基建、产品、制造、物流、信息五个维度，如图 9-10 所示。物流规划包含到货、卸货、包装、存储、搬运、配送、工位使用、拣选、发运等物流节点的统筹规划，涉及生产与物流全过程的用地、建筑、面积、设施设备、物料及产品、人员、时间、信息等诸多要素，都应基于智能工厂系统规划的诉求。

图 9-10　智能工厂战略定位和物流规划维度

1) 基建维度

基建维度主要包含建筑业态的表达、配套和辅助设施的定义，以及绿色动力能源的应用等方面的要素。基建线规划的元素与建筑的平面布局、功能区域定位强相关。厂区具体如何布局，以及如何定义厂房、区域之间的关联逻辑，需要从物料的流动特性出发，据此排布所有的功能区域(包括开门、厂房、办公楼、辅房、厕所、实验室、检测室、动力房、装卸货场等)。

2) 产品维度

产品维度主要包含产品特征、产品需求和订单特征、产品工艺特征、产品可制造性和可流动性以及物料及产品的标准化、模块化等方面的要素，规划时产品线特征需要联动物料及产品尺寸、包装、器具、设备、环境等进行各个物流环节尺寸链、数量链的设计和匹配。

3) 制造维度

制造维度主要包含生产模式、车间和生产线、工艺布局、自动化、数字化、智能化、生产各环节联动需求、制造设备配置、生产相关部门运营管理需求等方面的要素。制造线规划时需要遵循"大交付、大物流、小生产"的原则，将生产制造作为整个物料流动价值链的一个环节，致力于拉通整个价值链而不是某一个车间，实现价值链上物料和产品的快速流动。

4) 物流维度

物流维度包括采购、入厂、装卸、检验、存储、拣选、输送及配送、工位作业、成品发运等整个端到端的流转过程规划，包括与之相关的计划、库存、订单、成本、包装、参数、设施设备等方面的逻辑规划。物流线规划致力于物流的精益化、数字化、智能化，物流线贯穿整个规划过程，与基建、产品、制造、信息等四个维度紧密联动，实现端到端价值链的拉通，物料快速流转。

5) 信息维度

信息维度主要包含一体化信息平台构建、人机物全面"上网"、全方位信息实时化管理、实时信息采集和信息双向传输、智能化差异管控等方面的要素。智能工厂需要实现信息流和实物流实时对应和映射，云端与实物之间可以双向通信互联，各类信息集成共享。

4. 智能工厂物流方案验证

在详细规划基础上，需要通过仿真技术对智能工厂物流方案进行验证，以便对方案进行优化及修正。工厂物流仿真根据其应用场景主要分为三类：虚拟现实流程动画仿真、物流离散事件数据仿真和物流系统运营仿真。针对不同的应用场景，一般选取不同的物流仿真技术，在物流规划中，主要选取虚拟现实流程动画仿真、物流离散事件数据仿真进行方案的验证。

1) 虚拟现实流程动画仿真

虚拟现实仿真技术主要展示物流系统的物理空间位置以及与生产线体等其他相关设施的相对关系、工厂物流运作场景展示等，通过三维建模技术，将工厂物流规划中涉及的各个物流作业与物流自动化系统场景进行 1：1 尺寸三维建模，在此基础上根据物流系统运行的流程与逻辑，赋予三维模型动态的逻辑关系，从供应商到货到成品发运进行全流程动画直观展示，从而用来研究与优化物流方案，并提供立体、可视的物流系统运作流程及逻辑。

2) 基于离散事件的物流系统数据仿真

物流离散事件仿真建立在对物流系统的结构及流程分析基础上，通过对系统进行数学描述，也就是建立系统模型，然后通过合适的仿真方法，使该物流系统模拟实现的过程。通过仿真可以了解物料运输、存储的动态过程的各种统计性能，如运输设备的利用率是否合理、运输路线是否通畅、物料搬运系统的流动周期是否过长等。

3) 物流系统运营仿真

物流系统运营仿真是建立在运作计划驱动下的物流系统仿真模型。通过对工厂生产全流程进行建模并以排程系统如 APS 的运作计划为驱动，以生产制造执行系统如 MES 的生产环境资源作为约束并结合物流随机事件的动态调度策略来运行整个生产物流系统仿真模型，并进行分析优化的过程。通过大量的访谈试验，对规划的方案进行调整优化，使得工厂的运作效率达到最优。

9.7 智能工厂工业机器人配置

9.7.1 工业机器人的选型依据

智能工厂的主要特征是智能化，智能工厂所配置的工业机器人是以减少劳动力费用、降低生产成本、提高生产质量与效率、增加生产柔性、减少危险岗位对人的危害为准则的，并且可以满足智能制造过程中搬运、打磨、焊接、喷涂、装配、切割、雕刻等工作要求的高性能工业机器人。要做到正确选用工业机器人，必须清楚了解智能工厂需求及机器人的性能和应用场景。智能工厂工业机器人配置选择的基本原则如下。

1. 根据应用类型选择机器人形式

不同的应用场景选择的机器人类型不一样，在小物件快速分拣应用上可以选择并联机器人；对机器人要求比较紧凑的场景可以考虑 Scara 机器人，如 3C 行业；喷涂应用就要考虑是否有防爆要求，如喷涂的是易燃的油性漆，就需要机器人满足防爆要求，而对于没有防爆要求且不需要机器人带喷涂参数的场景，普通机器人就能胜任，且成本会低很多；在搬运码垛方面可以选择码垛机器人，这类机器人有非常丰富的码垛程序，大大降低了编程难度，提高了码垛效率。结合应用类型与机器人的特性，可以选择一款性价比较高的机器人。

2. 根据机器人负载及负载惯量选型

工业机器人负载包括工装夹具、目标工件、外部载荷力、扭矩等，一般机器人的说明书上会给出负载特性曲线图，如图 9-11 所示。

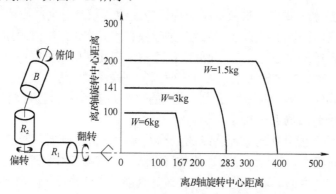

图 9-11 工业机器人手腕扭矩曲线图

负载只有在机器人负载范围内才能保证机器人在工作范围内达到各轴的最大额定转速，才能保证机器人在运行过程中不会出现超载报警，精度达不到机器人本身的精度标准，会影响机器人的使用寿命等。机器人负载惯量会影响机器人的精度、加速性能、制动等，这是在机器人应用过程中经常被忽略的因素，出现超载现象，机器人会有加减速不正常、抖动等表现，或者直接伺服报警，无法运作。一般厂家会通过列表的形式给出机器人允许惯量，如表 9-5 所示。工程师在做方案时要根据工装夹具以及工件校验机器人各轴允许的惯量数值。

表 9-5 工业机器人允许惯量

机器人型号	允许惯量计算例		
	R_2 轴旋转	B 轴旋转	R_1 轴旋转
0.06	$0.17\text{kg}\cdot\text{m}^2(0.017\text{kgf}\cdot\text{m}\cdot\text{s}^2)$		$0.06\text{kg}\cdot\text{m}^2(0.006\text{kgf}\cdot\text{m}\cdot\text{s}^2)$

3. 根据工作范围与自由度选型

应根据应用场景所需达到的最大距离选择机器人。一般机器人厂家会给出机器人工作范围图，方案工程师根据方案布局确定机器人的运动轨迹是否在工作范围内，一般在使用机器人时尽量不要太靠近机器人的极限工作位置，以防在实际工程安装调试过程中与理论方案出现差距，导致超行程报警。实际使用过程中机器人的工作范围太小时，也会出现机器人不能很好地发挥性能的现象：行程不足，机器人无法加速到最大速度，机器人的效率发挥不出来。机器人不够行程时也可以通过附加轴的方式增大工作范围，如一台机器人同时管理 4 台或更多机床上下料时，往往会通过将机器人安装在直线轴上，来增加机器人的运动范围。

机器人的轴数决定了机器人的自由度，即机器人的灵活性。如果是简单的搬运拾取工件，3 轴或 4 轴的机器人就足够用了，如常用在流水线的 Delta 机器人、Scara 机器人，其效率高，安装空间小，在拾取工件没有相位要求时可以采用 3 轴的机器人，有相位要求时可以选用 4 轴的机器人。如工作空间比较狭小、机器人需要在内腔工作或工作轨迹是复杂的空间曲线、空间曲面，可能需要 6 轴、7 轴或者更高自由度的机器人，如弧焊机器人经常配合变位机使用，组成 7 轴或 8 轴的机器人系统。当然，如果后期有规划需要，可以选择自由度高一点的机器人，以适应后期的应用拓展。

4. 根据工业机器人运动精度要求选型

工业机器人的精度需求一般由应用决定，常用的是重复定位精度。重复定位精度指机器人循环过程中到达统一示教位置的误差范围，一般在 0.5mm 以内，厂家会在机器人出厂前通过一系列的标定与测试使其达到出厂标准的精度范围内。在普通的搬运行业，对机器人重复定位精度的要求一般不会很高，如对货物进行码垛，一般不会对码垛的位置有很苛刻的要求；而 3C 行业的电路板作业往往对精度要求就比较高，一般需要一台超高重复定位精度的工业机器人。有些应用对机器人的轨迹精度也有要求，如激光焊接。

当然，可以通过一些仪器来修正机器人的轨迹以提高精度，例如，在弧焊应用过程中可以通过激光跟踪仪进行焊缝跟踪，以修正离线编程轨迹及机器人自身误差造成的实际轨迹与焊缝之间的误差；而在使用机器人做装配应用时，可以通过增加力传感器来修正机器人的工作路径及姿态。

5. 根据工业机器人速度要求选型

工业机器人的速度往往决定着它的应用效率，一般机器人厂商会把机器人每个轴的最大速度标出来，随着伺服电动机、运动控制及通信技术的发展，机器人的允许运行速度在不断提高，一般用户负载在机器人的要求范围内，机器人在工作空间范围内均能达到最大运动速度。用户可以根据数据评估机器人是否满足应用场合对节拍的要求。在冲压行业，一般对机器人的速度节拍是有要求的，这时就要注意机器人的速度以及轨迹规划，还有就是机器人用在流水线作业上也是需要注意节拍的。通过机器人的离线编程软件可以优化机器人的轨迹以及速度分配。

6. 其他

工业机器人的防护等级在某些应用场合以及不同的地方标准有其规定及要求，例如，在粉尘比较大的情况下，就要对工业机器人以及工业机器人电柜进行防护处理，以免粉尘进入工业机器人，影响工业机器人的机械传动结构，如果粉尘进入机器人电柜，就会影响工业机器人电柜散热，导致电柜过热故障，损坏电气元器件。在有喷水或水汽比较大的情况下，需要考虑机器人的防护等级，一般机器人厂家会给出机器人的防护等级，在工作环境充满易燃易爆物时，机器人需要考虑带有防爆功能。另外，还有热辐射、电磁辐射干扰，机器人的洁净性等方面也要加以考虑。

9.7.2 上下料机器人选型应用

在智能制造过程中，需要有很多用于上下料的机器人。在进行上下料机器人选型之前，需要对智能制造装备和生产线的基本工艺特点及需求有明确的认识，根据装备和生产线的有关特点制定符合自身实际情况的工件、设备、工艺等数据，然后根据需求按照一定的步骤逐步缩小上下料机器人的可选范围及辅助设备的搭配方式。

图 9-12 为汽车零件机器人柔性智能冲压自动化生产线，该生产线由线首单元 1(上下料机器人自动送料)、自动冲压机 2(冲床或压力机)、检测单元 3(机器视觉)和线尾单元 4(自动输送带)四部分组成。

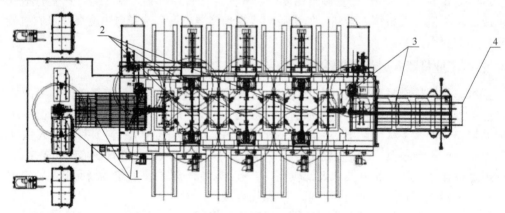

图 9-12　汽车零件机器人柔性智能冲压自动化生产线

上下料机器人作为该自动化生产线的关键设备之一，其性能指标主要包括机器人最大承重、最大运动半径、手臂最大拾取高度、定位精度、重复定位精度、惯性、稳定性以及易维护性。此外，机器人辅助柔性技术能很好地增强上下料机器人冲压专业性的同时，也在很大程度上影响着整线生产节拍及成本的高低，其主要包括视觉自动识别、冲压同步协调、柔性 7 轴协同控制、运动轨迹虚拟仿真、机器人干涉校验、网络集成控制等技术。

冲压生产线上下料机器人及辅助设备选型的具体方法如下。

(1)根据冲压工艺确定购进上下料机器人的总数 N。工序数 $n \rightarrow$ 压机台数 $n \rightarrow$ 冲压机间上下料机器人数 $n-1 \rightarrow$ 上下料机器人总数 $N = n-1+3$，其中，额外增加的 3 台机器人分别为拆垛机器人、首台冲压机上料机器人和尾台冲压机下料机器人。

(2)根据最重工件质量 G、端部拾料器质量 D，估算机器人最大承载为 P。划定上下料机器人选型范围时，一般按所抓取的最重工件质量与端部拾料器质量$1:1$经验值估算，即$D \approx G$，从而机器人载荷需满足$P \geqslant G + D \approx 2G$，由此初步确定机器人承载规格。

（3）根据生产要求和成本预算确定上下料机器人与端部拾料器的搭配方式与性能要求。工件的传送方式影响机器人单臂传输的速度和稳定性，合理选择机器人与端部拾料器的搭配方式可在保证效率的前提下尽量节约成本。

基于以上方面，从机器人本体具有外部轴拓展功能、机器人负载、重复精度等多方面考虑，最终选择六轴机器人（安川 MOTOMAN-MA1440），配高性能机器人控制器（DX200）。考虑到汽车冲压件多规格、尺寸变化的需要，机器人本体能够进行外部轴拓展。冲压工作站需要加入两个能够与机器人本体协同运动的外部轴，因此选择的机器人本体要具备外部轴拓展功能。机器人系统中的机器人本体、示教编程器、控制柜如图9-13所示。

图9-13　机器人本体、示教编程器、控制柜

汽车零件机器人柔性智能冲压自动化生产线作为多轴协同运动控制系统中的重要环节，机器人本体采用高质量的伺服电动机，运行速度快；机器人本体质量较轻，能够以更高加速度运行，可以保证项目中生产节拍的要求。其运动范围达1440mm，重复定位精度为0.08mm，机器人本体外形尺寸及动作范围如图9-14所示。

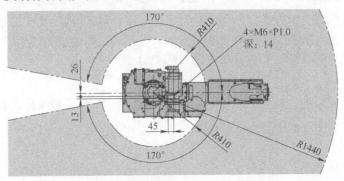

图9-14　机器人本体外形尺寸及动作范围

9.7.3　多关节工业机器人伺服电动机计算

多关节工业机器人各关节传动链通常是由电动机+减速器构成的。电动机为动力源，减速器起降速增力的作用。因此，在机器人各关节设计过程中，电动机和减速器的选型是相互影响的，需要综合考虑。某六关节工业机器人如图9-15所示，本节以该机器人手腕伺服电动机选型计算为例进行论述，其他各关节计算方法类似。

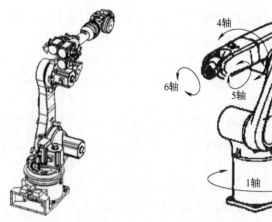

图 9-15　六关节工业机器人

该六关节工业机器人手腕负载额定功率 $P(kW)$ 为

$$P_e = T_{pl}n / 9550 \tag{9-12}$$

式中，T_{pl} 为允许负载转矩（N·m）；n 为负载额定运动速度（r/min）。

允许负载转矩 T_{pl}（N·m）由下式计算：

$$T_{pl} = M_g L \tag{9-13}$$

式中，M_g 为最大负载质量（kg）；L 为负载质心到关节回转轴的距离（m）。

所选电动机的额定输出功率 P 需大于腕部负载额定功率，$P \geqslant P_e$。与此同时，关节最大运动速度与电动机最大转速之间应满足如下关系：

$$(\omega / 6)i \leqslant n_{max} \tag{9-14}$$

式中，ω 为关节最大运动速度（(°)/s）；i 为关节总传动比；n_{max} 为负载的最高转速（r/min）。

根据伺服电动机的工作曲线，负载转矩应满足：当负载做匀速运动时，施加在伺服电动机轴上的负载转矩应在电动机的连续额定转矩范围内，即在工作曲线的连续工作区内。各关节系统折算到该关节伺服电动机轴上的负载转矩 T_L（N·m）由下式计算：

$$T_L = T_{pl} / (\eta ik) + T_z \tag{9-15}$$

式中，T_z 为关节自重引起的转矩（N·m）；η 为传动效率；k 为经验系数，k 一般取 $0.7 \sim 0.8$。

按满足下式的条件选择伺服电动机：

$$T_L \leqslant T_a \tag{9-16}$$

式中，T_a 为伺服电动机的额定转矩。

9.7.4　工业机器人的手腕形式

机器人手腕是连接手部和手臂的部件，它的作用是调节或改变工件的方位，因此具有独立的自由度，以使机器人手部满足复杂的动作要求。

为了使手部能处于空间任意方向，需要腕部能实现如图 9-16 所示的对空间三个坐标轴 X、Y、Z 的转动，即具有翻转、俯仰和偏转三个自由度。一般手腕结构多为上述三个回转方式的组合。

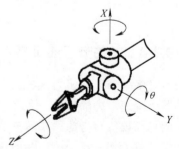

图 9-16　手腕的自由度

手腕按自由度数目可分为单自由度手腕、二自由度手腕和三自由度手腕。

(1) 单自由度手腕如图 9-17 所示。图 9-17(a) 是一种翻转(Roll)关节(简称 R 关节),它把手臂纵轴线和手腕关节轴线构成共轴形式。这种 R 关节旋转角度大,可达到 360° 以上。图 9-17(b)、(c) 是一种折曲(Bend)关节(简称 B 关节),关节轴线与前后两个连接件的轴线相垂直。这种 B 关节因受到结构上的干涉,旋转角度小,大大限制了方向角。图 9-17(d) 为移动关节(简称 T 关节)。

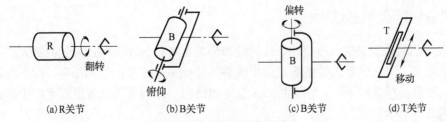

(a)R关节   (b)B关节   (c)B关节   (d)T关节

图 9-17　单自由度手腕

(2) 二自由度手腕如图 9-18 所示。二自由度手腕可以由一个 R 关节和一个 B 关节组成 BR 手腕,如图 9-18(a) 所示。也可以由两个 B 关节组成 BB 手腕,如图 9-18(b) 所示,但是,不能由两个 R 关节组成 RR 手腕,因为两个 R 共轴线,所以退化了一个自由度,实际只构成了单自由度手腕,如图 9-18(c) 所示。

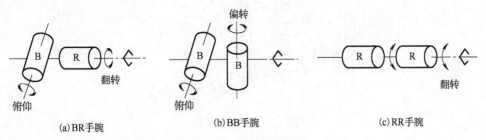

(a)BR手腕   (b)BB手腕   (c)RR手腕

图 9-18　二自由度手腕

(3) 三自由度手腕如图 9-19 所示。三自由度手腕可以由 B 关节和 R 关节组成多种形式。图 9-19(a) 所示是通常见到的 BBR 手腕,使手部具有俯仰、偏转和翻转运动,即 RPY 运动。

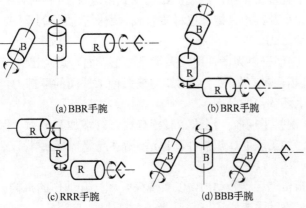

(a)BBR手腕   (b)BRR手腕

(c)RRR手腕   (d)BBB手腕

图 9-19　三自由度手腕

图 9-19(b)所示是一个 B 关节和两个 R 关节组成的 BRR 手腕,为了不使自由度退化,使手部产生 RPY 运动,第一个 R 关节必须进行如图 9-19(b)所示的偏置。图 9-19(c)所示是三个 R 关节组成的 RRR 手腕,它也可以实现手部 RPY 运动。图 9-19(d)所示是 BBB 手腕,很明显,它已退化为二自由度手腕,只有 PY 运动,通常不采用这种手腕。此外,B 关节和 R 关节排列的次序不同,会产生不同的效果,也会产生其他形式三自由度手腕。为了使手腕结构紧凑,通常把两个 B 关节安装在一个十字接头上,这对于 BBR 手腕来说大大减小了手腕纵向尺寸。

9.7.5　工业机器人手部结构

机器人手部是最重要的执行机构,从功能和形态上可分为两大类:工业机器人的手部和仿人机器人的手部。工业机器人的手部是用来握持工件或工具进行操作的部件。由于握持物件形状、尺寸、重量、材质的不同,手部的工作原理和结构形态也不同。常用的手部按其握持原理可以分为夹钳式和吸附式两大类。

1. 夹钳式手部

夹钳式手部与人手相似,是工业机器人常用的一种手部形式。它一般由手爪、驱动装置、传动机构和承接支架组成,如图 9-20 所示,能通过手爪的开闭动作实现对物件的夹持。

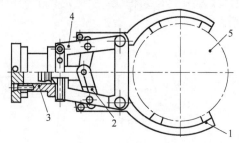

图 9-20　夹钳式手部

1-手爪;2-传动机构;3-驱动装置;4-传动机构;5-工件

1)手指

手指是直接与物件接触的构件。手指的张、合实现松开和夹紧物件。通常机器人的手部只有两个手指,也有三个或多个手指。它们的结构形式常取决于被夹持工件的形状和特性。

根据工件形状、大小及其被夹持部位材质软硬、表面性质等的不同,主要有光滑指面、齿形指面和柔性指面三种形式。

(1)光滑指面。其指面平整光滑,用来夹持已加工表面,避免已加工的光滑表面受损伤。

(2)齿形指面。其指面刻有齿纹,可增加与被夹持工件间的摩擦力,以确保夹紧可靠,多用来夹持表面粗糙的毛坯或半成品。

(3)柔性指面。其镶衬了橡胶、泡沫、石棉等物,有增加摩擦力、保护工件表面、隔热等作用。一般用来夹持已加工表面、炽热件,也适于夹持薄壁件和脆性工件。

2)传动机构

传动机构是向手指传递运动和动力,以实现夹紧和松开动作的机构。根据手指开合的动作特点可分为回转型和平移行两类。

（1）回转型传动机构。

夹钳式手部中运用较多的是回转型手部，其手指就是一对（或几对）杠杆，再同斜楔、滑槽、连杆、齿轮、蜗轮蜗杆或螺杆等机构组成复合式杠杆传动机构，以改变传力比、传动比及运动方向等。

图 9-21 为单作用斜楔式回转型手部的结构简图。斜楔向下运动，克服弹簧拉力，通过杠杆作用使杠杆手指装着滚子的一端向外撑开，从而夹紧工件。斜楔向上移动，则在弹簧拉力作用下，使手指松开。手指与斜楔通过滚子接触可以减少摩擦力，提高机械效率。有时为了简化结构，也可让手指与斜楔直接接触。

图 9-22 为滑槽式杠杆双支点回转型手部的简图。杠杆形手指的一端装有V形指，另一端则开有长滑槽。驱动杆上的圆柱销套在滑槽内，当驱动杆同圆柱销一起做往复运动时，即可拨动两个手指各绕其支点（铰销）做相对回转运动，从而实现手指对工件的夹紧与松开。

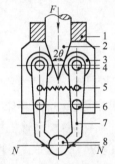

图 9-21　斜楔式回转型手部

1-壳体；2-斜楔驱动杆；3-滚子；4-圆柱销；5-弹簧；
6-铰销；7-手指；8-工件

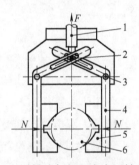

图 9-22　滑槽式杠杆双支点回转型手部

1-驱动杆；2-圆柱销；3-铰销；4-手指；5-V形指；6-工件

图 9-23 为双支点连杆杠杆式回转型手部的简图。驱动杆末端与连杆由铰销铰接，当驱动杆做直线往复运动时，通过连杆推动两杆手指各绕支点做回转运动，使手指松开或闭合。

图 9-24 为齿轮齿条直接传动杠杆式回转型手部的简图。驱动杆末端制成双面齿条，与串形齿轮相啮合，而扇形齿轮与手指固连在一起，可绕支点回转。驱动力推动齿条做上下往复运动，即可带动扇形齿轮回转，从而使手指闭合或松开。

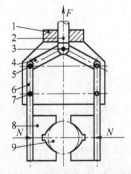

图 9-23　双支点连杆杠杆式回转型手部

1-壳体；2-驱动杆；3-铰销；4-连杆；5、7-圆柱销；
6-手指；8-V形指；9-工件

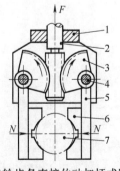

图 9-24　齿轮齿条直接传动杠杆式回转型手部

1-壳体；2-驱动杆；3-小轴；4-扇齿轮；5-手指；
6-V形指；7-工件

（2）平移型传动机构。

平移型夹钳式手部是通过手指的指面做直线或平面移动实现张开或闭合动作的，常用于夹持具有平行平面的工件。平移型传动机构根据其结构大致可分为平面平行移动机构和直线往复移动机构两种类型。它们通过驱动器和驱动元件带动平行四边形铰链机构实现手指平移。图 9-25（a）、（b）均为齿轮齿条传动手部，图 9-25（c）为连杆斜滑槽传动手部。

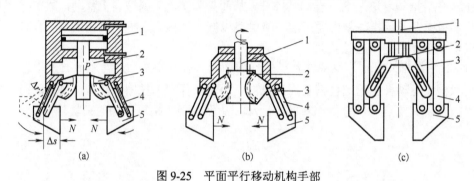

图 9-25　平面平行移动机构手部

1-驱动器；2-驱动元件；3-驱动摇杆；4-从动摇杆；5-手指

图 9-26 为几种直线往复移动机构手部的简图。实现直线往复移动的机构很多，常用的斜楔传动、齿条传动、螺旋传动等均可应用于手部结构。图 9-26（a）为斜楔平移机构，图 9-26（b）为连杆杠杆平移机构，图 9-26（c）为螺旋斜楔平移机构。它们可以是双指型的，也可以是三指（或多指）型的。

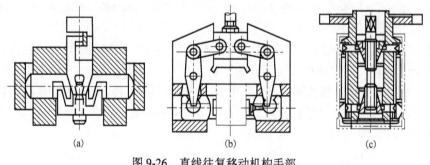

图 9-26　直线往复移动机构手部

2. 吸附式手部

吸附式手部依靠吸附力取料，根据吸附力的不同分为气吸式和磁吸式两种形式。气吸式手部适用于抓取大平面（单面接触无法抓取）、易碎（玻璃、磁盘）、微小（不易抓取）的物体。

1）气吸式手部

气吸式手部是工业机器人常用的一种吸持工件的装置，它是利用吸盘内的压力和大气压之间的压力差工作的。它由一个或几个吸盘、吸盘架及进排气系统组成，具有结构简单、重量轻、使用方便等优点，广泛用于非金属材料（如板材、纸张、玻璃等物体）或不可有剩磁的材料的吸附。表 9-6 为各种常见的气吸式吸盘示意图。

表 9-6　各种常见的气吸式吸盘示意图

气吸式名称	真空吸附式	气流负压气吸式	挤压排气式
示意图			

气吸式手部按形成压力差的方法,又可分为真空吸附式、气流负压气吸式和挤压排气式等。

(1)真空吸附式手部。

图 9-27 为真空吸附式手部结构,主要零件为橡胶吸盘,通过固定环安装在支承杆上,支承杆由螺母固定在基板上。取料时,橡胶吸盘与物体表面接触,橡胶吸盘的边缘起密封和缓冲作用,然后真空抽气,橡胶吸盘内腔形成真空,以吸附取料。放料时,管路接通大气,失去真空,物体放下。为了更好地适应物体吸附面的倾斜状况,有的在橡胶吸盘背面设计有球铰链。真空吸附式手部的优点是取料工作可靠,吸引力大,但是所需的真空系统成本较高。

(2)气流负压气吸式手部

图 9-28 为气流负压气吸式手部结构。利用流体力学的原理,当需要取物时,压缩空气高速流经喷嘴时,其出口处的气压低于橡胶吸盘腔内的气压,于是腔内的气体被高速气流带走而形成负压,完成取物动作,然后切断压缩空气即可释放物件。

(3)挤压排气式手部

图 9-29 为挤压排气式手部结构。其工作原理为:取料时橡胶吸盘压紧物件,橡胶吸盘变形,挤出腔内多余空气,手部上升,靠橡胶吸盘恢复力形成负压将物件吸住。压下拉杆,使橡胶吸盘腔与大气连通而失去负压,即可释放物件。

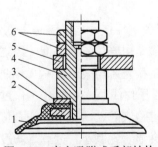

图 9-27　真空吸附式手部结构

1-橡胶吸盘;2-固定环;3-垫片;
4-支承杆;5-基板;6-螺母

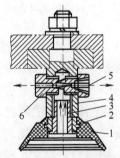

图 9-28　气流负压气吸式手部结构

1-橡胶吸盘;2-心套;3-通气螺钉;
4-支承杆;5-喷嘴;6-喷嘴套

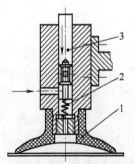

图 9-29　挤压排气式手部结构

1-橡胶吸盘;2-弹簧;3-拉杆

2) 磁吸式手部

磁吸式是利用永久磁铁或电磁铁通电后产生磁力来吸附工件，与气吸式手部相比，磁吸式手部不会破坏被吸件表面。磁吸式手部有较大的单位面积吸力，对工件表面粗糙度及通孔、沟槽等无特殊要求。其不足之处是：只对铁磁物体起作用，且存在剩磁等问题。

电磁铁工作原理如图 9-30(a)、(b)所示。当线圈 1 通电后，在铁心 2 内外产生磁场，磁力线穿过铁心，空气隙和衔铁 3 被磁化并形成回路，衔铁受到电磁吸力 F 作用被牢牢吸住。

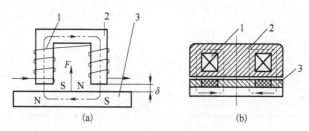

图 9-30　电磁铁工作原理

1-线圈；2-铁心；3-衔铁

图 9-31 为几种常见的电磁式吸盘吸料的示意图。

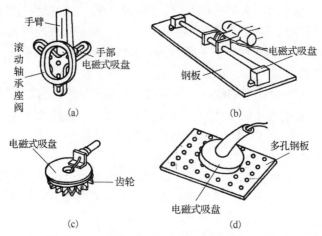

图 9-31　几种常见的电磁式吸盘吸料的示意图

图 9-32 为盘状磁吸附取料手的结构图。铁心 1 和磁盘 3 之间用黄铜焊接并构成隔磁环 2，使铁心和磁盘分隔，使铁心 1 成为内磁极，磁盘 3 成为外磁极。其磁路由壳体 6 的外圈，经磁盘 3、工件和铁心，再到壳体内圈形成闭合回路，吸附盘铁心、磁盘和壳体均采用 8～10 号低碳钢制成，可减少剩磁。盖 5 为用黄铜或铝板制成的隔磁材料，用以压住线圈 11，防止工作过程中线圈的活动。挡圈 7、8 用以调整铁心和壳体的轴向间隙，即磁路气隙 δ，在保证铁心正常转动的情况下，磁路气隙越小越好，磁路气隙越大，则电磁吸力会显著地减小，因此，一般取 $\delta=0.1\sim0.3$mm。在机器人手臂的孔内可做轴向微量移动，但不能转动。铁心 1 和磁盘 3 一起装在轴承上，用以实现在不停车的情况下自动上下料。

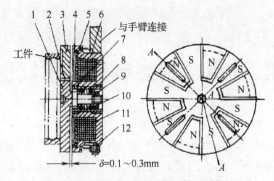

图 9-32　盘状磁吸附取料手的结构图

1-铁心；2-隔磁环；3-磁盘；4-卡环；5-盖；6-壳体；7、8-挡圈；9-螺母；10-轴承；11-线圈；12-螺钉

习题与思考九

1. 简述智能工厂定义、特征及关键工业机器人主要技术选型技术。
2. 智能工厂模型的构建主要包括哪些内容？
3. 智能制造工厂的电源配置负荷计算主要有哪几种方法，各有哪些特点？
4. 智能工厂无线网络配置组网有哪些关键技术？
5. 智能工厂物流规划的目的是什么？
6. 一般工业机器人的基本构成包括哪些？
7. 工业机器人主要技术选型注意事项有哪些？

第 10 章　智能制造应用实例

"工欲善其事，必先利其器"，推进智能制造是复杂而庞大的系统工程，急需一批有实力、能创新、脚踏实地的系统解决方案供应商，通过他们解难题、谋多赢、促发展，为工业企业的转型升级赋能。

自 2015 年 5 月我国发布《中国制造 2025》以来，我国涌现出越来越多的智能制造系统解决方案领军企业。尽管如此，我国智能制造系统解决方案市场仍处于起步阶段，无论是在技术、能力、服务上还是在行业影响力上都还与产业转型的需求存在一定的差距。我们必须进一步深化认识，审时度势，切实把培育一批具有较强竞争力的系统解决方案供应商放在重中之重的位置，在集成创新上、推广应用上下功夫。理论结合实际是编写本书的宗旨，本章特编写 6 个具体生产实例，供读者学习、领会和参考。

10.1　基于遗传算法的曝气机行星减速齿轮箱的优化设计

倒伞式曝气机是一种高效曝气设备，在环境保护和农业生产中得到了广泛的应用。随着科学技术和生产发展的需要，大功率、高速倒伞曝气机开始出现，其特点是功率大、曝气效率高。但是在实际应用中由于功率大、速度高，行星齿轮箱中的齿轮断裂问题时有发生。加大行星齿轮的模数和强度，固然可以提高其可靠度，但是制造成本和功率增加较大。因此，本节从智能设计的遗传算法的角度出发，通过对曝气机行星齿轮箱的设计研究，建立其优化数学模型，并通过实例进一步探讨遗传算法的具体应用。

10.1.1　优化设计的方法

对于大功率曝气机行星齿轮箱容易损坏的问题，制造商通常采用加大齿轮模数和强度的方法来解决问题，但这样会增加制造成本。在齿轮传动箱设计中，行星传动结构设计是一个比较重要的问题，其体积、重量和承载能力主要取决于参数的选择。

当给定传动比、输出轴转速和扭矩后，按照常规设计方法，为了求得各轮齿齿数、模数、齿宽、行星轮数或其变位系数，常常需要选定其中几个参数，才能求出其他几个参数。在同一种行星轮系的条件下，往往有许多配齿方案。选择哪一种作为设计方案，过去只能根据结构布置和经验，从少数几个方案中进行比较决定。另外，在改变行星轮数后，又有很多方案可供选择。总之，在选择参数方案时往往没有明确的指标，也不进行大量的计算，只能选择一个满足设计要求的可行性参数方案。即使进行了一般非线性规划的优化设计方法，也是先求得实型量

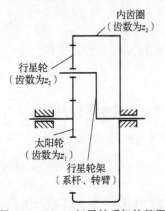

内齿圈
（齿数为z_2）

行星轮
（齿数为z_2）

太阳轮
（齿数为z_1）

行星轮架
（系杆、转臂）

图 10-1　2K-H 行星轮系机构简图

的最优值后，再进行必要的数据处理，由于齿数是整数型变量，而模数是离散型变量，这样对各个参数圆整后所得的结果不一定是最优的整数解。

为此，利用遗传算法理论对离散型、整型变量编码的优势，按某种设计指标达到最佳来设计行星轮系的参数方案，无论对减轻重量、缩小尺寸或提高承载能力均有重大现实意义。图 10-1 为 2K-H 行星轮系机构简图。

1. 2K-H 行星轮系传统优化设计模型

一般情况下，如果行星轮系优化设计目标函数是在保证相同承载能力条件下重量最轻，则可在已知载荷、工作条件和选定材料的情况下，取太阳轮和各行星轮体积之和作为行星轮系重量的指标。

图 10-1 所示行星轮系的目标函数可简化为

$$\min f(x) = m^2 b(z_1^2 + cz_2^2) \tag{10-1}$$

式中，z_1 为太阳轮齿数；z_2 为行星轮齿数；m 为模数(mm)；b 为齿宽(mm)；c 为行星轮个数（曝气机中一般取 $c = 2$）。

影响目标函数的独立参数 z_1、z_2、b、m 均可作为变量，但在一般情况下，行星轮的个数可以根据机构类型和需要事先选定。这样只取 z_1、z_2、b、m 为设计变量，得

$$x = \begin{bmatrix} x_1 \\ x_2 \\ x_3 \\ x_4 \end{bmatrix} = \begin{bmatrix} z_1 \\ z_2 \\ b \\ m \end{bmatrix} \tag{10-2}$$

因此，目标函数可改写为

$$\min f(x) = 0.7854 x_4^2 x_3 (x_1^2 + cx_2^2) \tag{10-3}$$

其约束条件如下。

(1) 保证小齿轮不根切，曝气机行星轮系传动比 $G_i \geqslant 4$，太阳轮为小齿轮，齿数为 z_1，即

$$g_1(x) = 17 - x_1 \leqslant 0 \tag{10-4}$$

(2) 齿宽最小允许值：

$$g_2(x) = 10 - x_3 \leqslant 0 \tag{10-5}$$

(3) 模数最小允许值：

$$g_3(x) = 2 - x_4 \leqslant 0 \tag{10-6}$$

(4) 模数和齿宽之间要求 $5m \leqslant b \leqslant 17m$，可推得

$$g_4(x) = 5x_4 - x_3 \leqslant 0 \tag{10-7}$$

$$g_5(x) = x_3 - 17x_4 \leqslant 0 \tag{10-8}$$

（5）保证行星齿轮之间齿顶不相碰撞应满足

$$d_a \leqslant 2a_{12} \sin \frac{\pi}{c} \tag{10-9}$$

式中，d_a 为行星轮顶圆直径（mm）；a_{12} 为太阳轮与行星轮之间的中心距（mm）。可得

$$g_6(x) = x_2 - (x_1 + x_2)\sin \frac{\pi}{c} \leqslant 0 \tag{10-10}$$

（6）实际工作中通常曝气机行星轮的损坏不是由接触强度不够引起的破坏，而是由疲劳强度不够引起的。所以，通常应按齿轮弯曲强度要求校核其接触强度。

$$m \geqslant \sqrt[3]{\frac{2T_{小}K_A K_\beta}{\psi_d z_{小}^2} \cdot \frac{Y_{Fa}Y_{Sa}Y_e}{\sigma_{F\lim b}}} \tag{10-11}$$

式中，ψ_d 为齿宽系数；Y_{Fa} 为齿型系数；Y_{Sa} 为应力修正系数；Y_e 为重合度系数；K_A 为使用系数；K_β 为齿向载荷分布系数；$T_{小}$ 为小齿轮所受扭矩（N·m）；$\sigma_{F\lim b}$ 为齿轮弯曲疲劳极限应力（Pa）。

令

$$A_F = \frac{2}{\sigma_{F\lim b}}K_A K_\beta \tag{10-12}$$

得

$$g_7(x) = A_F T_{小} Y_{Fa} Y_{Sa} Y_e - x_1 x_3 x_4 \leqslant 0 \tag{10-13}$$

（7）传动比限制：

$$\frac{|G_i - i|}{G_i} \leqslant \varepsilon \tag{10-14}$$

式中，G_i 为给定传动比；ε 为传动比误差。即

$$g_8(x) = x_2 - x_1[0.5G_i(1+\varepsilon) - 1] \leqslant 0 \tag{10-15}$$

$$g_9(x) = x_1[0.5G_i(1+\varepsilon) - 1] - x_2 \leqslant 0 \tag{10-16}$$

因行星轮个数 $c=2$；装配约束：$2(x_1 + x_2)/c$ 为整数，显然满足，不必考虑。

2. 基于遗传算法的适应度函数的构造及约束的处理方法

由行星轮系的传统优化数学模型可知，它是一个极小化问题，而遗传算法中利用适应度来度量群体中各个个体在优化计算中可能达到或接近于或有助于找到最优解的优良程度。适应度较高的个体遗传到下一代的概率就较大；而适应度较低的个体遗传到下一代的概率就相对较小；并且适应度函数为非负。因此，可将极小化目标函数按如下规则转化：

$$f^0(x) = \begin{cases} c_{\max} - \min f(x), & \min f(x) \leqslant c_{\max} \\ 0, & 其他 \end{cases} \tag{10-17}$$

式中，$c_{\max}$ 是目前为止进化中 $\min f(x)$ 的最大值，也可以是预先估计的值。

$f^0(x)$ 是无约束时的适应度函数，由于存在约束，必须进行约束处理。约束（10-4）、（10-5）、（10-6）可用编码的方法限定搜索空间，而约束（10-7）、（10-8）、（10-9）、（10-10）、（10-13）、（10-15）、（10-16）考虑用罚函数解决。因此，其适应度函数可改为如下形式：

$$\text{fit}(x) = \begin{cases} c_{\max} - \min f(x) - \alpha^{(K)} \sum_{i=4}^{9} \max(g_i(x), 0), & 约束不满足时 \\ c_{\max} - \min f(x), & 约束满足时 \end{cases} \tag{10-18}$$

式中，K 为遗传代数，$K = 0,1,2,\cdots,T$；$\alpha^{(K)}$ 为惩罚因子，随 K 值增加，其值成级加大。

10.1.2 优化设计实例

1) 已知条件

给定传动比 $G_i = 4.64$，作用于太阳轮轴上的扭矩 $M_1 = 1117 \text{N} \cdot \text{m}$。原设计太阳轮及行星轮材料均用 38SiMnMo 钢，表面淬火硬度 HRC45～55，各轮齿数 z_1 为 22，z_2 为 29，齿宽 b 为 52mm，模数 m 为 5mm，行星轮数 c 为 2。现不改变原设计条件及材料，行星轮数 c 仍然取 2，给定传动比误差限制 ε 为 0.01。

2) 遗传算法求解

① 确定编码方法。

用 5 位二进制编码串表示 x_1，用 7 位二进制编码串表示 x_2，用 7 位二进制编码串表示 x_3，用 4 位二进制编码串表示 x_4。以 x_4 为例，表示模数：

$$m = 2, 2.25, 2.5, 3, 3.35, 4, 4.5, 5, 6, 7, 8, 9, 10, 12, 14, 16$$

以 0000 表示 2，0001 表示 2.25，…，1111 表示 16，即基因 $x_1; x_2; x_3; x_4$。

② 确定解码方法。

将 23 位长的二进制编码串按 5 位、7 位、4 位切断，然后转化为对应的十进制代码。

③ 设计遗传算子。

选择算子使用比例算子，交叉运算使用单点交叉算子，变异运算使用基本位变异算子。

④ 适应度函数：式(10-18)。

⑤ 运行参数的选取：群体大小 M 为 80；终止代数 T 为 100；交叉概率 p_c 为 0.6；变异概率 p_m 为 0.01；$\alpha^{(K)}$ 惩罚因子 $\alpha^{(K+1)} = 10\alpha^{(K)}, \alpha^{(0)} = 10^{-100}$。

⑥ 计算结果：

$$x^{\alpha} = \begin{bmatrix} x_1^{\alpha} \\ x_2^{\alpha} \\ x_3^{\alpha} \\ x_4^{\alpha} \end{bmatrix} = \begin{bmatrix} 22 \\ 29 \\ 53 \\ 4.5 \end{bmatrix} \tag{10-19}$$

目标函数值 $\min f(x) = 2.3246595 \times 10^6 \text{mm}^3$ 是原设计目标函数值 $f(x^{(0)})$ 的 82.55%，通过实例表明，行星轮系参数经遗传算法优选后，可使体积减小 10%～20%。

本设计应用基于人工智能的遗传算法，对大功率倒伞曝气机行星减速齿轮箱进行了智能优化设计，通过上述介绍得出如下结论。

(1)本课题采用遗传算法的优化设计方法，在处理其离散型变量、整型变量问题时，在找到最优点后需要对临近最优点的一些数据进行处理(圆整)；而遗传算法是通过编码的方法对其离散型变量、整型变量进行寻优，可直接获得较好的结果。

(2)对其约束条件可通过限制搜索空间、惩罚函数等方法来解决。

(3)该方法的研究解决了大功率倒伞曝气机行星减速齿轮箱优化设计问题，在实际应用中取得了满意的效果。

10.2　基于遗传算法与模糊理论的空调智能变频控制技术

目前市场上流行的变频空调控制系统存在着反应滞后、自适应能力差等问题。其主要原因是空调环境变化存在着模糊性和不确定性，在变频控制系统寻优时容易陷入误差函数的局部极值点；如果权系数初值设置不当，有可能使收敛缓慢甚至不收敛，即存在着反应滞后、自适应能力差等问题。

针对以上问题，通过研究以微控制器为硬件基础，利用遗传算法具有全局最优搜索能力和自增强式学习能力的特点，结合模糊控制方法，以舒适度、适应度函数为目标，利用遗传算法在线寻优隶属函数和模糊控制规则，使空调跟随环境的变化，始终按最佳的参数运行，达到空调智能变频控制的目的。

10.2.1　智能变频空调设计原理

图 10-2 为传统变频式热泵型空调器制冷/加热原理。该空调是一种可以制冷和加热的热泵式变频空调。制冷时，制冷剂通过压缩机变成高温高压气体，在室外热交换器中被冷凝，通过电子膨胀阀送到室内热交换器中，再通过储液罐返回压缩机。加热时，通过切换四通阀，制冷剂由压缩机依次流经室内热交换器、电子膨胀阀、室外热交换器和储液罐再回到压缩机，实现变频空气调节。

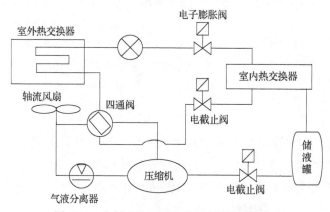

图 10-2　变频式热泵型空调器制冷/加热原理

基于遗传算法的模糊智能变频空调器是一个多 CPU 控制系统，它主要包括三个部分：红外遥控发射系统、室内机组控制系统和室外机组控制系统。其中，红外遥控发射系统是一个良好的人机交互系统，便于用户选择相应的空调器工作方式和参数，以及控制空调器的开、停；室内机组控制系统如图 10-3 所示。

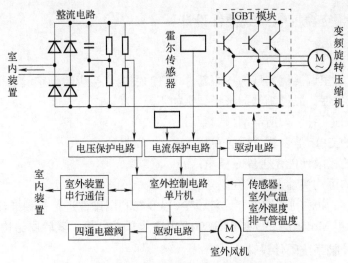

图 10-3　变频空调室内机组控制系统结构原理图

室内机组控制系统接收来自发射系统的遥控指令,借助传感技术,采用遗传算法模糊逻辑推理自动设定压缩机的工作频率,然后通过串行通信方式传递到室外机组。室外机组控制系统如图 10-4 所示。

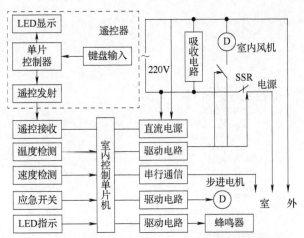

图 10-4　变频空调室外机组控制系统结构原理图

接收室内机组的串行指令,利用 PWM 脉宽调制技术实现压缩机的制冷量连续调节,最终控制室内温度的变化。三者既相互独立,又能有效地传递、交换信息,最终成为一个有机的整体,达到操作方便、工作可靠、技术性能稳定、性能/价格比高等期望的目的。通常从空气调节来说,希望空调器能够在很宽范围内调节制热、制冷量,即要求压缩机能在很大范围内调速,即变频调速。通常选用双转子变频压缩机或涡旋式压缩机作为空调器的压缩机,它们具有频率高(频率范围达 15～150Hz)、噪声低等特点。空调器压缩机对控制系统的要求是:空调器开始运行时,控制系统能缓慢提高转速,避免大电流对电网的冲击。若室温与设定温度相差过大,压缩机在较高转速下工作,即此时制冷量较大;当室温与设定温度相差较小时,压缩机在较低的频率下工作,制冷量减小。

10.2.2 智能变频空调控制系统硬件设计

1. 微控制器的选择

微控制器是智能空调温度实现的核心部件，它的性能直接影响到空调运行效果的好坏，但同时也要考虑其经济性。微控制器的选择原则如下。

(1)微控制器的适用性(如所需端口的数目)；

(2)微控制器的 CPU 是否有合适的吞吐量；

(3)微控制器的极限性能是否满足要求；

(4)微控制器的可购买性及开发性。

考虑到 Motorola 微控制器的性能比较稳定，以及在利用硬件进行模糊推理上的发展和技术兼容性，本书选择了 Motorola 的 MC68HC908GP32 型微控制器。其管脚结构如图 10-5 所示。

2. 室内机组控制系统硬件设计

当传感器检测到室内环境温度与空调的设定温度信息时，经过比较运算，将遗传模糊优化后的控制结果，通过串行方式传递给室外机组控制系统。室内机组控制系统的硬件设计主要接收的输入信号为温度的偏差信号、频率及频率的变化差值的信号、输出信号(频率)。为防止室外信号干扰室内控制系统，采用光电隔离的设计，如图 10-6 所示。

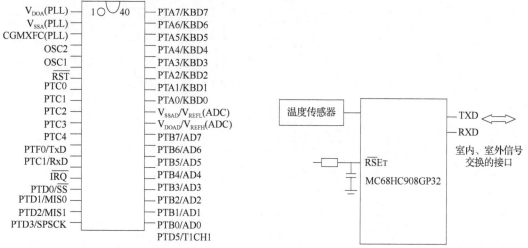

图 10-5　MC68HC908GP32 的管脚图　　　　图 10-6　智能变频空调室内控制硬件结构图

3. 室外机组控制系统硬件设计

室外机组控制系统综合室内制冷数据，从串行通信口接收数据，对压缩机进行变频调速；并根据室内机传送的数据控制电子膨胀阀；由温度传感器检测室外环境温度、冷凝器温度、压缩机温度来判别压缩机工作是否正常，并将数据回送给室内机。

压缩机工作性能的好坏直接与变频机相关，变频按原理可分为交-交变频和交-直-交变频两种方式。考虑到设计的方便性和成本，直接选用石家庄艾科电子技术有限公司的交-直-交1kVF100-150 型变频器，其基本参数：①电源电压为 220V；②额定输出电流为 7A；③额定电动机功率为 1.5kW。

为了防止室内信号干扰室外的控制系统、室外压缩机的信号干扰室外控制系统，均采用光电隔离的设计。室外机组控制系统硬件结构设计如图 10-7 所示。

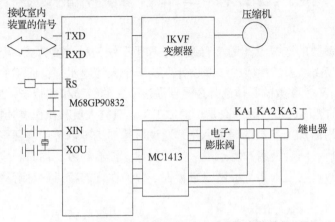

图 10-7　智能变频空调室外机组控制系统硬件结构图

10.2.3　智能变频空调控制系统软件设计

智能变频空调的微机系统经中断采样获取被控制量的精确值，然后将此值与给定量进行比较，得到误差信号 e、误差变化率 c，把 e、c 的精确量进行模糊化变成模糊量误差 $\tilde{e}$、误差变化率 $\tilde{c}$，再由 $\tilde{e}$、$\tilde{c}$ 和来自遗传算法优化后的隶属函数和模糊控制规则 R（模糊关系）根据推理的合成规则进行模糊决策，得到模糊控制量 u 为

$$u = (\tilde{e} \times \tilde{c}) \times R \qquad (10\text{-}20)$$

其算法流程如图 10-8 所示。

为了对被控对象施加精确的控制，还需要将模糊量 U 转换为精确量，即非模糊化处理，得到精确的数字控制量后，经数模转换变为精确的模拟量送给执行机构，对被控对象进行第一步控制。控制量频率、控制量频率的变化率、温度偏差回送到室内单片机系统，进行遗传评价优化，获得新的控制规则和隶属函数，然后中断等待第一次采样，进行二步控制……。这样下去，就实现了对被控对象的自学习优化控制。

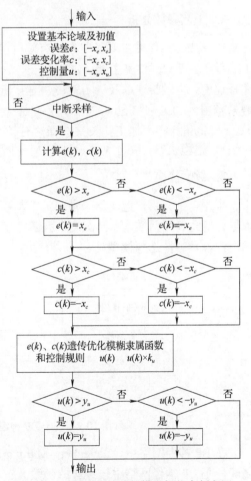

图 10-8　基于遗传算法的模糊智能变频空调软件编制流程

10.3 珩磨加工工艺参数智能选择

珩磨加工工艺参数的选择设计通常有经验法和手册法两种主要方式。经验法对工艺人员的素质要求较高，工艺参数的选择设计取决于个人经验水平；而手册法通常只给定一个参数范围，工艺参数的具体选择还是要通过个人的经验和试验来完成。因此，珩磨加工工艺参数的智能选择设计一直是珩磨加工工艺研究人员和操作者长期关注的问题。

本设计实例从珩磨加工参数的研究入手，通过对待加工零部件的表面形状公差、粗糙度和加工余量要求的分析，结合珩磨冲程长度、油石材料、油石粒度、油石长度、冲程速度、主轴转速等加工工艺参数，利用人工神经网络鲁棒性、容错性好的特点，对珩磨工艺参数进行智能选择设计。

10.3.1 珩磨加工工艺参数建模

1. 工艺参数分析

珩磨加工零件的主要工艺参数有圆柱度、粗糙度、珩磨余量、加工孔长。根据《机械加工工艺手册》可知圆柱度主要由加工孔长、油石长度、冲程长度参数决定；表面粗糙度由珩磨量、冲程速度、主轴转速以及油石粒度决定；珩磨量通常是根据珩磨余量来选择；通常粗珩磨的珩磨量范围为 $0.1\sim0.3\mathrm{mm}$，半精珩磨的珩磨量范围为 $0.07\sim0.15\mathrm{mm}$，精珩磨的珩磨量范围为 $0.01\sim0.10\mathrm{mm}$；根据加工孔长来选择油石长度和冲程长度；通常油石长度 l 取 $(1/3)\,L\sim1\,L$（L 为孔长），越程长度 l_1 取 $(1/3)\,l\sim(1/5)\,l$，冲程长度 l_x 取 $L+2l_1-l$。

2. 数学建模

根据以上分析，把珩磨余量、油石粒度、主轴转速、冲程速度、冲程长度五个参数作为输入量，把孔表面粗糙度、孔圆度、孔圆柱度作为输出量，建立如图 10-9 所示基于 BP 神经网络的珩磨参数智能选择模型。

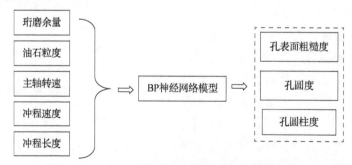

图 10-9　基于 BP 神经网络的珩磨参数智能选择模型

在 BP 神经网络中，Levenberg-Marquardt(Trainlm)函数介于 Newton 法和 Steep Descent 法之间，是 BP 神经网络中较经典的函数。三种函数及各自的特点如下。

(1)BP 函数中的 Newton 法训练函数为

$$x_{k+1} = x_k - A_k^{-1}gk \tag{10-21}$$

式中，

$$x_i = \begin{bmatrix} \omega_i \\ b_i \end{bmatrix}, \qquad A_k \equiv \nabla^2 F(x)\big|_{x=x_k}, \qquad g_k \equiv \nabla F(x)\big|_{x=x_k}$$

偏差函数为

$$F(x) = \sum_{i=1}^{N} v_i^2(x) = v^{\mathrm{T}}(x)v(x)$$

$$\nabla^2 F(x) \approx 2J^{\mathrm{T}}(x)J(x) \tag{10-22}$$

$$\nabla F(x) = 2J^{\mathrm{T}}(x)v(x)$$

式中，Jacobian 矩阵为

$$J(x) = \begin{bmatrix} \dfrac{\partial v_1(x)}{\partial x_1} & \dfrac{\partial v_1(x)}{\partial x_2} & \cdots & \dfrac{\partial v_1(x)}{\partial x_n} \\ \dfrac{\partial v_2(x)}{\partial x_1} & \dfrac{\partial v_2(x)}{\partial x_2} & \cdots & \dfrac{\partial v_2(x)}{\partial x_n} \\ \vdots & \vdots & & \vdots \\ \dfrac{\partial v_n(x)}{\partial x_1} & \dfrac{\partial v_n(x)}{\partial x_2} & \cdots & \dfrac{\partial v_n(x)}{\partial x_n} \end{bmatrix}$$

故 Newton 法可用 Jacobian 矩阵表示为

$$x_{k=1} = x_k - [J^{\mathrm{T}}(x)J(x)]^{-1}J^{\mathrm{T}}(x)v(x) \tag{10-23}$$

尽管 Newton 法的收敛速度很快，但是接近收敛点时，反而会使收敛曲线振荡，而达不到收敛位。这一点可通过平均最小偏差位（MSE）体现出来。

(2) BP 函数中的 Steep Descent 算法训练函数为

$$x_{k+1} = x_k - \alpha \nabla F(x) \tag{10-24}$$

用 Jacobian 矩阵表示为

$$x_{k+1} = x_k - 2\alpha J(x)v(x) \tag{10-25}$$

Steep Descent 算法的收敛速度极慢，特别是当 x_k 很小时。但采用该算法能稳定地收敛到最小位，不容易在收敛点附近振荡。

(3) BP 函数中的 Levenberg-Marquardt 算法训练函数为

$$x_{k+1} = x_k - [J^{\mathrm{T}}(x_k)J(x_k) + \mu_k I]^{-1}J^{\mathrm{T}}(x_k)v(x_k) \tag{10-26}$$

当 $\mu_k = 0$ 时，有

$$x_{k+1} = x_k - [J^{\mathrm{T}}(x_k)J(x_k)]^{-1}J^{\mathrm{T}}(x_k)v(x_k)$$

此时函数与 Newton 法的式（10-23）相同。

当 $\alpha_k \to \infty$ 时，有

$$x_{k+1} = x_k - \frac{1}{2\mu_k}J^{\mathrm{T}}(x_k)v(x_k) \tag{10-27}$$

此时与 Steep Descent 算法的式（10-25）相同。

由于 α_k 很大，所以 x_k 很小。通过以上公式推导可以看出，α_k 的调节可以使 Levenberg-Marquardt 算法在 Newton 法与 Steep Descent 算法间转换，从而扬长避短，达到最佳训练效果。因此，本实例采用 Levenberg-Marquardt 函数对模型中的输入参数和输出参数进行训练。

10.3.2 珩磨加工工艺参数智能选择实例

1. 实施方法与步骤

将工艺参数圆柱度、表面粗糙度、珩磨余量、加工孔长作为输入量，然后使用人工神经网络对样本进行训练，最后输出供操作者使用参考的工艺参数，包括油石长度、冲程长度、冲程速度、主轴转速、油石粒度、珩磨量。

实施方法的四个步骤如下：

(1)数据采集。主要通过对珩磨专家的珩磨经验进行收集，构建一个初始专家数据库。

(2)利用 MATLAB 和 Neural Network，编制一个"基于人工神经网络的珩磨加工参数智能选择程序"。

(3)利用编制的珩磨加工参数智能选择程序，将珩磨工艺参数的圆柱度、表面粗糙度、珩磨余量、加工孔长作为输入量，使用人工神经网络对样本进行训练，最后输出油石长度、冲程长度、冲程速度、主轴转速、油石粒度、珩磨量等工艺参数，以便操作者使用参考。

(4)对程序的输出量即珩磨工艺参数进行珩磨试验验证。

2. 珩磨试件

珩磨零件如图 10-10 所示，材料为 20Cr。

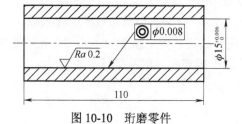

图 10-10　珩磨零件

1)工艺参数选择

冲程长度为 50~200mm，冲程速度为 14~32m/min；主轴转速为 450~1050r/min；珩磨量为 0.01~0.3mm。

2)Trainlm 神经网络训练和预测

根据加工孔长与油石长度参数的关系，以加工孔长为输入量、油石长度为输出量进行神经网络的训练，结构含一个隐含层，隐含层中有三个神经元。

根据圆柱度与加工孔长、油石长度、冲程长度等参数的关系，以油石长度和加工孔长作为输入量、冲程长度作为输出量进行神经网络的训练，结构含一个隐含层，隐含层中有两个神经元。

根据珩磨量与珩磨余量的关系，以珩磨余量为输入量、珩磨量为输出量进行神经网络训练，结构含一个隐含层，隐含层中有三个神经元。

根据表面粗糙度与珩磨量、冲程速度、主轴转速、油石粒度的关系，按四种不同砂条粒度分为四组神经网络：输入量为珩磨量、表面粗糙度，输出量为主轴转速、冲程速度，结构含两个隐含层，每个隐含层中均有五个神经元。

上述试验总共用 7 组神经网络进行训练，所有的训练函数均为 Levenberg-Marquardt (Trainlm)。部分程序代码如下：

```
net=newff(minmax(P),[5,5,2],{tansing',tansing','purelin},'trainlm');
    >>net. trainParam. show=25;
    net. trainParam. epochs=900;
    net. trainParam. goal=1e-2;
>>[net,tr]=train(net,P,T).
```

珩磨参数的输入、训练及预测结构如 10-11 所示；图 10-12 为珩磨参数仿真曲线收敛图。人工神经网络珩磨加工参数的预测如表 10-1 所示；预测参数试验的结果与输入参数值比较如表 10-2 所示。

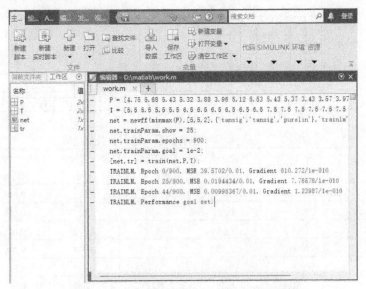

图 10-11　珩磨参数的输入、训练及预测结构

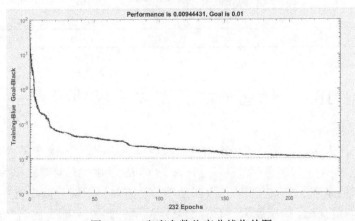

图 10-12　珩磨参数仿真曲线收敛图

根据表 10-1、表 10-2 可以看出，采用人工神经网络珩磨加工参数的预测表可较好地对珩磨加工参数进行设定，其实际加工效果可满足生产要求。利用构建的基于"人工神经网络珩磨加工参数智能选择模型和编制的程序"，用户只要输入加工孔的长度、圆度、圆柱度、粗糙度和珩磨加工余量等技术参数要求，就可获得珩磨加工量、主轴转速、往返速度、冲程长度等加工参数，为智能珩磨加工奠定了基础。

表 10-1　人工神经网络珩磨加工参数的预测表

输入量							输出量			
加工孔长/mm	油石长度/mm	油石型号	加工分配	圆度/mm	圆柱度/mm	粗糙度/μm	珩磨量分配/μm	主轴转速/(r/min)	往复速度/(m/min)	冲程长度/(m/min)
43	57		粗加工	0.05	0.01	0.8	15	470	16	60
			半加工	0.03	0.009	0.4	12	620	21	
			精加工	0.01	0.007	0.2	8	800	24	
82	135	DM95 DM05 DM005	粗加工	0.05	0.01	0.8	15	470	16	100
			半加工	0.03	0.009	0.4	12	620	21	
			精加工	0.01	0.007	0.2	8	800	24	
123	171		粗加工	0.05	0.01	0.8	15	470	16	140
			半加工	0.03	0.009	0.4	12	620	21	
			精加工	0.01	0.007	0.2	8	800	24	

表 10-2　预测参数试验的结果与输入参数值比较

工件号	加工分配	圆度输入值/μm	圆柱度输入值/μm	粗糙度输入值 Ra/μm	圆度试验值/μm	圆柱度试验值/μm	粗糙度试验值/μm
9	粗加工	0.05	0.05	0.8	0.053	0.045	0.70
	半加工	0.03	0.03	0.4	0.029	0.038	0.39
	精加工	0.01	0.01	0.2	0.012	0.011	0.38
15	粗加工	0.05	0.05	0.8	0.049	0.049	0.72
	半加工	0.03	0.03	0.4	0.030	0.031	0.40
	精加工	0.01	0.01	0.25	0.009	0.009	0.23
20	粗加工	0.05	0.05	0.8	0.048	0.048	0.81
	半加工	0.03	0.03	0.4	0.027	0.027	0.39
	精加工	0.01	0.01	0.25	0.009	0.008	0.23

10.4　绿色砂芯制造生产线的研发

　　我国是铸造生产大国，根据中国铸造协会的统计数据，我国 2018 年铸件年总产量为 4935 万吨，占全球比重为 44%；2019 年铸件年总产量为 4875 万吨，占全球比重为 42.8%。然而，我国的铸件产量主要集中于中低端铸件，而在高端铸件方面由于缺乏核心装备难以提高国产化率，特别是汽车、轨道交通、航空航天等行业的复杂薄壁件的铸造制芯生产严重依赖进口装备。市场需求推动我国铸件产业链从中低端铸件向高端铸件转型升级势在必行。

　　砂芯制造是铸造生产的重要环节。砂芯通常是用于形成铸件内腔或孔洞的，而砂型则形成铸件外形。浇注后砂芯除芯头部分外，其余部分都被液态金属所包围，因此砂芯需要比铸型有更高的高温强度，制芯效率和砂芯的质量很大程度上决定了铸造的效率与质量，特别对高端铸件(图 10-13)影响更大。目前，国内的铸造制芯装备通常采用单一的热芯、冷芯工艺或无机工艺，砂芯固化技术落后，催化剂使用量高，导致铸造制芯生产普遍存在成品率低、效率不高、柔性化低、作业环境差、危废排放超标等问题。

目前技术现状不仅难以适应大批量生产(如汽车)对效率的要求,也难以满足多品种、小批量(如航空航天)对柔性化生产的需求,并且国内铸造制芯装备所生产的砂芯质量不高,高精度、高性能的铸件生产仍然依赖进口设备。然而,进口设备的购置不仅给企业带来巨大的资金压力,还可能遭受国外的技术封锁,严重制约了我国高端铸件的自主可控能力。

针对上述问题,为了推动我国铸件产业链向高端铸件转型升级并实现节能减排目标,苏州明志科技股份有限公司以铸造制芯技术与装备为突破点,研发绿色、高效、柔性铸造用砂芯自动化生产线,并进行产业化推广,提高国产铸件的质量,替代进口设备,实现高端铸件制造装备的国产化,增强我国铸件产业链的整体竞争力。

图 10-13　高端铸件及砂芯

该项目涉及射砂系统的高可靠性运行技术、制芯高效快速固化技术、机器人组芯过程自动控制技术、砂芯表面缺陷监测及组芯精度自动监测判断等技术,实现了砂芯生产单元的自动化运行。

1. 主要技术指标

总体要求:应用机器人取芯、修芯、组芯过程自动控制技术,实现全自动化精准抓取、组芯;实现砂芯生产单元的关键工艺参数的监测、判定与反馈控制。

(1)工艺适应性,无机黏结剂工艺、冷芯工艺、热芯工艺。

(2)三乙胺消耗量为 0.5～0.7ml/kg。

(3)芯砂待用时间≤10min。

(4)制芯合格率≥98%。

(5)制芯效率≥70 型/h(以 10～40L 射砂量)。

(6)设备运行等效噪声≤80 dB(A)。

2. 砂芯高效绿色固化技术

"蛇形"换热技术:针对传统加热器普遍存在热交换效率低、预热时间长、过程热损失大的难题,通过研究金属材质的热学物理性能,优选热膨胀系数小、熔点高、热传导快的介质作为加热载体,并进行计算机模拟及对比测试,设计空气换热流道,实现加热体表面与空气的最大化换热效率,使吹气恒温能力提升 50%,加热升温能力提升 30%。图 10-14 为砂芯流道模拟图。

图 10-14　砂芯流道模拟图

一体式加热结构：把制芯过程需要的外置且体型庞大的空气加热器与催化剂气化过程集成在制芯吹气罩上，减少输送管路导致的温度波动和损失，提升催化剂的有效气化率，降低催化剂(三乙胺)消耗量，相对传统结构，缩短固化时间 20%，实现制芯效率≥60 型/h(以 40~60L 射砂量)。图 10-15 为一体式加热结构设计图，图 10-16 为一体式加热结构实物图。

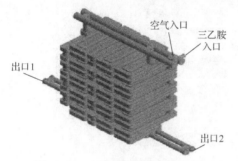

图 10-15　一体式加热结构设计图

图 10-16　一体式加热结构实物图

3. 双级射砂技术

双级射砂技术是指通过对充型空气压力参数与时间参数的模拟控制，使射砂过程中充型压力曲线由原先单一控制转变为双级控制。这种技术丰富了充型过程压力变化，使不同工艺、形状的砂芯射砂充型过程按最合理的射砂压力曲线完成。图 10-17 为压力曲线差异示意图。

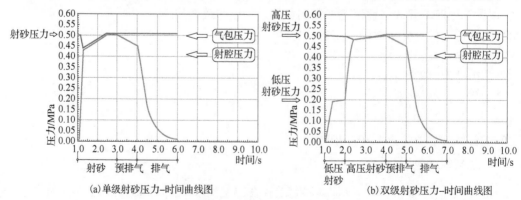

图 10-17　压力曲线差异示意图

4. 在线砂温智能控制技术

由于硅砂的传热性能较差，如用传统的散热片换热实现不了原砂加热的均匀性，此装置热交换是采用空气作为媒体，经过温控加热或冷却的空气进入日耗斗内，实现与原砂的充分接触，从而实现高效均匀的热交换工作。图 10-18 和图 10-19 分别为原砂温控装置原理图和实物图。

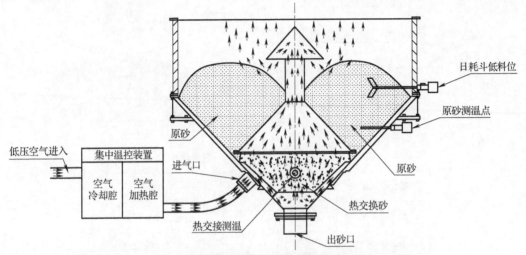

图 10-18 原砂温控装置原理图

图 10-19 原砂温控装置实物图

原砂温度智能控制系统：通过对混砂过程和制芯工艺的研究及验证的大数据，开发了原砂温度智能控制系统（图 10-20）；通过大数据的分析建立砂温控制模型算法，首先通过获取的"环境数据""工艺数据"的信息，设定实际生产过程的砂温控制参数，然后通过实时获取的"砂芯质量"信息，对原砂温控至芯砂制芯过程的相关环节进行参数微调，实现"芯砂"温度的最佳输出。

5. 智能制芯控制系统

智能射砂：根据设备上布置的压力传感器，通过监控、分析、计算调整射砂过程参数，从而保证射砂过程的可控性及一致性。

智能固化：根据设备上布置的温度传感器、压力传感器，通过监控、分析、计算调整固化过程参数，从而保证固化过程的可控性及一致性。

智能制芯控制系统框图如图 10-21 所示。

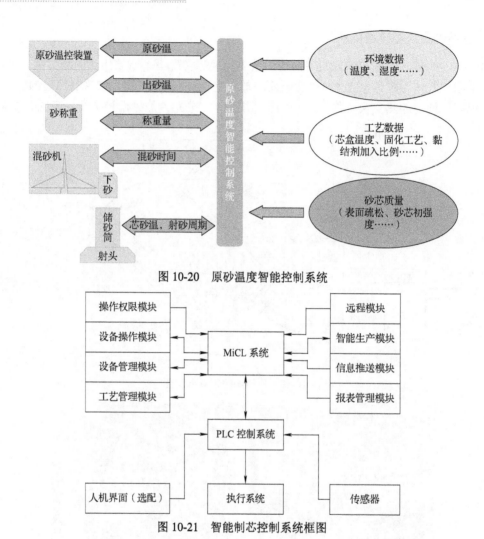

图 10-20　原砂温度智能控制系统

图 10-21　智能制芯控制系统框图

10.5　LCD/OLED 显示屏模组玻璃激光智能切角设备的研发

LCD/OLED 显示屏模组玻璃边框激光切割，属于新型显示模组生产的关键制程技术，其切割加工质量的好坏直接影响到手机、笔记本电脑、IPad 等显示屏的质量，多年来这种高端激光切割设备一直被国外垄断。针对卡脖子问题，以及市场需求，苏州德龙激光股份有限公司组织相关技术人员进行技术攻关，通过一年多的研究，成功研发了具有国际先进水平的 LCD/OLED 显示屏模组玻璃激光智能切角设备。

1.　整体架构

LCD/OLED 显示屏模组玻璃激光智能切角设备兼容 1～13 英寸产品尺寸，支持 Casset 上下料方式，包括自动上料、影像视觉定位、激光切割、机械裂片、AOI 检查、自动下料等工位的全自动流水线。整体布局设计如图 10-22 所示。

2. 实施路径

LCD/OLED 显示屏模组玻璃激光智能切角设备核心技术主要包括全自动上料设计、激光切割技术、裂片技术、AOI 检测技术。具体工艺流程如图 10-23 所示。

Tray盘上料工位
中转工位
切割工位
裂片检查工位
分选出料工位

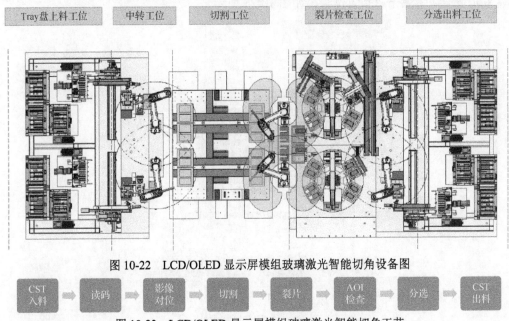

图 10-22　LCD/OLED 显示屏模组玻璃激光智能切角设备图

CST
入料
读码
影像
对位
切割
裂片
AOI
检查
分选
CST
出料

图 10-23　LCD/OLED 显示屏模组玻璃激光智能切角工艺

3. 关键技术

1) 自动上料技术

该设备可根据客户产品规格定制 Casset 料盒，料盒可以对接 AGV 小车送料，每片物料采用多关节机械手自动抓取。LCD/OLED 显示屏模组玻璃激光智能切角设备的自动上料模组结构如图 10-24 所示。

上料位
满CST定位装载，
CST直接升降
上料叉
双叉
CST盘叠放区—空CST
两排
CST盘叠放区—满CST
两排

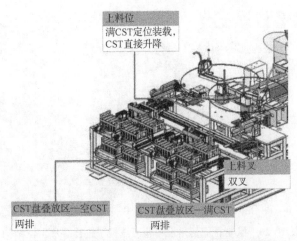

图 10-24　激光智能切角设备的自动上料模组结构

2) 激光切割技术

LCD/OLED 显示屏模组玻璃激光智能切角设备使用高功率皮秒激光器，保证两个切割头同时出光，共有 4 个工作台面配合 2 个切割头，先后进出，保证切割效率。LCD/OLED 显示屏模组玻璃激光智能切角激光切割工位结构如图 10-25 所示。

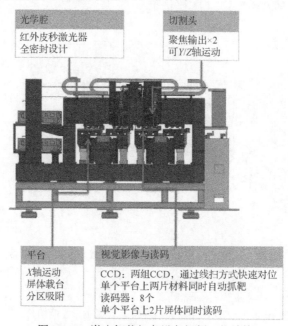

图 10-25　激光智能切角设备切割工位结构

3) 裂片技术

LCD/OLED 显示屏模组玻璃激光智能切角设备使用超声波振子进行裂片。超声波振子安装于转盘上方，由十字运动轴加旋转马达驱动，实现三维运动。LCD/OLED 显示屏模组玻璃激光智能切角设备超声波振子进行裂片工位结构如图 10-26 所示。

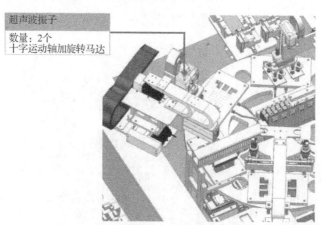

图 10-26　激光智能切角设备超声波振子进行裂片工位结构

4) AOI 检测技术

检查工位支持单片屏体的 AOI 检测功能。裂片完成后，转盘旋转到指定位置，使用智能相机抓取屏体影像，判断切割位置的精度和效果。LCD/OLED 显示屏模组玻璃激光智能切角设备检查工位结构如图 10-27 所示。

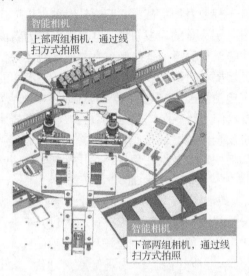

图 10-27　激光智能切角设备检查工位结构

5) 自动下料技术

设备下料使用 Tray 盘下料方式。AOI 检测后，合格品由机械手抓取放入存料区，不合格品由机械手抓取移至指定位置。LCD/OLED 显示屏模组玻璃激光智能切角设备自动下料模组结构如图 10-28 所示。

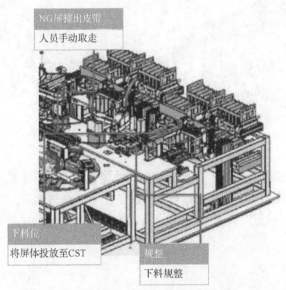

图 10-28　激光智能切角设备自动下料模组结构

10.6 新能源汽车电池托盘智能生产线设计

新能源汽车作为国家汽车行业发展的战略，无论是汽车主机厂还是汽车生产企业的零部件配套商对于新能源汽车都投入了大量的研发资源。电池托盘作为新能源汽车电力系统的重要组成部分，是电池系统安全性的重要保障，是连接车身与电池包的关键部件，是汽车除轮胎外最接近地面的部分，对焊接工艺技术的要求非常严苛。整个工艺流程的任何缺失都会造成产品质量下降，进而无法完成整车电池装配或产生装配应力造成后续电池发生安全事故的严重影响。

同时，电池托盘密封技术作为新能源汽车电池盒的核心关键技术，直接影响到汽车的安全性等核心因素。密封性关乎安全，装配性核心是尺寸控制，承载能力(电池重量约 800kg)涉及强度和疲劳性能。因此，如何快速有效地在保证整体电池托盘尺寸的前提下进行 100%有效的气密性检测以及降低其次品率等方面的技术研发迫在眉睫。

因此，柔性化、模块化、集成化、自动化、信息化、智能化已成为新能源电池托盘制造装备的发展趋势。江苏北人智能制造科技股份有限公司一直致力于新产品、新技术、新工艺的研发，成功开发了国际先进水平的新能源汽车电池托盘智能生产线。

该项目对应的新能源汽车电池智能生产线是针对尺寸约 2.2m×1.5m 的大型电池托盘(图 10-29)研发的全自动智能化生产线，该生产线融合了激光焊、弧焊、点焊等多种生产工艺及柔性工装夹具，具有自动寻位与引导、自动涂胶、质量在线检测等智能功能，实现了新能源汽车关键零部件电池托盘的全自动生产及生产线装备自主化，显著提升了电池托盘生产效率和质量稳定性。

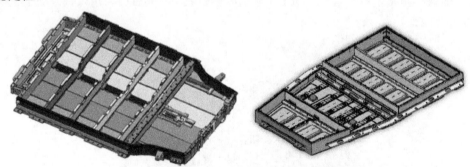

图 10-29 电池托盘下壳体

电池托盘整条生产线涉及的加工工艺包括弧焊、激光焊、搅拌摩擦焊、拉铆、涂胶、清洗、质量检测、气密性检测等。生产线在开动率 85%的情况下生产能力≥38JPH(JPH 表示每小时生产零件的件数)，同时可以适应 3 种以上的产品，实现柔性化自动生产。生产线的设备布局主要如图 10-30 所示。

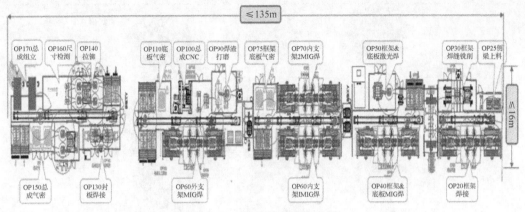

图 10-30　生产线设备布局图

该项目的关键技术包括以下内容。

1. 视觉引导技术

研发两个 2D 视觉相机的相互标定算法以及双相机与机器人的组合手眼标定算法,结合现有点激光测距技术,通过 2D 视觉相机对工件上的角孔等特征进行位置度测量,拟合计算出关键测点的偏移量,研发双相机+激光测距的视觉引导算法,配合机器人完成抓取电池托盘搬运工作。视觉引导示例图如图 10-31 所示。

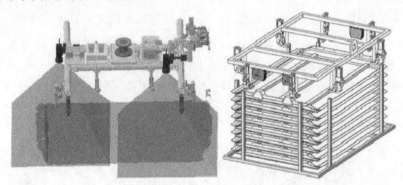

图 10-31　视觉引导示例图

2. 多工艺融合应用

新能源电池制造是融合弧焊、搅拌摩擦焊、激光焊、涂胶、钻孔攻丝、FDS、SPR、气密性检测,以及清洗等多种工艺融合的智能化装备,其中采用焊接反变形控制技术、涂胶视觉检测技术、气密性检测技术等,有效解决了电池托盘生产质量稳定性问题。电池托盘加工工艺如图 10-32 所示。

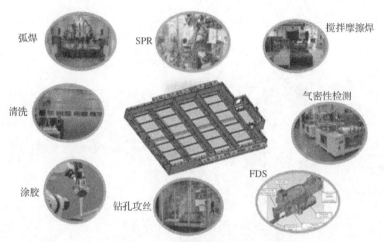

图 10-32　电池托盘加工工艺

3. 焊接质量检测技术

焊缝外观尺寸检测系统通过图像处理、缺陷检测、缺陷特征表达、描述与计算、缺陷自动分类等功能自动完成对缺陷的定性分析，实现对焊接缺陷及焊接过程状态的准确判别，有效识别焊缝中的长度、宽度、孔深、凹坑、气孔、飞溅和咬边等表面缺陷，解决结构件焊接外观质量检测问题。

4. 柔性工装设计

柔性工装主要包括夹具快速切换设计、夹具精准定位设计、模块化设计、轻量化设计等，实现产品、工艺流程、运动轨迹、工具、过程工艺的可靠切换。针对铝合金焊接易变形，焊接过程根据产品特点进行分析和规划焊接夹具。电池托盘柔性工装如图 10-33 所示。

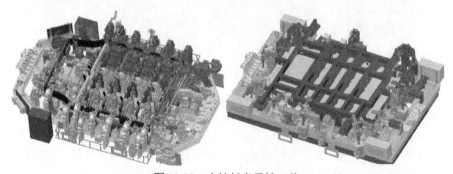

图 10-33　电池托盘柔性工装

参 考 文 献

曹起川，2020. 虚拟制造技术发展策略及应用[J]. 湖北农机化，（4）：29.

常浩，顾振超，窦岩，等，2020. 智能工业搬运机器人的设计与研究[J]. 科技创新导报，（60）：69，71.

陈明，梁乃明，2016. 智能制造之路：数字化工厂[M]. 北京：机械工业出版社.

陈圣林，王东霞，2016. 图解传感器技术及应用电路[M]. 2版. 北京：中国电力出版社.

陈雪峰，2018. 智能运维与健康管理[M]. 北京：机械工业出版社.

戴凤智，乔栋，2020. 工业机器人技术基础及其应用[M]. 北京：机械工业出版社.

范君艳，樊江玲，2019. 智能制造技术概论[M]. 武汉：华中科技大学出版社.

高志华，刘畅，潘春生，等. 基于逆向工程的工业产品数字化设计与数控加工应用研究[J]. 新技术新工艺，（6）：33-36.

葛英飞，2019. 智能制造技术基础[M]. 北京：机械工业出版社.

关金华，2020. 以逆向工程技术为基础的工业产品数字化设计和制造[J]. 海峡科技与产业，（4）：29-31.

郭和伟，2020. 工业机器人技术的发展与应用研究[J]. 造纸装备及材料，49（2）：78.

国家制造强国建设战略咨询委员会，中国工程院战略咨询中心，2016. 智能制造[M]. 北京：电子工业出版社.

韩建海，2019. 工业机器人[M]. 4版. 武汉：华中科技大学出版社.

何成奎，郎朋飞，康敏，2018. 我国智能制造的发展展望[J]. 机床与液压，46（16）：127-130.

侯守军，金陵芳，2021. 工业机器人技术基础（微课视频版）[M]. 北京：机械工业出版社.

胡向东，等，2021. 传感器与检测技术[M]. 4版. 北京：机械工业出版社.

胡鑫，2020. 基于产品生命周期管理的协同研发平台[J]. 机械制造，2020，58（5）：11-13，34.

黄国光，2013. 3D打印——数字化制造技术[J]. 丝网印刷，（5）：32-38.

焦波，2020. 智能制造装备的发展现状与趋势[J]. 内燃机与配件，（9）：214-215.

李方园，2021. 智能制造概论[M]. 北京：机械工业出版社.

李琼砚，路敦民，程朋乐，2021. 智能制造概论[M]. 北京：机械工业出版社.

梁耀光，黄珊珊，2020. 工业机器人智能制造的探索[J]. 南方农机，51（6）：9.

刘强，2020. 智能制造理论体系架构研究[J]. 中国机械工程，31（1）：24-36.

刘强，丁德宇，符刚，等，2017. 智能制造之路：专家智慧 实践路线[M]. 北京：机械工业出版社.

刘小波，2022. 工业机器人技术基础[M]. 2版. 北京：机械工业出版社.

刘心，2020. 智能控制技术在工业机器人控制领域中的应用[J]. 科技创新与应用，（15）：177-178.

刘毅龙，2020. 工业机器人在智能制造中的运用[J]. 湖北农机化，（9）：71-72.

刘泽祥，张斌，2019. 微小深孔加工综述[J]. 新技术新工艺，（1）：1-10.

刘志东，2019. 工业机器人技术与应用[M]. 西安：西安电子科技大学出版社.

路甬祥，2010. 走向绿色和智能制造——中国制造发展之路[J]. 中国机械工程，21（4）：379-386，399.

罗晓慧，2019. 浅谈云计算的发展[J]. 电子世界，（8）：104.

吕琳，2009. 数字化制造技术国内外发展研究现状[J]. 现代零部件，（3）：76-79.

乔良，李妍江，吕许慧，2018. 基于PDM系统的汽车数字化设计理念的研究[C]. 第十五届河南省汽车工程科技学术研讨会，郑州.

秦洪浪，郭俊杰，2020. 传感器与智能检测技术（微课视频版）[M]. 北京：机械工业出版社.

芮延年，2020. 机电传动控制[M]. 2版. 北京：机械工业出版社.

芮延年，2019. 机器人技术——设计、应用与实践[M]. 北京：科学出版社.

芮延年，2021. 机电一体化系统设计[M]. 2版. 苏州：苏州大学出版社.

芮延年，2021. 自动化装备与生产线设计[M]. 北京：科学出版社.

芮延年，刘忠，温贻芳，2020. 珩磨技术与装备[M]. 北京：科学出版社.

孙红英，2020. 工业机器人在智能制造中的应用研究[J]. 电子测试，（12）：129-130.

谭建荣，刘振宇，2017. 智能制造：关键技术与企业应用[M]. 北京：机械工业出版社.

陶东娅，2019. 农机设计中虚拟制造技术的应用[J]. 农业工程，9（11）：43-45.

陶飞，张贺，戚庆林，等，2020. 数字孪生十问：分析与思考[J]. 计算机集成制造系统，26（1）：1-17.

王丽春，2019. 特种加工技术的应用及优势[J]. 科学技术创新，（18）：173-174.

王隆太，2019. 先进制造技术[M]. 北京：机械工业出版社.

王明武，2018. 对产品档案数字化管理的探究[J]. 中外企业家，（27）：95.

王硕，宋胜利，2020．增材制造技术及其应用现状分析[J]．科学技术创新，（17）：170-171．

王雪，吴标，2020．基于 PLM 系统的产品模块化设计应用[J]．现代制造技术与装备，（6）：210-213．

吴盘龙，2015．智能传感器技术[M]．北京：中国电力出版社．

吴晓波，朱克力，2015．读懂中国制造 2025[M]．北京：中信出版社．

徐浩，2019．我国智能制造装备产业发展问题研究[J]．计算机产品与流通，（9）：89-90．

许敏，2018．我国智能制造技术发展现状及展望[J]．科技创新与应用，（27）：146-147．

许子明，田杨锋，2018．云计算的发展历史及其应用[J]．信息记录材料，19（8）：66-67．

闫珊，姚立波，杨志晖，2020．基于智能相机的工业机器人引导与抓取[J]．常州信息职业技术学院学报，19（3）：43-46．

杨占尧，赵敬云，2017．增材制造与 3D 打印技术及应用[M]．北京：清华大学出版社．

尧永春，2020．虚拟制造技术在汽车装配工艺中的应用[J]．汽车实用技术，（6）：191-192．

张伯鹏，2000．数字化制造是先进制造技术的核心技术[J]．制造业自动化，22（2）：1-6．

张策，2015．机械工程简史[M]．北京：清华大学出版社．

张容磊，2020．智能制造装备产业概述[J]．智能制造，（7）：15-17．

张小红，秦威，2019．智能制造导论[M]．上海：上海交通大学出版社．

制造强国战略研究项目组，2015．制造强国战略研究：智能制造专题卷[M]．北京：电子工业出版社．

中国机械工程学会，2011．中国机械工程技术路线图[M]．北京：中国科学技术出版社．

周济，李培根，2021．智能制造导论[M]．北京：高等教育出版社．

周宽忠，2020．工业机器人的技术发展与智能焊接应用[J]．数字技术与应用，38（6）：1-2．

周杨，2015．轴类零件的智能化 CAPP 系统设计及研究[D]．上海：上海工程技术大学．

朱洪前，2019．工业机器人技术[M]．北京：机械工业出版社．

祝林，陈德航，2019．智能制造概论[M]．成都：西南交通大学出版社．

CHANG Y C,2016. Robust H_∞ tracking control of uncertain robotic systems with periodic disturbances [J]. Asian journal of control, 18(3): 920-931.

DAS P K,BEHERA H S,PANIGRAHI B K,2016. Intelligent-based multi-robot path planning inspired by improved classical Q-1earning and improved particle swarm optimization with perturbed velocity [J]. Engineering science and technology, 19(1)：651-669.

NOSHADI A, MAILAH M, ZOLFAGHARIAN A, 2012. Intelligent active force control of a 3-RRR parallel manipulator incorporating fuzzy resolved acceleration control[J]. Applied mathematical modelling, 36(6): 2370-2383.